排污许可证管理政策与支撑技术研究

蒋洪强　张　静　蒋春来　汪　劲

等 / 著

吴　铁　万宝春　王军霞　田海瑞

中国环境出版集团·北京

图书在版编目（CIP）数据

排污许可证管理政策与支撑技术研究/蒋洪强等著.
—北京：中国环境出版集团，2020.12
ISBN 978-7-5111-4554-3

Ⅰ．①排⋯ Ⅱ．①蒋⋯ Ⅲ．①排污许可证—许可证制度—研究—中国 Ⅳ．①X-652

中国版本图书馆 CIP 数据核字（2020）第 259309 号

出 版 人　武德凯
责任编辑　葛　莉
责任校对　任　丽
封面设计　宋　瑞

出版发行　中国环境出版集团
　　　　　（100062　北京市东城区广渠门内大街 16 号）
　　　　　网　　址：http：//www.cesp.com.cn
　　　　　电子邮箱：bjgl@cesp.com.cn
　　　　　联系电话：010-67112765（编辑管理部）
　　　　　发行热线：010-67125803，010-67113405（传真）
印　　刷　北京建宏印刷有限公司
经　　销　各地新华书店
版　　次　2020 年 12 月第 1 版
印　　次　2020 年 12 月第 1 次印刷
开　　本　787×1092　1/16
印　　张　15.75
字　　数　320 千字
定　　价　65 元

前 言

排污许可制度是依据环境保护相关法律对企业的排放行为和政府对企业实施监督做出的规定，并通过许可证法律文书加以载明的制度。20世纪70年代以来，美国、德国、英国、加拿大、日本、澳大利亚等国家先后建立了排污许可制度，并将其纳入国家法律体系。排污许可制度是发达国家普遍实行并行之有效的管理制度，可实现污染源"一证式"监管，是环境质量改善的基础核心制度。

中国从20世纪80年代后期开始试点排污许可制度，至"十二五"时期取得了积极进展，但仍存在许多问题。随着我国环境形势的日益严峻，党的十八大以来，《中共中央关于全面深化改革若干重大问题的决定》《中共中央 国务院关于加快推进生态文明建设的意见》《生态文明体制改革总体方案》《中华人民共和国国民经济和社会发展第十三个五年规划纲要》等文件明确提出要完善污染物排放许可制度。新修订的《中华人民共和国环境保护法》《中华人民共和国大气污染防治法》明确规定建立排污许可制度，加大对无证排污的惩罚力度。因此，开展排污许可证管理政策与支撑技术研究、建立完善排污许可制度是实现环境管理转型、强化污染源管控的基础和关键。

2016年，科技部设立国家重点研发计划——大气污染成因与控制技术研究专项"排污许可证管理政策与支撑技术研究"（2016YFC0208400）。项目由生态环境部环境规划院牵头，生态环境部环境工程评估中心、中国环境监测总站、北京大学、清华大学、河北省环境科学研究院等单位共同完成。项目以改善大气环境质量、强化企业环境主体责任为出发点，针对我国当前排污许可制度存在的法律、政策和技术上的关键问题,通过相关课题研究,最终建立我国大气排污许可关键支撑技术体系和管理政策体系,为我国建立制度化、程序化、规范化的排污许可制度提供支持。本书凝练了项目的主要成果,为我国排污许可制度的改革提供理论依据和研究基础。

本书共分为 8 章。第 1 章梳理了美国、欧盟等国家和地区排污许可制度的理论、方法与实践经验,同时,总结了我国开展排污许可证实践的经验。第 2 章提出了排污许可证管理政策顶层方案设计的优化框架,梳理了排污许可制度与相关环境管理制度的衔接融合关系,提出了我国"后小康"时期排污许可证实施的路线图。第 3 章对在排污许可立法过程中需要重点解决排污许可的法律性质、适用范围、实施主体、实施程序、具体内容、法律责任等问题进行了深入研究。第 4 章深入研究了不同行业、不同类型的污染源许可排放量核定的技术方法,利用 BAT 数据库等手段,建立不同要素与许可排放量核定之间的关联技术,分行业、分污染物建立许可排放量核定的理论方法及技术方法体系。第 5 章将河北省唐山市作为试点区域,以大气固定污染源排放企业为重点,将各污染物排放总量、排放量等分配落实到具体企业,对 113 家"一证式"企业进行了试点发放、应用示范及效果评估。第 6 章选取钢铁、水泥、火电等行业作为重点大气污染物控制试点行业,制定试点行业实施方案及实施路线,并进行了试点评估。第 7 章针对国家级排污许可数据共享、数据应用及各地建设排污许可管理应用系统的需求,着重分析了国家大气排污许可管理信息平台总体框架建设思路及采用的关键技术。第 8 章提出对排污许可证实施监管的基础前提、原则和三个阶段,对各类责任主体的职责定位和管理部门进行分析,研究形成排污许可制度实施的监督管理体系框架,对持证单位自证守法、面向企业的排污许可证监督管理、上下级政府间实施排污许可制度的监督管理、排污许可制度的公众参与等关键技术内容进行了研究。

全书由生态环境部环境规划院、生态环境部环境工程评估中心、中国环境监测总站、北京大学、清华大学、河北省环境科学研究院等单位相关人员共同编著。蒋洪强研究员负责总体框架设计和审稿，张静博士负责统稿。第 1 章由张静、蒋洪强、周佳、薛英岚、程曦等撰写；第 2 章由蒋洪强、张静、周佳、程曦、薛英岚撰写；第 3 章由汪劲、梁忠撰写；第 4 章由蒋春来、宋晓晖、董远舟撰写；第 5 章由万宝春、李丹、逯飞、成雪峰撰写；第 6 章由吴铁、吴鹏撰写；第 7 章由田海瑞、姚婧、闫倩撰写；第 8 章由王军霞、赵银慧、张震、陈敏敏、李莉娜撰写。本书研究成果得到了生态环境部有关司局的大力支持，王金南院士对本书研究成果提出了宝贵意见和建议，中国环境出版集团为本书的出版付出了大量心血。环境规划院重点实验室的张伟、刘洁、胡溪、武跃文、吴文俊、刘年磊、段扬、卢亚灵、李勃、王建童、高月明等在工作中给予了帮助。在此，对以上所有人员表示衷心感谢。由于作者水平有限，书中不足与错误之处难免，恳请读者批评指正。

作　者

2020 年 2 月 8 日

目　录

第 1 章　排污许可制度概述

环境许可制度是世界各国最常见的环境管理制度。20 世纪 70 年代以来，美国、德国等国家逐渐建立了排污许可制度，并将其纳入国家法律体系。排污许可制度已成为发达国家普遍实行并行之有效的管理制度。中国从 20 世纪 80 年代后期开始试点排污许可制度，至"十二五"时期取得了积极进展，但仍存在许多问题。本章首先总结了排污许可的概念和内涵，其次，对国际上排污许可制度较为成熟的美国、欧盟等国家和地区的经验与特点进行分析综述，提炼出适合在我国推广的管理经验。同时，对我国排污许可制度的发展历程和改革现状进行了综述，对基于我国固定点源大气环境管理需求的排污许可制度存在的问题进行了研判。最后，介绍了排污许可证管理政策与关键支撑技术研究框架与路线图，即本书的基本框架、技术路线和重点内容。

1.1　排污许可基本概念和内涵

根据《中华人民共和国行政许可法》的实施情况，目前环境资源类的行政许可共有500 多项，具体由 28 个国务院部委局实施，其中由生态环境主管部门实施的大约有 40项。总体上看，排污许可制度是环境许可中一项点源污染排放管理的核心工具，是依据环境保护相关法律对企业的排放行为和政府对企业实施监督做出的规定，并通过许可证法律文书加以载明的制度。建立排污许可制度是实现面向环境质量的环境管理转型、建立规范严格的企业环境执法体系的基础和关键。排污许可制度是发达国家普遍实行的一种有效的管理制度，可实现污染源"一证式"监管，是环境质量改善的核心制度。

1.2　国外排污许可制度经验借鉴

排污许可制度是国际通行的一项环境管理制度，国外学者在 20 世纪 60 年代就已经开始相关研究。美国经济学家 Dales 首次提出排污权，指出排污权交易能够以最低的成本在排污者之间进行减排任务的有效配置。Montgomery 从理论层面证明了排污许可制度在污染治理方面具有更大的优势，采用排污权交易可以大幅节约成本。Tietenberg 系统而细致地论述了排污许可制度和排污权交易体系。随后，美国、德国、瑞典、日本等国家相关研究机构和专家开展了大量关于排污许可的法律法规、许可内容、许可限值、最佳可行技术（BAT）、管理规范、监督机制以及与总量控制、排污权交易等制度相衔接的相关研究。

在实践层面，20世纪70年代以来，美国、德国、英国、加拿大、日本、澳大利亚等国家先后建立了排污许可制度，并将其纳入国家法律体系。瑞士是世界上最早实行排污许可制度的国家，美国的排污许可制度则因其框架完善、规范细致、措施创新和成效显著而闻名。美国在《清洁空气法》的框架下，完善了包括建设许可和运行许可等内容的大气排污许可制度。欧盟先后基于"综合污染防治指令"（IPPC）和"欧盟工业排放指令"（IED），要求各成员国建立相应的排污许可制度体系。美国和欧盟的排污许可制度在长期的实践过程中各自形成了一整套完善的管理框架和制度体系，并具有很强的针对性和可操作性。

1.2.1   美国固定污染源排污许可制度

1.2.1.1   法律体系和行政管理架构

20世纪五六十年代的美国城市大气污染严重，以致全民对大气污染高度关注，最终促成了一系列的立法活动。1955年美国《大气污染防治法》（Air Pollution Act）得以通过，这是美国联邦立法第一次涉及大气污染，其主要内容在于为空气污染研究提供资金支持。1963年颁布的《清洁空气法》（Clean Air Act，CAA）首次涉及"控制"大气污染，并授权开展大气污染监测和控制的技术研究。1967年《空气质量法》（Air Quality Act）出台，第一次在有州际空气污染迁移的地区采取强制行动，包括环境监测研究和固定污染源检查等，它还授权编制大气污染物排放清单，研究环境监测技术和控制技术。1970年的《清洁空气法》逐步完善，对固定污染源和移动源提出要求，涵盖了全美地区的生产及各种活动，并扩充了联邦执法内容。此外，美国国家环境保护局（United States Environmental Protection Agency，US EPA）于1970年12月正式成立，是一个覆盖研究、监测、标准制定和执法等职责的联邦政府机构。1990年CAA的修订增加了酸雨、臭氧层破坏及有毒空气污染等内容，建立了国家的固定污染源大气排污许可制度，并增加了相应的执法权。

1972年《水污染控制法》修正案创建了污水排放许可制度（也称为国家污染排放清除系统），要求任何排放污染物到水体中的行为必须获得许可。1977年，《水污染控制法》进行了修正，即出台《清洁水法》（Clean Water Act，CWA），把水污染控制的重点从仅控制常规污染物（生化需氧量、总悬浮物、pH值等）扩展到同时要求控制有毒污染物。有毒污染物的种类从最初的 65 个扩展到后来的 126 个。1987 年,《清洁水法》修正案通过,出台了《水体质量法》,确定了各州需要达到的水体质量目标。

（1）法律法规建设情况

法律层面。美国排污许可制度立法层次高。在联邦层面,与排污许可制度直接相关的法律主要包括《清洁水法》和《清洁空气法》;此外,联邦行政许可规定了许可程序等要求,这些要求也是排污许可法律体系的重要组成部分。上述法律都是美国国会通过的强制性法律,其中《清洁水法》和《清洁空气法》详细规定了两种许可证体系。《清洁水法》和《清洁空气法》涉及排污许可证的分类、申请核发程序、公众参与、执行与监管、处罚等具体要求,内容翔实,类似于我国法律、法规及部门规章的综合体。基于上述法案的处罚措施极为严厉。美国环境法律包括行政、民事和刑事三类处罚。《清洁水法》中行政处罚有两档:第一档按违法次数计,一般对违法行为的罚款每次最高为 1 万美元,最高罚款上限为 2.5 万美元;第二档规定按日计,每日罚金上限为 1 万美元,最高处罚上限为 12.5 万美元。对于一般的民事处罚,每天每次违法行为将被处以 2.5 万美元以下的罚款。该处罚措施采取按日按件计罚,起到了较好的震慑作用,极大地提高了企业按证排污的意识。

联邦法规（Code of Federal Regulation,CFR）。在《清洁水法》和《清洁空气法》下面是联邦法规,包括排污许可具体流程,以及排放标准、最佳可行技术等技术层面的规定。联邦法规是《清洁水法》和《清洁空气法》的具体"实施细则"。对于 CFR 以外的特殊条款,法律上不能直接引用,可以通过一套程序将其法制化,最终提高法律效力。

州立法层面。①各州法律。各州可在联邦法律法规基础上制定各州的具体规定,如《得克萨斯州空气行政令》《得克萨斯州水行政令》等,就是在联邦法律法规框架下制定的,将联邦要求落实在各州层面。同时,各州可在联邦法律法规的基础上加严管理要求。②州实施计划（State Implementation Plans,SIPs）。固定污染源排污许可证管理中还需要吸收联邦及各州实施计划的相关内容,联邦及各州制订空气管理实施计划用以管理全国及各州的空气质量,一般情况下联邦实施计划要在各州实施计划提交前发布,一些部落、州的区域贯彻执行联邦法律法规;如果有些州无法在规定时间内提交州实施计划,或者提交的计划不够完整或未通过,联邦层面必须介入进行指导。同时,美国国家环境保护局和各州实施计划明确了利益相关方的权利和义务,同时约束了各方行为,并设置了威慑性强的惩罚措施,具有很大的强制性。SIPs 是基于 CAA 减少污染从而满足联邦空气质量标准的计划,由州制定并提交 EPA,以确保在联邦层面可执行。

以得克萨斯州实施计划为例,州实施计划是一个与完成全国空气质量目标有关的本州法规和管理规定的合集,计划制订后各州先对他们的计划进行自查,然后需要对计划举行听证会并采取合理的修改意见,在此之后要将计划草稿提交 EPA 进行初审并吸收

EPA 的讨论意见，之后各州将计划文件正式提交 EPA 各区域办公室，EPA 会比照 CAA 及联邦计划的管理要求对各州实施计划进行合规性及技术可行性审查并进行备案，在吸纳公众评议的意见后把州实施计划列入联邦强制性管理规定中。当州实施计划完成审批正式生效后，各企业在申报、修改或更新许可证时必须参考州实施计划中的相关管理要求，并且在许可证中列明。

同意令（Consent Decrees，CD）。在许可证执行和监管过程中，各州可将具体条款通过相关法律程序赋予其一定的法律效力，可应用于许可条款的制定等。该法令是基于个案分析得到的，仅适用于相应许可证。

（2）《清洁空气法》的基本内容

美国大气排污许可制度源于《清洁空气法》及其修订案。《清洁空气法》是美国联邦法律，旨在在国家层面管控大气污染。这是美国第一个且最有影响力的现代环保法律，也是世界上最全面的保护大气环境质量的法律之一。EPA 根据《清洁空气法》要求制定和颁布相应的法规和技术导则，以落实《清洁空气法》对大气排污许可证的各项要求。

《清洁空气法》分六个部分来保护和改善环境空气质量，从第 I 篇至第 VI 篇，每个部分都对空气质量的管理有详细的要求和规划。

第 I 篇主要内容是预防和控制空气污染物。包括：空气质量标准及排放限值的要求（如国家空气质量标准及控制技术、新固定污染源排放标准、有毒有害空气污染物名录、联邦实施和执行计划、检查监测及报告要求、违规惩罚、特定的非常规污染物名录、州实施计划的合规保证、公众参与、固体废物燃烧规定等），臭氧层保护的要求，防止空气质量有严重退化的排污许可证审批，空气超标地区新排放源的排污许可证审批。

第 II 篇主要内容是移动源的排放标准。包括：机动车排放标准和燃料标准、航空器排放标准和清洁燃料交通工具的管理要求。

第 III 篇是通用条款，主要介绍 EPA 的行政管理权限。

第 IV 篇主要内容是噪声污染和酸雨控制计划。

第 V 篇主要内容是运营许可证。包括：运营许可证定义、运营许可证计划及申请、运营许可证的要求及条件、运营许可证的信息公开、其他与此相关的授权内容等。

第 VI 篇主要内容是平流层的臭氧保护。

六个部分的内容将与空气质量相关的因素全部整合，基于人群健康目的建立空气质量改善目标，制订具体的实施计划，待计划实施完毕后，对空气质量目标的完成情况进行评估，同时提出下一阶段的目标，如此反复循环，促进空气质量的不断改善。在此过程中，依据许可证制度对固定污染源进行管理。大气排污许可制度一直沿用至今，成为有效管控固定污染源排污行为的核心制度。

（3）管理机构和职责

美国排污许可证均由 EPA 负责核发，EPA 可授权各州发放许可证。对于不具备发证能力或不愿发放许可证的州，EPA 将负责该区域的发证工作。

EPA 作为全国环境管理最高行政单位，对全国的空气质量管理负责。EPA 处于许可证体系的核心地位，具有最高权威。EPA 既可针对各州，也可直接面对企业，其通过强有力的手段指导、制裁、惩罚各州和企业以保证许可证项目的顺利实施。

区域办公室是 EPA 的分支机构。EPA 在全美国设有 10 个区域办公室，主要负责部分州和部落的环境管理和许可证核发、监管工作。

各州是许可制度实施主体。各州通过提交州实施计划，将辖区内许可证等环境管理计划上报 EPA，包括许可证核发、监管等内容经批准后依照实施。

EPA 的大气排污许可证管理计划主要包括：对授权的州和地区的许可证实施计划进行全面监管，全面审查和评议建设前及运营许可证草稿，评估大气排污许可证草案，确保发放的许可证含有 CD 要求的各类条件，对未授权的州发放大气排污许可证（如近海岸的液化天然气工程、涉及种族部落的有关事项等），审查大气排污许可证中与州实施计划有关的管理要求，审阅并参与运营许可证的相关整改要求及过程，对州、地方及企业的许可证管理情况提供技术指导，此外还要执行其他法律法规的相关要求。

1.2.1.2　分类与主要内容

（1）许可证分类

按介质分类，对不同点源实施分类管理。美国的排污许可证"一证"管辖了所有的新建、改建企业，覆盖污染源建设、运行全过程，其地位很高，是企业新建、改建项目在行政审批前必须具备的。许可证体系分类细致、设计严密、可操作性强，不同企业所需具备的许可证种类不同。根据介质，主要分为大气、水、固体废物三种许可证。

大气排污许可证分成大气预建设许可证（也可称为大气建设前许可证、新污染源审查许可证等）和大气运营许可证。根据排放源污染物的年排放量是否超出法律规定的阈值，大气建设许可证分为重大排放源建设许可证和非重大排放源建设许可证，统称为新污染源审查许可证（NSR）。重大排放源建设许可证在达标地区称为防止重大恶化许可证，在不达标地区称为不达标地区新污染源审查许可证。对于非重大排放源建设许可证，各州或地方环保部门会有不同名称的许可证类型。以得克萨斯州为例，非重大排放源建设许可证包括微量排放豁免许可证、简易许可证、标准许可证和新污染源审查许可证。

水排放许可证。按照水的来源，水排放许可证分为污水排放许可证和雨水排放许可证；按照许可证类型，水排放许可证分为个体许可证和一般许可证。一般许可证可以使具有某种共同性质的排污设施无须花费金钱和时间去单独申请个体许可证，同时，简化审批过程。个体许可证是专门适用于个别设施的许可证，它针对该设施的具体特征、功能等规定了特别的限制条件和要求。

固体废物许可证（waste permit）。美国固体废物是指废弃的材料，它可以是气体、液体或固体。危险废物在 40 CFR 261.3 中有明确定义。废物可以是危险的或非危险的，取决于化学因素（可燃性、腐蚀性、反应性、毒性）和监管因素（废物名录、固废危废的判定、构成含量）。许可证由工业和危险废物（Industrial and Hazardous Waste，I&HW）许可部门起草。应用程序、清单和其他指导可在网上获得（例如得克萨斯州的工业和危险废物许可证指导网站为 https://www.tceq.texas.gov/permitting/waste_permits/ihw_permits/ihw.html）。如果危险废物在余留废物封闭单元中处置，或危险废物在罐或容器中储存或处理 90 天以上，则需要固体废物许可证。如果该设施在不需要许可的情况下运行，或无危险废物处置，或产生的二次材料不被丢弃，则不需要固体废物许可证。一般来说，在发电厂对非危险工业固体废物的管理不需要固体废物许可证。

（2）主要内容

大气排污许可证和水排放许可证因类型不同载明事项也不尽一致，但均要求至少包含企业生产和排污设施基本信息、排放量限值、监测记录报告、公众参与、承诺书等内容。除以上部分外，许可证初稿中还应包括一份情况说明或陈述，对许可条件的依据进行解释。同时，基于排放类型和颁发对象的不同，许可证的部分内容有所不同，如污水排放许可中市政污水、工业废水、船舶污水等排放许可证中会有特殊的技术要求，一般许可证和个体许可证内容也有所差别。大气预建设许可证和大气运营许可证内容也有所差别。

大气预建设许可证内容主要包括：通用条款（所有大气预建设许可证都适用的内容）、特别条款（针对具体项目适用的许可条款）、各个排放源各类污染物的允许最大排放速率（每小时和每年）、附件（以炼油厂为例，主要包含低排放活动识别、常规维护活动识别、各个设备的维护、启动和停机活动列表等）。其中，大气预建设许可证的通用条款包括：许可授权条款、许可失效条款、项目建设进度要求条款、开始生产的通知条款、采样要求条款、等效方法条款、记录保存条款、排放控制设施的维护条款、合规性要求条款、项目其他一些基本内容介绍和要求条款等；特别条款记载了持证企业所有大气污染源排放的排放限量和排放条件，并根据不同工艺、设备、控制技术的排放特征、法律要求和技术规范，合理结合源头管理、过程控制、末端治理等手段，明确了企业为有效管控大气排放行为需要遵守的各种规定。

大气运营许可证内容主要包括：基础声明，适用的全部排放限值与标准，关于监测、记录与申报的相关要求，合规执行计划，关于年度合规认证的要求，关于许可证条目执行偏差的要求申请许可证"保护盾"的要求。

1.2.1.3　管理程序

（1）发证流程

一般来说，发证流程分为五个阶段，分别是申请阶段、起草阶段、许可证草案公众参与阶段、许可证草案审查及最终许可决定和公众参与回复的发放阶段、许可决定的上诉阶段。

申请阶段：在 CAA、CWA 等法律框架下，根据许可证类型、排放类型、设施类型、活动类型等，解决谁来申请、何时申请、申请什么等问题。许可证申请的基本内容包括：名称、地址、设施联系人、设施位置、业务描述、认证和签名；针对大气排污许可证，包括排放信息、排放点描述、污染控制设备信息、原燃料信息及生产率、排污抵消信息等。

起草阶段：许可证编写者将审查申请材料的完整性，评估申请者背景信息，然后进行记录，并起草许可证草案。许可证草案包括封面、排放限值、监测和报告要求、特殊条款、标准条款等。整个许可编写过程最麻烦的是如何清楚地给出许可限值确定的理由。

许可证草案公众参与阶段：公开许可证草案，告知公众可以提出意见、请求听证或者参加公开听证。

许可证草案审查及最终许可决定和公众参与回复的发放阶段：许可部门审查技术文件、回复公众意见、修改许可条款等。

许可决定的上诉阶段：任何参加公众参与环节的人都可以质疑许可决定。一般来说，在没有上诉的情况下，许可决定在通知后的 30 天生效。

许可证申请处理时限因类型而异，以得克萨斯州大气排污许可证为例，其规定申请处理时限从 45 天到 365 天不等，实际所用时间可能更长。其中，既有规定的许可证为 45 天，标准许可证为 45 天或 195 天，许可证小修改需要 120 天，大修改需要 315 天，更新需要 270 天，新建项目许可证需要 285 天，大型新排放源许可证需要 365 天。

（2）大气排污许可证的技术审查和程序性审查

在美国，大气排污许可证在正式授予之前需要经历非常科学系统的技术审核阶段。

以得克萨斯州为例，排污许可证技术审核主要体现在对于新污染源的排污许可过程。依照污染源排放量和潜在环境风险的大小，得克萨斯州将新污染源排污许可证分为小排量许可证、既有规定许可证、标准许可证以及新污染源建前许可证四大类。随着排放量及环境风险的提高，其许可程序要求和技术审查过程更加复杂、全面。其中，新污染源建前许可证对技术审核的要求最高，需要进行逐例分析评估。

技术审核的基本要素包括污染源计划建设所在地的空气质量是否达标、污染源可能排放的污染物的种类和数量、装置的类别（是否适用特定的联邦法规或州实施计划要求）、所在区域周边的新污染源与现有污染源污染情况等。技术审核的主要内容和审核步骤包括确定污染源的类别并计算污染物排放水平、审阅并确定最佳适用技术，检查评估其过去守法情况、确认是否遵守公众通告中的要求、审查评估其对周边人群的健康影响、评估是否符合联邦及州的相关法规规定、明确其是否需要联邦审批、确认是否处于非达标区、分析评估其是否有可能造成空气质量严重恶化等。

除最重要的技术性审核之外，大气排污许可证的发放还需要特定的程序性审核。

一般来说，首先，每一位许可证专员根据固定污染源的申报材料撰写许可证草稿，然后，进行首次公示，此时与固定污染源有关的所有个人或组织都有权利在公示期内提出意见；公示期满后，许可证专员会吸收这些意见进行许可证的修改，同时要附明意见的采纳与否及原因，形成许可证终稿，再次进行公示。如果此时还有公众持不同意见，专员仍然需要进行回应，必要时可以召开听证会进行讨论，如果再不能达成一致，可以诉诸法律，由环境上诉委员会（Environment Appeal Board，EAB）进行仲裁，协调各方，形成统一意见，将这些内容都写入许可证，最终对申请的固定污染源发放许可证。

（3）公众参与

《清洁空气法》和《清洁水法》明确规定在许可证的制定、颁发和实施的全过程中都应保证公众参与的权利，可以通过提交公众建议、参加听证会等方式，从整个授权过程的初始阶段就可行使。如 EPA 或州环保局在核发许可证之前应将许可证决议进行不少于 30 天的公示以供公众监督；对于涉及范围较广、与公众利益关系密切的项目，则须举行听证会。公众可以提出意见，许可证核发机构需要对公众意见进行答复，并将其作为审批的重要依据。如果许可证办理过程中有申诉，整个许可证审批过程将会停止直至上诉结束。

联邦环境法规允许"任何有兴趣的人"参与，允许申请人、周边社区、州和地方政府、非政府组织（NGOs）、其他企业和公众等利益相关者参与，但对部分州允许提出异议的公民范围是有规定的，比如在得克萨斯州会根据每个污染源不同状况来划定影响区域，一般为 1 英里①范围内的居民才可以提出异议。

许可证上诉过程中的公众参与主要有：对许可证和辅助材料的公共审查；对许可证草稿发表评论；获得最终许可决定和许可证颁发者对公众意见的回应、决策的说明，以及所有支持数据和许可决定的基础分析；行政诉讼至 EAB。

公众参与的一般步骤为：

1）环保机构将许可证草稿在当地报纸上进行不少于 30 天的公示，这是公众参与许可证核发最重要的阶段。

---

① 1 英里≈1.609 km。

2）环保机构通过 E-mail 或信件接收公众意见，联邦政府、州政府也会针对排放量大的污染源提出意见。在此期间，公众可以通过书面形式向环保机构申请组织听证会，说明拟在听证会上提出的问题。

3）环保机构一一回复公众意见，或修改许可证草稿；对于涉及范围较广、与公众利益关系密切的项目，则须举行听证会，并提前至少 30 天发布听证会通知，征求意见阶段的时间将顺延。

4）发布许可证终稿。

5）许可证发布后，若对许可证最终版本有异议，应在 30 天内对环保机构提起诉讼。

州环保局可能会经常被诉讼，企业会诉讼州环保局许可审查太严格，第三方会诉讼许可审查太宽松。诉讼第一级是到污染物防治法院，第二级到州政府法院，第三级到联邦政府法院。

（4）环境上诉委员会许可审查

由环境上诉委员会（EAB）执行的许可审查是存在争端时才会开启的程序。EAB 由 EPA 依法设立，代表美国国家环保局局长做出最终代理决定。EAB 由 4 位拥有丰富环境专业知识的独立法官及职业公务员（高级行政人员）组成，最终 EAB 由 4 名法官中的 3 名组成小组来做出决定。

1）EAB 的裁决过程

—— 感兴趣方可以由其代表或由律师代表提出复审许可决定的请求。可以对保留审查的任何问题提出上诉，但只能对草稿和最终稿之间的更改提出上诉。

—— 许可颁发者做出文件响应，并提供行政记录的认证索引（公共文件）。

—— EAB 可以举行口头辩论或要求编写额外简报，但不举行证据听证或者传唤证人。

—— EAB 发布最终书面决定。

—— EAB 审查要求充分探讨行政补救措施。

EAB 审查（决策的范围和标准）仅限于行政记录：

—— 应用和支持文件。

—— 环境保护局发布许可证草案的修改原因（情况说明书）。

—— 许可证草案。

—— 公共评论。

—— 对意见文件的回应。

—— 最终许可决定。

EAB 基本上尊重许可证颁发者对技术问题的认定。在透明度方面，EAB 不与案件任何一方有单方面的沟通，包括环保局的员工在内。要求向公众提供书面记录；所有听证会向公众开放；EAB 决策基于对决定的解释，所有 EAB 决策、程序和简报均可在线查阅；明确规则、程序、义务和标准。在公平性方面，EAB 的运行独立于 EPA 的其他部门。

2）替代性争议解决机制。

替代性争议解决机制（alternative dispute resolution，ADR），主要依据 1990 年、1996 年行政争议解决法案，1998 年替代性争议解决法案，美国政府实体都使用 ADR。EAB 的 ADR 计划是自愿和保密的，包括对案件优劣的早期中立评估。EAB 的法官和律师作为中立调解人（协调人）都试图达成双方同意的决议。

ADR 的优势在于：可以更快地解决问题；可以得到有创意、令人满意和永久性的解决方案；可以得到更广泛的利益相关者对结果的支持；改善沟通和信任。自 2010 年开始实施该机制以来，EAB 对 25%的争端会采用 ADR 来解决，通过这种非诉讼纠纷解决方式，有 90%达成双方同意的决议。

3）公众参与 EAB 行政裁决的好处

—— 缔约方有第二次听取意见的机会。

—— 促进所有缔约方的责任承担。许可证申请人提供关于工业过程和污染物的数据，参与许可证审批过程，受许可证义务的约束；许可证颁发者准备许可证草案，提供征询公众意见的机会，回复意见，验证是否符合许可证的要求；公众参与许可决策，有义务向许可证颁发者提供他们了解的信息。

—— 优化决策。在提出解决方案方面可以从当地得到更加全面和知情的信息。许可证颁发者在许可证最终确定之前有第二次机会解决问题（如果有的话）。

—— 获得行政法官的专业知识。

—— 提高争议解决的效率。不仅降低了诉讼费用，而且减少了联邦法院的资源使用（在大多数情况下，理事会审查解决这一问题），有助于实现决定的一致性。

（5）各州排污许可证管理程序

各州排污许可证管理程序可在联邦要求的基础上进行完善。以得克萨斯州为例，其在排污许可证管理程序中增加了竞争个案听证会，规定了受影响人员的范围。受影响的人（距设施 1 英里范围内的人员）可以申请参加竞争个案听证会，由官方委员会（共 3 名委员）决定是否启动听证会。若启动，将召开包括许可证申请者、审批者，以及上诉者在内的听证会，类似于法庭，得到结果后，交由官方委员会最终做出决定。一般来说，官方委员会很少违背这个决定。

1.2.1.4 关键支撑技术方法体系

（1）许可限值与技术和环境质量的关联

1）许可限值与最佳可行技术的关联

在 CWA 和 CAA 框架下，制定基于技术的排放标准是美国工业污染控制体系最为突出的特点。对于某些情况来说，一个企业可能执行一类排放限值，不同企业因其生产设施、治理水平、实际产能等情况，会执行不同的排放限值。美国执行最佳可行技术是与排污许可制度紧密关联的。

美国固定污染源的排放标准在很大程度上是基于技术的排放标准。考虑污染物类别的不同，新污染源和现有污染源的不同，以及所在区域是否达标等因素，依据不同水平的生产工艺、治理水平、实际产能和污染控制技术等制定了宽严程度不同的排放标准。最佳可行技术是通过生产工艺和可行的方法及技术最大限度地减少每种污染物的排放量，是基于最大可能减排量的一种排放限制手段。

根据 CWA 要求，基于技术的排放限值是由联邦根据技术和资金的可获得性而设立的最低出水水质要求。水质标准的基准由联邦制定，各州、属地和部落根据水资源的特定用途（如饮用水、水生生物繁殖、娱乐用水等）、联邦水质基准和反退化原则制定水体的水质标准，并报联邦审查，联邦负责向未满足联邦最低要求的州、属地和部落提出替代标准。

2）许可限值与环境质量的关联

水环境质量和空气环境质量的改善和达标是美国实施水排放许可证和大气排污许可证的目标。许可证的核发和管理与环境质量改善和达标直接挂钩。

在《国家环境空气质量标准》（*National Ambient Air Quality Standard*，NAAQS）的指导下，美国国家环保局针对空气固定污染源制定了一系列以环境空气质量达标为最终目标的固定污染源污染防治政策，如州实施计划（SIPs）、防止重大恶化许可证制度［达标地区重大排放源的 PSD（prevention of significant deterioration）许可证］、新污染源审查许可证制度（nonattainment new source review，NNSR）以及运行许可证制度等。根据 NAAQS，EPA 对不达标区域的边界进行确定。在确定不达标地区后，各州制订达标计划。对于每个不达标地区，每个州必须在 18～36 个月内提交达标计划（随污染物而变化）。计划必须表明一个地区如何"尽快"地达到标准，一般臭氧达标需要 3～20 年，$PM_{2.5}$ 达标需要 6～15 年。达标区的重大排放源对大气质量的影响不能超出规定的防止重大恶化增量。不达标区对新污染源审查的建前许可中要求对不达标污染物（如臭氧、VOC 和 NO_x）实行最低可实现排放率（lowest achievable emission rate，LAER）技术，或采取倍量替代措施等。对于实行许可证制度而言，固定污染源达到污染物排放标准是直接行动目标。

污水排放许可证同时满足多重标准，核心目标是水质改善。美国污水排放许可证必须同时满足排放标准和水质标准以及最大日负荷总量的要求，使点源污染控制直接与水体水质改善相联系。最大日负荷总量管理（TMDL）只是针对不达标水体，是对不达标水体进行修复前的污染负荷分配模式，可总体考虑对不达标水体造成影响的点源和非点源，并在所有点源和非点源间进行污染负荷分配。污水排放许可制度（National Pollution

Discharge Elimination System，NPDES）实施之初，排放限值的核算并没有将水质目标作为约束。这些限制比基于技术的限制更严格。

（2）基于技术的排放标准体系

美国的大气排污许可限值标准的构成按照新污染源、现有污染源以及污染源所在区域的空气质量是否达标进行分类管理。大气污染物排放标准在很大程度上是基于技术的排放标准。标准体系除包括固定污染源排放浓度、排放量等标准外，还包括相关的污染源运营标准，尤其是环保设备运行和保养等操作运行技术标准。排放标准的制定并非整齐划一，而是针对不同固定污染源的技术经济水平，结合美国国家环保局公布的控制技术清单和本州的空气质量控制目标，制定具有针对性的排放标准，以体现公平性和边际成本有效性的原则。

针对固定污染源，EPA 制定的大气污染物排放标准分为《新污染源执行标准》（*New Source Performance Standard*，NSPS）和《有害大气污染物国家排放标准》（*National Emission Standard For Hazardous Air Pollutants*，NESHAPs）。

1）《新污染源执行标准》（NSPS）

NSPS 针对常规污染物（颗粒物、SO_2、NO_x、CO、Pb、O_3）、酸性气体（氟化物、氯化氢等）和 VOCs 按工业行业分类（污染源种类）确定最低限的标准限值。依据《国家环境空气质量标准》，各州的各地区可划分为达标区和不达标区。不同地区的不同类型污染源执行不同的技术标准。

a. 最佳适用控制技术（BACT）。在达标区，重点源如火电厂、水泥厂、金属冶炼厂、纸浆厂、焚烧装置等的 NSPS 技术依据是最佳适用控制技术（Best Available Control Technology，BACT）。即在考虑到能耗、环境、经济成本等影响因素下可以获得的能达到最大减排量的技术。BACT 的构成包括污染防治设备的具体要求和监测监控、减排控制装置、优质的工程实践方法和最优的管理实践方法以及治理装置的性能指标等内容。

b. 最低可达排放率（LAER）技术。CAA 要求对位于不达标区（空气质量较差地区）的新污染源实施最严格的污染物控制技术与标准，采用最低可达排放率（lowest achievable emission rate，LAER）技术，实施不考虑运行成本、企业经济效益等条件的最严格技术。

c. 合理可得控制技术（RACT）。一些州为了实现州特定的污染源管理要求或者空气质量改善目标，所确定的新污染源或现有污染源技术标准。例如，得克萨斯州用以执行防止空气质量退化相关规定的合理可得控制技术（reasonable available control technology，RACT）和合理可得控制措施（reasonable available control measure，RACM），是臭氧不达标区域中执行的州实施计划最核心的技术标准依据。它规定了某一特定污染源通过采用合理的控制技术而应当达到的最低排放限值要求，以及为了促进空气质量达标而采取的控制措施。一般来说，RACT 规定的主要是控制水平和控制级别，不是强制性要求采用特定的技术或控制途径。

2)《有害大气污染物国家排放标准》(NESHAPs)

NESHAPs 对特定的有害大气污染物,包括氡气、铁、汞、氯乙烯、核素、石棉、无机砷、苯等规定了 22 项固定污染源排放标准,采用最佳适用控制技术。选择这些污染物作为有害污染物,是因为此类污染物会造成或部分造成公众死亡率提高或导致公众患上不可治愈的疾病。

NESHAPs 还规定对主要有害气体污染源必须使用最大可得控制技术(most achievable control technology,MACT),实施最大可得控制技术标准。主要污染源是指每年排放单项有害气体污染物(hazardous air pollutant,HAP)在 4.5 t 以上的或排放几种 HAP 之和在 11.4 t 以上的工厂。以最大可得控制技术为基础制定的 MACT 标准,主要侧重于采用技术标准,对固定污染源(含点源和面源)的污染预防措施提出要求,包括对控制装置的安装、控制方法的采用、生产工艺的改进、物料替代、操作流程的优化、原材料成分的要求,排放事故的确定,记录和报告要求,监测要求如安装连续排放监测系统(continuous emission monitoring system,CEMS)等。在 MACT 标准中,对同一排放点源的多种污染物按有机 HAP 或无机 HAP 实行统一控制,一反以往对同一排放源排放的多种有害污染物分别制定标准的做法。MACT 标准既适用于新污染源,也适用于现有工业污染源,截至 2009 年 2 月已有 123 项 MACT 标准被发布。

(3)基于环境质量和标准的许可要求确定方法

1)许可要求的构成

对于建设前许可,基于技术标准的许可限值和要求主要包括新污染源或现有污染源的技术与性能标准、有害大气污染物的技术性能标准、最佳适用控制技术或最低可达排放率技术、执法部门或法令规定的其他标准要求、防止州际传输的污染物限值、防止超过《国家环境空气质量标准》的限值要求(州实施计划中明确的限值要求)等。

对于运营许可,基于技术标准的许可限值和要求应当综合建设前许可以及各州的管理规定等全部要求,至少包括《新污染源执行标准》、《有害大气污染物国家排放标准》、达标地区的 PSD 许可要求或不达标地区的 NSR 许可要求、州实施计划及其他规定等内容。

2)许可要求的确定方法

针对达标地区的 PSD 许可和不达标地区的 NSR 许可,对技术标准和性能要求是不同的。

PSD 许可是基于最佳适用控制技术(BACT)的排放标准来确定的,通过进行逐一的最佳适用控制技术分析,综合考虑能源、环境和经济的影响,保障新增的许可授予后依然能够保持良好的环境质量状况。最佳适用控制技术分析大致可分为五步。一是确定正在审查的排污单位所适用的所有控制技术,列表应尽可能全面;二是针对该污染源评估其特定的技术可行性,剔除技术上不可行的选项;三是按照控制有效性将其他的控制技术基于每项污染物和控制单元进行排序，控制有效性包括控制效率、预期减排量、预期排放率、经济影响（成本效益）、环境影响、能源影响等；四是通过比较控制有效性、不利影响，包括其附带的环境影响，将列表中的控制技术逐一进行分析评估；五是选择 BACT。

NSR 许可的要求比 PSD 许可要求更为严格。一方面，要求企业必须采用污染物最低可达排放率技术，即不考虑成本的现有控制技术中最严格的技术，并执行最严格的排放限值；另一方面，要求企业执行排污抵消制度，即新增污染物排放量必须小于现有企业的污染物削减量，企业只有替新污染源找到"排污空间"，才能获得 NSR 许可。无论是从现行法律还是实践的角度出发，对于这一类污染源中每一个排放环节执行的都是最为严格的排放限制。LAER 技术除表现为限值的要求外，同样也表现为综合的技术考虑，可以指定某种系统设计、操作规程或者设备标准。

此外，新污染源许可中除标准限值和技术性能要求外，还详细规定了包括限值合规性要求、监测监控要求、记录与报告要求、检查和执行条件、启停等特殊时段要求等核心的许可条件。

同时，对于新建或者改建、扩建的污染源在许可过程中还需实施环境影响评估，通过空气质量模型等技术手段预测和评估污染源对周边环境污染物浓度水平的影响，以此作为是否授予建设前许可的重要判断依据。评估的方法主要分为三种：一是基于《国家环境空气质量标准》对主要污染物进行预测分析，二是基于州相关机构对厂区地界线进行分析，三是对所有污染物进行单独分析评估。

1.2.1.5　制度实施的监管和执法

（1）美国国家环保局对州环保部门实施排污许可证的监督检查

美国是联邦制国家，州拥有较为完整的权利。美国国家环保局拥有最高的授权和监督的权利与责任。EPA 授权给达到能力的州发放许可证的权利，但并不是每一个州都达到了可以发放许可证的能力，比如阿拉斯加州、俄勒冈州和华盛顿州被授予 NPDES 许可证发放的权利，EPA 第 10 区（EPA R10）负责颁发爱德华州的所有 NPDES 许可证。EPA 会帮助爱德华州以达到许可证发放的能力，目前爱德华州已将其 NPDES 计划提交给 EPA。为有效和一致地监督全国各州 NPDES 计划的实施，EPA 开发了一系列工具：

协议备忘录（memorandum of agreement，MOA）。MOA 提供了 EPA 和各州共同实施联邦和州的法律法规的一个框架。它制定了联邦法规中所述的政策、职责和程序，并规定了一些 NPDES 计划由各州管理的方式。EPA 还专门开发了 MOA 模型，用来做新的和更新的 MOA 模板。

绩效合作协议（performance partnership agreement，PPA）。EPA 和各州通过谈判 PPA 实现绩效伙伴关系。这些协议规定了联合制定的优先事项和保护战略，以及 EPA 和州如何通过共同努力满足优先需求。PPA 中的关键要素包括：描述环境条件、优先事项和战略；评估环境进展的绩效指标；评估 PPA 工作和通过改进达成一致的过程；描述相互问责的过程，包括明确界定每个缔约方在实施 PPA 方面的作用，并概述为了完成工作如何部署资源；描述优先事项如何与 EPA 战略计划和州的战略计划中的优先事项保持一致性。另外，各州有独特的环境优先事项和方案执行需要。

EPA 的许可质量审查（permit quality review，PQR）。EPA 利用 PQR 过程来评估 NPDES 许可证是否满足《清洁水法》和环境法规的要求。在每个 PQR 期间，EPA 审查州 NPDES 许可证的代表性样本，并评估许可语言、概况介绍、计算过程、在行政记录中的支持文件以及州许可计划举措。通过这种审查机制，EPA 可以促进整个国家实施许可证的一致性，确保 NPDES 计划实施成功和有改进 NPDES 许可计划的机会。

EPA 的州审查框架（state review framework，SRF）。定期审查各州遵守和执行的计划。

NPDES 计划绩效指标（NPDES program performance metrics）。主要指积压的过期许可证和优先发放许可证两方面。为努力保持许可证是现行的，各州和 EPA 关于减少许可证积压有一系列约定，比如：NPDES 许可证的持续时间不能超过 5 年；许可证可以在行政上延长，直到重新签发许可证；EPA 跟踪现行许可证的数量及其占比；EPA 对现行许可证的占比目标是 90%。优先发放许可证计划的目的是从符合条件的过期许可证中选择优先发放许可证，并承诺在一年内完成（发出或终止）某一比例。符合选择优先发放的许可证必须至少过期 2 年。州从合格许可证中选择优先发放许可证。

此外，EPA 区域办事处还建立了监督州计划和提供技术援助的程序。

—— 审查州发布的许可草案。EPA 审查州发布的许可草案，并可以批准或反对该许可草案。

—— 提供技术援助。向州许可证颁发者、受监管的社区和利益相关者提供外部技术援助。向具体计划的其他方面提供内部援助，如水质标准和水清洁计划（TMDLs）。

—— 与 EPA 总部就国家法规、指导和问题进行协调。区域办事处成为 EPA 总部和授权州之间的联络处。

EPA 对美国境内的空气环境质量负责，EPA 可授权各州环保部门进行大气排污许可证的发放，并对各州环保部门排污许可证的发放情况进行监督检查。EPA 和州环保部门有权对企业的大气排污许可证执行情况进行实时审查，一旦违反了许可证中的相关规定，企业除缴纳一定数额的罚款外，还需缴纳该执法过程中产生的一切费用。

（2）环保部门对企业的监督检查

在国家层面，EPA 负责实施相关联邦法规。本着"谁发证谁监督"的原则，在 EPA 的 10 个地区办事处内，工作人员监督批准州计划的实施。各州环保局负责对其发放许可证的企业进行监督。通常，对于同一个企业，从许可证的编写到最后的监督整个过程是同一人。许可证规定各级环保局均有权力对企业进行监督检查。将许可证作为执法的重要依据。

1）自行监测及记录管理要求

许可证的发放只是许可制度实施的开始，申领企业在执行层面需要做好三方面工作：

一是监测。企业在运行过程中，必须按照许可证要求对监测做全程记录。监测包括排放量的计量以及污染物排放浓度的在线监测与人工监测。企业的监测数据不需要上传给环保部门。监测、记录和报告机制是确保许可证切实有效实施的重要方法。1990 年 CAA 修正案要求某些主要污染源要强化自身的监测系统，如持续排放监测系统，从而提供精确的污染物排放趋势图。此外，还要求各州对区域空气进行监测，以检查该区域的空气质量是否在按照法律规定的时间框架内进行改善。企业须每月向环保部门报告自身运行监测结果，并向社会公开。

二是记录。企业应该如实记录污染物排放量及污染物排放浓度，还要包括监测手段或方法、监测过程、结果推算等；同时，EPA 还要求企业如实记录各种投诉以及企业针对这些投诉采取了怎样的态度和处理措施等。该记录会随企业的报告交上去，记录的报表格式在许可证中会有讨论，每个企业的表是不一样的。记录的目的不仅为企业证明其守法提供依据，还为政府管理部门实施许可证核查、判断企业排污行为是否合法提供依据。

三是报告。报告是指企业要定期向其管辖范围内的环保部门提交监测和操作记录、许可证内容的实施情况，以便环保部门可以判断该企业污染源是否符合许可证中的所有要求。监测报告必须每 6 个月提交 1 次。企业应将记录的内容定期汇报给环保部门（过去采用纸质报送形式，目前改成电子签名报送）。同时，企业的记录信息还应该定期向公众公开，接受公众的审查评议。企业监测报告可以在 EPA 执法和合规历史在线（enforcement and compliance history online）网页（http：//echo.epa.gov）中查到。

监测记录、报告的具体要求均在许可证中有明确的规定。对非正常工况，许可证会给出特殊的要求，但也会有上限要求。

2）执行报告要求

执行报告包括合规执行报告和背离报告。背离报告是指企业在生产过程中出现与许可证要求不符合的情况报告。如果发生不符合排污许可证内容要求的情况，企业需按时提交背离报告和可信证据，环保部门审查后根据企业的信用评级以及实际运行情况认为是可以免予处罚的，就有可能不对企业进行处罚（如正常的工艺波动等因素造成的），但如果企业没有提交背离报告或提交虚假的背离报告，则会受到处罚。环保部门可随时对企业进行突击检查，以确定其提供报告中的数据是否真实。报告的所有内容都是对公众开放的，使公众能有效地参与许可证的实施，公众一旦发现任何问题都可以向环保部门进行投诉。

　　环保部门根据许可证载明的事项依法对企业进行监管。环保部门可以在不通知企业的情况下进行检查，比如环保部门检查时可以在完全不通知企业的情况下取样送检，若出现环保部门的检测结果与企业的结果不一致的情况时，环保部门会再次取样，通常他们认为企业的结果更为可信。在美国，环保部门对企业进行的检查是很少的。针对不同的源，环保部门检查的频率也是不同的。比如在西雅图的一个建于 1927 年的 KAPSTONE 造纸厂，环保部门检查的频率为气 1 年 1 次，水 1 年 3 次，固废 3 年 1 次。西雅图的 King Country 污水处理厂，是一个建成于 2012 年的现代化污水处理厂，环保部门仅来检查过一两次（水）。但对于一些复杂的工业源，检查的频率会高一些。若需要对连续性数据进行监督性监测，比如最大日监测值，则可将设备放置在企业监测点，进行等比例采样再混合或者连续采样。

　　除人工监测之外，环保部门还会采用先进的监测手段，如移动监测设备、红外摄像机、围栏线监视器、无人机等，用以及时发现污染及不达标问题。

　　通常，在美国的信用体系下，环保部门完全相信企业的数据，因为美国对作假的行为有很严厉的惩罚，甚至刑拘。除了企业自己的申报，环保部门还可以通过大数据分析来判断哪些数据是有问题的。EPA 希望从更多的在线监测数据中得到有用的信息，如利用录像、卫星图像、空中摄影、汽车传感器、水上浮标等，探索运用云计算进行高速分析。

　　环保部门通过对企业的大气预建设许可证和大气运营许可证的审核和发放，确保企业明确知晓实现合规需要遵守的所有要求；通过参与企业的初审和合规证明的过程，如观摩 CEMS 的相对准确度测试审计过程等，监督企业的合规过程；通过对企业各项监测、采样记录、生产数据、设备运行记录等进行抽查，来监督企业的合规操作；通过审查企业提交的合规报告、背离报告和排污申报材料，来核查企业的合规情况。

　　（3）社会监督

　　有效的信息公开是保障公民参与和监督的前提。排污许可证的申请人和持有人应严格履行提供排污信息的义务，在保护商业机密的前提下，法律规定的向环保部门提交的工业设施、排放源及按许可证要求的执行情况等相关信息须向公众公开。美国公众可在 EPA 网站上（http：//echo.epa.gov）以及相关网页上获取排污许可证相关的所有信息（图 1-1、图 1-2），包括许可证申请书、合规方案、许可证要求、监测和达标报告。排污信息公开有助于遏制违法行为和督促企业及时报告。

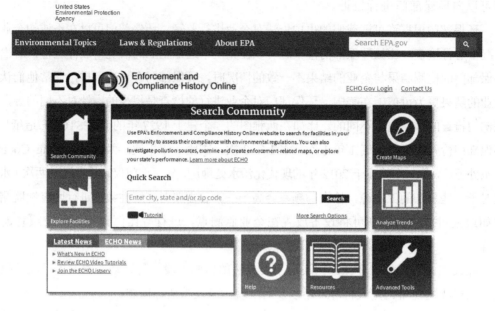

图 1-1   美国设施管理信息平台网站（http：//echo.epa.gov）

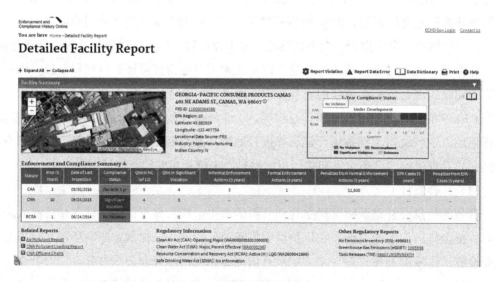

图 1-2   单个设施的网页信息

此外，美国的公民诉讼制度进一步保障了公众的监管权力，即任何人均可对违反环保法律的行为提起诉讼，而不要求与诉讼标的有直接利害关系。美国有众多的第三方环境保护机构。对于企业的违法行为，第三方也可以收集证据上诉，一旦企业败诉，通常被告企业会面临几十万美元的罚款。而第三方通常上诉的是企业的违法行为，不是上诉政府或环保部门没有罚款之类的执法行为。

非政府组织 Earth Justice 成立于 1971 年，是一个非营利组织，作为美国环保的法律组织，从事保护天然资源、维护公众健康、促进清洁能源的工作。Earth Justice 的宣传口号是"因为地球需要一个好律师"。Earth Justice 也会参与排污许可的实施过程。Earth Justice 可以以自己的名义起诉，也可以代表公众、企业对政府提起诉讼或为政府提供帮助，Earth Justice 一般会对企业进行调查、监测，一旦发现企业存在违规行为，会对企业提起诉讼。

美国的第三方机构和公众可以起诉一个企业，但需要事先通知 EPA，EPA 通常会提供帮助；也可以起诉 EPA、公民。

（4）执法与处罚机制

严格的处罚机制。环保部门若发现企业有违反许可证规定的情况，按情节严重及先后次序，可采取行政命令、民事处罚、刑事处罚三种方式进行惩罚。行政命令的形式包括非正式通知、行政守法令和行政罚款令，民事处罚以罚款为主，刑事处罚则分罚金、监禁、监禁并罚金等形式。行政命令可以直接下达，民事处罚和刑事处罚需向当地法院申请。三种惩罚方式若需要罚金均为按日计罚方式，从确认违法行为之日起按日叠加罚款金额，若无法确定则从建成日开始计算。处罚额度依据由是否提前告知违法、违法企业规模、对企业的经济影响、违法历史及性质、违法持续时间及对其他企业类似违法情况的惩罚等来确定。

环保部门会根据企业的超标排放如实报告和虚假报告有不同的惩罚力度。美国法律中对虚假报告等程序违法规定了严厉的惩处措施，从动机上减少了以掩盖超标排放为目的而虚假报告的违法行为。同时，为鼓励对违法情况的自我报告，具体执法过程中，EPA 设置了一些激励政策，对于主动报告属于非强制性要求上报违法行为的企业，给予全部或部分处罚减免。

事实上，环保部门的工作也是相当繁忙的，对某些企业强制性要求自行报告的违法行为（如超标排放），不会每次都进行处罚，有时候 1～2 年才会进行一次罚款，且环保部门对企业的罚款是相对较低的，比如华盛顿州，对企业的罚款几千到几万美元都算相当高了，不足以对企业造成威慑。真正对企业造成威慑的是第三方的上诉。

与此同时，许可证对企业的合法权益也有保护作用。美国运营许可证中设有"保护盾"条款，对持证者给予免责。只要污染源持有明确规定相关适用环境要求的许可证，污染源将不受关于违反相关适用环境要求的执法、诉讼的侵扰。美国还规定了排污许可证的救济事项，对于未被批准的许可证，申请者可以向 EPA 环境上诉委员会提出复议。

1.2.2　欧盟排污许可制度

1.2.2.1　法律体系和行政管理架构

20 世纪初，一些发达的资本主义国家，饱尝了环境污染带来的严重危害，人们逐渐认识到了环境污染带来的严重后果，于是各国纷纷采取一系列的防治措施来治理日益严重的环境污染。从那时起，各国政府开始建立管理机构，开展立法工作，制定环境标准和法规；开展多学科的联合研究，为治理污染提供依据；依照经济规律和立法来加强控制大城市的人口，广泛宣传普及环境保护知识。20 世纪 60 年代以来，各国对其污染严重的城市，都积极采取了一系列改造措施，如把一些排污量大、噪声振动强的工业企业分类迁往远离居民的地区。对一些同类性质的中小企业，则建立在远郊地区，形成绿化工业区。

（1）法律法规建设情况

欧共体及其成员国在 20 世纪六七十年代针对环境污染问题采取了末端治理的措施。那时欧共体还没有实行环境立法或采取保护行动，只有一些从保护人体健康出发而采取的污染治理措施。这一时期，民众环境意识高涨，由此引发了第一次世界环境运动高潮。1972 年在斯德哥尔摩召开的"联合国人类环境会议"是全球统一环境行动的开始，也是环境意识觉醒的标志。这次大会开始关注影响人与环境关系的社会、政治和经济因素。在欧盟环境政策演变的第一阶段，欧盟环境法令旨在协调成员国不同的环境标准，而在此阶段环境法令不仅把环境保护作为目的，其内容也得到了进一步充实。

欧盟理事会于 1996 年通过《污染综合防治指令》（*Integrated Pollution Prevention and Control*，IPPC），即"IPPC，96/61/EC"。该指令体现了污染综合控制的宗旨，标志着欧盟的污染综合控制的原则和政策正在转化为可实施的具体制度。《污染综合防治指令》的主要内容包括重视环境风险防范，预防为主、综合防治，重视从源头、从多种环境介质控制污染，重视公众参与，扩大污染控制的方法领域。

IPPC 明确提出在各成员国和欧盟范围内开始实施排污许可制度，以此为手段对环境实施综合管理。由于在指令执行过程中存在最佳可行技术（BAT）执行力度不够以及不必要的行政负担等缺陷，于 2008 年、2010 年对该指令分别进行了两次修订。2011 年 1 月 6 日，IPPC 正式被《欧盟工业排放指令》（*Industrial Emissions Directive*，IED），即"IED，2010/75/EU"所替代，它修改并整合了之前颁布的多部指令，是一部工业排放管理的综合性指令，并重申了排污审批和许可制度。IED 具有强制性，各成员国必须根据它的基本原则和要求在其发布三年内制定相应的国家层面的法律法规；同时，它也具有一定的灵活性，即成员国也可以在其基础上制定额外的规定或者将其延伸到更广泛的应用范围。

（2）制度的发展历程

1964 年德国开始施行《空气质量控制技术指导》（*Technical Instructions on Air Quality Control*，TA Luft），并于 1974 年、1983 年、1988 年和 2002 年对该指导进行了修订。TA Luft 中规定了不同生产设施排放大气污染物的限值和措施要求，并重申了许可证颁发的要求。1972 年德国通过了《废物处理法》，最先以立法形式将环境保护许可证制度确定下来。其后，欧共体各国相继以立法形式制定类似的环境保护许可证制度。自 1974 年起德国开始施行《空气污染、噪声、振动等环境有害影响预防行动》（Federal Emission Control Act），核心内容之一是对颁发设施建设和运行许可证的要求和程序等进行规定。

1996 年，欧盟基于 IPPC 开始实施排污许可制度，目的是对环境实施综合管理。此制度相关条款在 2008 年被重新修订。IPPC 提出了对工业污染源排放控制要求，制定了针对有排污潜能的工业项目的审批要求及发放许可证的条件。该指令从 2011 年开始被 IED 所替代。IED 是一部工业排放管理的综合性指令，它整合了之前发布的多部指令，并重申了排污审批和许可制度。主要措施包括：一是为预防和控制污染，要求具有高污染排放潜能的新建和已建工业活动设施需获得许可证才能运营；二是各成员国需要在规定的期限内采取相应措施，以达到指令的具体要求。可以为每一个工业设施的运营责任方发放许可证，也可以为一个工业设施的多个不同部分的运营方区别发放；三是为了使许可证发放更加实用，各成员国应明确不同设施需达到的不同环境要求；四是为获得排污许可证，设施运营方需要提交申请，并提供设施达到相应要求的证明材料。

正是因为 IPPC 及其排污许可制度的实施，欧洲的持久性有机污染物（persistent organic pollutants，POPs，包括 PAHs、HCB、PCBs、二噁英和呋喃等）排放量才能在 1990—2014 年呈持续减少趋势。

对各类排放源实施监控的核心制度是排污许可制度，包括移动源使用者的执照、固定污染源运营者的许可证和批复文件等。其中，对固定污染源运营者发放的排污许可证在综合考虑地理位置、环境状况、行业特点、环保技术等因素后设定许可条件，是实施排放标准、促进环境质量达标的关键。

德国将环境影响评价纳入排污许可制度，是排污许可证申请过程的一部分。对于环境影响较大、强制规定实施环境影响评价的项目，在排污许可证申请环节进行环境影响评价，其环境影响分析报告作为申请内容是制定许可条件的重要素材和依据。

（3）管理机构和职责

1）欧洲工业排放委员会

欧洲工业排放委员会是欧盟 IED 的执行机构，主要职责是接收、审议成员国汇报材料；编写、发布评估报告。

a. 成员国汇报材料。IED 要求各成员国须向欧洲工业排放委员会汇报 IED 的执行情况,包括工业污染源排放及其他污染源的代表性数据、排放限值、最佳可行技术的应用,尤其是排放限值的放宽政策以及新技术的开发和应用。成员国须以电子文档的形式提交报告。

成员国须对燃烧企业建立年度污染档案,档案中应记录各企业的二氧化硫、氮氧化物和粉尘排放量以及能源消耗量。对于每个燃烧企业,各成员国负责机构须掌握企业以下信息:①企业的总额定热输入(百万瓦特);②燃烧装置的类型:锅炉、燃气涡轮机、燃气发动机、柴油机,以及其他(须指明具体类型);③企业开始营业的日期;④二氧化硫、氮氧化物和粉尘(总悬浮颗粒物)的年度排放量(t/a);⑤企业的运营累计时长,以小时计;⑥年度能源消耗总量,以净卡路里值(TJ/a)为标准,按照以下类别分类计算:煤炭、褐煤、生物质、泥煤、其他固体燃料(须指明具体类型)、液体燃料、天然气和其他气体(须指明具体类型)。

在欧洲工业排放委员会需要时,成员国须将每个企业的污染记录提交给委员会。成员国须每 3 年向委员会提交 1 份污染情况记录总结,提交时间以 3 年期结束后 12 个月之内为限。在记录总结中,成员国需要将冶炼厂内燃烧装置的污染数据单独列出来。

欧洲工业排放委员会须向成员国以及公众发布对各国污染记录的比较及评估报告,发布时间以 3 年期结束后 24 个月之内为限。

b. 编写、发布评估报告。欧洲工业排放委员会须根据成员国汇报材料,每 3 年向欧洲议会和欧洲理事会提交一份报告,总结执行此指令的情况。报告中需要评估:是否有必要制定或改进欧盟范围内的排放限值最低标准;对于之前三年期里通过的最佳可行技术结论中包含的活动,是否有必要制定监管和合规规则。分析评估的标准如下:①这些活动对环境的整体影响;②在这些活动中最佳可行技术的执行情况。

欧洲工业排放委员会须向欧洲议会和欧盟理事会汇报审议结果,必要时须随报告附 1 份立法提议。如果上述评估结果显示,有必要制定或改进欧盟范围内的排放限值最低标准、有必要为相关活动制定监管和合规规则,则立法提议中须包含制定或改进最低标准以及监管合规的条款。

2)欧洲综合污染防治局

欧洲综合污染防治局(European IPPC Bureau,EIPPCB)设在西班牙的塞维利亚。欧洲综合污染防治局的主要职责是通过技术工作组组织开展信息交流并发布《最佳可行技术参考文件》(*BAT reference documents*;BREFs);为技术工作组和信息交流论坛提供技术和后勤层面的支持;聘请负责各技术工作组的专家(由各成员国信息交流论坛的代表提名);从技术工作组的成员中搜集信息和其他资源,为制定《最佳可行技术参考文件》草案做准备(发送到技术工作组的各个成员那里供他们磋商);准备《最佳可行技术参考文件》终稿,提交给信息交流论坛(供其采纳)。欧洲综合污染防治局信息交流工作的目的是促进欧盟成员国之间和行业之间在最佳可行技术方面的广泛交流。各成员国在决定许可条件时必须参考《最佳可行技术参考文件》。

技术工作组的主要职责是编写并修订《最佳可行技术参考文件》。这些许可证必须包括以最佳可行技术（BAT）为依据的各种条件，以便实现高水准地保护整体环境的目的。最佳可行技术作为技术和机构的评估手段，其目的是将对环境的整体影响降到最低程度，并且这些技术是在可接受的成本范围之内。

《欧洲污染物释放和转移登记册》（European Pollutant Release and Transfer Register，E-PRTR）旨在提供主要工业活动的环境信息。通过公开该登记册，可在其中查阅成员国报告的排放数据。

3）成员国管理许可证的专门机构

发放排污许可证是环境监管机构的职能，由州以下政府实行分级管理，欧盟机构和联邦政府机构不直接监管排放源、不核发许可证。与许可制度相配套的是排污报告和检查制度，包括许可证申报、日常报告、事故报告、在线监测、现场监测等，但欧盟国家环境监管机构很少到现场检查，如某火电厂每年由非政府机构计检局对环境监测仪器校准、维修 1 次，当地环保部门对排放源的监测信息主要由企业报告、上传。IED 所列的大约 5 万个工业活动设施的排污许可证由成员国相关机构授予。

1.2.2.2 适用范围与主要内容

（1）适用范围

IPPC 规定的排污许可制度的适用范围是一般企业活动，包括能源生产、金属生产和加工、非金属生产和加工、化工生产、废物的处置和处理及其他工业活动，IED 除适用一般企业活动外，也将包括有关行业法令（火电行业、垃圾焚烧装置等）在内的七项专门法规纳入其中，并分别对其做了专门的规定。

欧盟"许可证"是针对运行设备、燃烧设备、垃圾焚烧装置或垃圾混合焚烧装置的书面授权。各成员国应当采取必要措施保证运行设备、燃烧设备和垃圾焚烧装置都要持许可证运行。因此，将许可证按行业分为能源生产、金属的生产和加工、矿业活动、化工生产、废物管理、其他工业活动六个部分。

欧盟排污许可管理制度中包含的具体内容有：运营者的基本原则和义务；排污许可的申报信息；许可条件；排放限值、相关参数及技术措施要求；监控要求；许可证的审核与更新；环境监察；公众参与与信息公开等。对比分析三版指令的主要内容，可以看出欧盟在排污许可的立法框架、技术基础和监督管理等方面都进行了持续的改善。法令修订的主要方向体现在以下四个方面：

1）将火电行业、垃圾焚烧等 7 条相关指令统一纳入 IED 中，避免了繁复的立法框架造成的过度行政负担；

2）逐渐修订并明确了 BAT 的概念，强化了 BAT 作为排放水平参考在排污许可条件尤其是排放限值和监测要求等制定和管理中的强制性作用；

3）大气排放指标除烟尘外，增加了细颗粒物；

4）明确了全国、地区和地方等不同尺度的环境监察计划的相关要求，建立以日常监察和非日常监察为形式，以实地调查为主要手段，覆盖全部排污装置的环境监察制度。

企业可向成员国相关机构提交许可申请，相关机构将会决定是否批准此项工业活动。许可证申请必须包括以下几方面内容：对设施及其生产活动的特性和规模及场地特征进行描述；使用或生产的材料、物质和能源；设施的污染排放源、预计排放污染物的特性和数量，以及对环境的影响；污染防治技术；废弃物防治及循环利用措施；排放监控措施；可能的替代方案。若不违反企业商业机密，以上信息需要向利益相关方公开，采用适当形式（如电子文本形式）向公众公布。同时，公布项目审批机构的联系方式，以确保公众参与审批过程的可能性；若项目有可能产生跨界污染，则须向相关的成员国公布并征求意见。

（2）主要内容

许可证的主要内容，分别是：

1）设备及其生产活动；

2）设备使用的原材料、辅料、其他物质以及能量；

3）设备排放的污染物或者能量的来源；

4）设备所在地具备的条件；

5）如果一项工业活动涉及危险废物的使用、生产或者排放时，需提供一份基线报告；

6）可预见的设备向各种环境媒介中排放的物质和能量，并且证实这些排放会对环境产生哪些影响；

7）提出污染物减排技术建议；

8）制定防止设备产生废物，或者对废物进行循环、再利用以及回收的措施；

9）保证在操作方遵守第十一条规定中基本义务的总体原则的前提下采取进一步措施；

10）制定大气污染物排放的措施计划；

11）以大纲的形式描述申请者提出的科技及措施的主要替代方案。

许可证的申请还应当包含针对上述内容的非技术性的简要总结。

许可证中包括的大气污染物：①二氧化硫及其他硫化物；②氮氧化物及其他含氮化合物；③一氧化碳；④挥发性有机化合物；⑤金属及金属化合物；⑥粉尘及细颗粒物；⑦石棉（悬浮颗粒物及悬浮纤维）；⑧氯及含氯化合物；⑨氟及含氟化合物；⑩砷及含砷化合物；⑪氰化物；⑫含有致癌、致病因子的物质和混合物以及通过大气影响生育系统的物质；⑬多氯代二苯并二噁英和多氯二苯并呋喃。

许可证中包含的水污染物：①有机卤化物及可在水中生成有机卤化物的物质；②有机磷化合物；③有机锡化合物；④含有致癌、致病因子的物质和混合物以及通过水生环境影响生育系统的物质；⑤持久性碳氢化合物及持久性生物富集有毒化合物；⑥氰化物；⑦金属及金属化合物；⑧砷及含砷化合物；⑨生物学农药及植物保护剂；⑩悬浮物质；⑪富氧化物质（尤其是硝酸盐和磷酸盐）；⑫影响氧平衡的物质（该类物质可用生物需氧量和化学需氧量等参数来测量）。

1.2.2.3 管理程序

（1）发证流程

欧洲排污许可证发证程序主要包括申请、协商、评估、决定、证后监管五个阶段（图 1-3）。

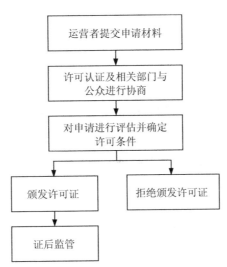

图 1-3 欧洲排污许可证发证程序

（2）公众参与

新建、改建设施许可证的授予以及现有设施许可证的更新过程都要有公众参与，且颁发及更新许可证的内容、欧盟委员会公布的主要排放源排放清单等信息须向公众公开。

1）须提前将决策程序中的相关事项告知公众（通过公共通知或其他适当方式，如电子媒体等）或最迟须在决策之前向公众提供相关信息。相关事项如下：①许可证的申请内容以及更新许可证的信息或对许可条件的建议，包括对列举事项的描述；②在可实行的情况下，当决策要经过国家或跨地区的环境影响评估或由成员国进行磋商时，使用该决定的相关事实依据更充分；③负责决策的主管部门的具体信息，信息来源者的信息，评论或问题受理者的信息以及传达问题或评论的进度表的具体信息；④可能性决策的基本特征，如有草案，则须提供决议草案；⑤在可实行的情况下，提供建议更新许可或许可条件的具体信息；⑥获得相关信息的时间、地点、方式；⑦安排公众参与决策和磋商的具体信息。

2）成员国须保证在有效的时间期限内有关公众可获知如下信息：①按照国家法律，在根据以上规定告知有关公众时须向主管部门或有关部门提交的主要报告或建议；②某些与决策相关的信息以及只有相关公众根据规定被告知后才可得知的信息。

3）相关公众有权在决策被采取之前向主管部门发表评论或意见。

4）向公众提供信息（如在附近张贴或在当地报纸刊登广告）或咨询公众意见（如通过征集书面意见或公开调查）的安排细节须由成员国决定。不同阶段须有合理的时间期限，要有足够时间去告知公众，使相关公众能做好准备并且有效地参与到所规定的环境决策中来。

1.2.2.4　关键支撑技术方法体系

（1）许可限值的确定

污染物的排放许可限值适用于污染物离开设备之后，之前的任何溶解过程在制定这些限值的过程中都不予考虑。关于间接释放到水中的污染物，应当考虑水处理设备的效果，条件是能够保证同等程度地对环境进行整体的保护并且这样不会对环境造成更大程度的污染。许可限值不能违反环境质量标准，同时应该基于最佳可行技术，但不禁止适用其他任何技术和科技。确定许可限值的注意事项如下：

1）合格的权威机构在设定许可限值时，应当保证在通常的操作条件下排放量不会超过BAT结论中能够达到的排放水平，可采用以下两种方法：①设定不超过最佳可行技术能够实现的排放水平的排放限值。这些排放限值的计量时间段可以和最佳可行技术排放水平的计量时间段相同或较短，同时参照与之相同的参考条件。②在排放额度、排放时间和参考条件方面与上文不同，并且设定不同的排放限值。如果适用②，那么合格的权威机构应当对排放监控的结果进行评估，至少每年一次，以保证正常操作条件下的排放不会超过最佳可行技术达到的排放水平。

2）合格的权威机构可以在特殊情况下设定较为宽松的排放限值。条件是经评估发现实现BAT结论中可利用的最好技术达到的排放水平会耗费巨大的成本，超过其环境效益。其中因素包括：①相关设备的地理位置和当地的环境条件；②相关设备的技术特征。合格的权威机构在任何情况下都应当保证不引起严重的污染，并且保证能够对环境进行高度的整体保护。

3）基于成员国所提供的信息，欧盟委员会可以在必要时通过对制定的指导意见进行评估并且进一步明确在设定许可限值时应当考虑的环境质量标准。合格的权威机构应当在重新考虑许可证条款时对许可限值进行重新评估。

4）合格的权威机构可以批准企业暂时不实施许可限值，原因是旨在对新兴技术进行测试和利用，时间不能超过 9 个月。条件是在该段时间结束时或者停止使用该技术，或者至少能够达到最佳可行技术可以实现的排放水平。

5）大气排放指标增加了细颗粒物；增加了火电行业、垃圾焚烧等设施的排放限值。

（2）最佳可行技术体系

欧盟实施的排污许可制度是以 BAT 为基础展开的。排污许可制度的内容涉及项目的前期建设、审批，项目的运行、监管，后期评估等全过程，其中涉及的主要许可内容均以 BAT 为基础进行制定，目的是最大限度地减少工业活动对环境产生的影响。

IPPC 提供了一种全面控制工业污染排放的管理方法，对工业污染排放设施实施许可证管理，发放许可证必须满足最低排放限值要求，排放限值应基于 BAT 来确定，并在工艺设计和排放控制方面推广使用 BAT。IED 实质上是 IPPC 的延续和升级，特别是强化了 BAT 在环境管理和许可证管理中的作用和地位，对于指定工业设施必须获得许可证才能运行（对于一些特殊的设备和工业活动需要取得许可证或者进行登记）。BAT 是制定许可证条件和排放水平的基础，通过《最佳可行技术参考文件》的结论给出工业设备在正常运行条件下，使用 BAT 或者 BAT 组合技术能够达到的排放水平，基于 BAT 的排放水平将作为制定许可证的参考条件。

1）欧盟 BAT 的含义

IED（IPPC）定义："最佳可行技术"能够代表技术应用及其发展的最有效和最新阶段，可以从整体上预防和减少污染物排放对环境的影响，其技术的实用性为排放限值的制定提供了参考，"技术"应包括应用技术和设施设计、建造、维护、运行和拆除的方法，"可行技术"是指那些在一定规模水平上发展起来的技术，在经济和工艺可行的条件下，同时考虑成本和效益，能够在相关工业领域中得到应用，某项技术是否被成员国采用并投入生产，取决于它能否被经营者所接受。"最佳"则是指能实现对整体环境最有效的高水平保护。

BAT 的内容主要包括生产装置的功能和性质、工艺流程、技术、排放水平、监测水平、能源消耗水平等。其中，技术包括针对各行业提出的所有可用的技术和措施，重点提出最佳可行技术组合并基于最佳可行技术的控制水平制定排放限值。另外，还包括尚处在研发阶段、未来可能会广泛应用的新兴技术。欧盟建立了一整套制度体系以确保对最佳可行技术结论的及时更新和完善。

2）欧盟《最佳可行技术参考文件》作用

欧盟 BAT 体现了综合污染防治全过程控制和清洁生产管理的理念，包括对大气、水体、土壤产生的污染物采取的源头控制技术、生产工艺技术、末端治理技术，是制定排污许可证条件和排放限值的基础。欧盟委员会组织欧盟成员国、相关工业行业和非政府组织等进行信息交流，评估和筛选 BAT，BAT 结论以详细、科学的《最佳可行技术参考文件》的形式公布，以此作为欧盟各国在 IED 的框架下实施排污许可制度的技术基础。

欧盟 BREFs 详细描述了各类工业生产工艺存在的环境问题，污染物产生环节、产生原因及控制措施，除给出一般技术性控制措施外，特别给出了在目前条件下不同工艺、不同控制技术下的 BAT，并且给出通过应用这种技术可能达到的污染物排放量和资源消耗量水平。BREFs 分为纵向和横向两种类型，对特定工业行业进行的描述为纵向 BREFs，如对氯碱、钢铁、有色金属、制革、水泥等行业进行的描述；对跨行业问题的描述为横向 BREFs，如对工业冷却系统、仓储排放、在化学行业中常见的废水和废气处理等进行的描述。欧盟委员会负责组织 BREFs 的起草、审核以及更新，目前欧盟已经通过的 BREFs 有 33 个。欧盟 BREFs 具有唯一性，是欧盟主管机关制定许可证条件和评价排放水平的重要依据。

3）欧盟 BAT 实施过程

欧盟将 BAT 嵌入许可证的管理中，主管机关根据公布 BREFs 中的 BAT 结论制定许可证条件，包括污染物的排放限值、相关技术参数或者技术措施、保护土壤和地下水要求以及监测要求，并要求欧盟各成员国定期向主管机构提供相应的监测结果，主管机构至少每年要对监测结果进行一次评估，确保工业设施的排放水平没有超过许可证条件，即基于 BAT 设置的排放水平。尽管 BAT 是制定许可证条件和排放限值的依据和基础，但在实施过程中根据工业活动的地理位置和当地的环境条件，BAT 可以根据地点的不同而不同，对于敏感的环境问题可以根据当地实际情况执行不同的排放限值。

欧盟 BAT 不是一成不变的，而是随着技术进步和环境需求而不断改进。环境污染物的排放量控制技术和对环境影响的评价会因全球需要和当地需要的不同而不同，行业污染物种类随着行业产品类型、生产工艺等的变化而发生变化，因此采用的 BAT 也在不断更新，并且相应地重新发布或者更新 BAT 结论，同时应当将这些信息向相关公众公布。欧盟设立专门部门，组织各成员国和工业行业进行环境信息和技术交流，并充分借助行业专家、科研人员和管理者，开发和修订不同行业的 BAT，确定在技术上和经济上都可行的技术和管理系统。

4）欧盟 BAT 信息交流机制

欧盟综合污染预防与控制局负责组织 BAT 的信息交流和编制 BREFs，并通过技术工作组展开工作，同时审议技术工作组提交的 BREFs 草案，图 1-4 是欧盟 BAT 信息交流组织体系图。欧盟综合污染预防与控制局成立由各成员国代表组成的专家组，通常每年召开 1～2 次会议，就 IED（IPPC）实施情况交换意见，审议指令中的各条款并提出相应建议，指导信息交流论坛开展信息交流；信息交流论坛由欧盟成员国的代表、欧洲自由贸易联盟国家的代表、IED（IPPC）涵盖工业部门的代表以及非政府环保组织的代表组成，主要就一些普遍性问题和横向议题展开讨论，引导整个信息交流过程。欧盟委员会为信息交流论坛的责任机构，负责对信息交流取得的进展做出决策；技术工作组依据信息交流的成果，开发与修订 BREFs。

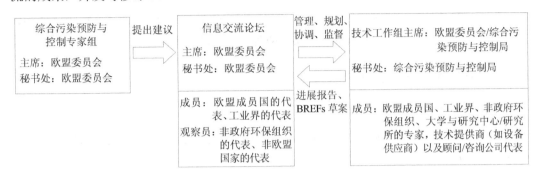

图 1-4　欧盟 BAT 信息交流组织体系

欧盟通过 BAT 信息交流形成了详细的综合文档 BREFs，并在欧盟综合污染预防与控制局网站对公众开放，其作用是：①通过全面的信息交流，指导主管部门确定每个许可证基于 BAT 在现场工业水平下的许可条件，并开发具有普遍约束力的规则；②通过公布 BREFs 重新调整欧盟内的技术；③促进欧盟向全球推广应用 BAT。

5）BAT 评判标准

BAT 评判标准有以下几点：①使用低废技术；②使用低害物质；③在适当情况下有利于促进生产过程中产生的废物回收利用；④可比较的操作流程、设施及方法，该操作经大规模检验可以成功利用；⑤技术进步及科学知识和认识方面的改变；⑥相关排放物的特性、影响及排放量；⑦新的或现有装置的投产日期；⑧引进最佳可行技术所需时间；⑨生产所用原材料（包括水）的特性和消耗量以及能效；⑩防止或最大限度地减小排放物对环境的整体影响及风险；⑪防止意外或最大限度地减小对环境的危害；⑫国际公共组织公布的信息。

（3）BAT 与许可的关系

BAT 在许可制度中的基础作用主要体现在许可限值、相关技术参数、控制措施和监测要求等方面。这些核心的许可内容均以 BAT 为依据进行制定。以 BAT 为基础制定许可要求，既有强制性又具有一定的灵活性。强制性表现在许可的排放浓度限值不得超过 BAT 排放标准范围的最高限值，并要求设施运营方按照 BAT 运行、管理、控制和监测水平进行生产和运行；而灵活性则在于最佳可行技术及技术组合可由设施运营方自行选择，并不限定采用《最佳可行技术参考文件》中的技术，只需达到 BAT 的排放标准即可。BAT 对排放许可的基础性作用和对企业的强制性要求只体现在排放目标的实现而非技术的选择。

各成员国在 IED 的总体框架下实施排污许可制度，并在许可内容的制定过程中体现

BAT 的方式主要有两种：一是通过主管单位与设施运营方协商确定 BAT 在许可中的应用。这种方式需要对设施进行逐一评估，确定基于 BAT 的许可限值和要求。德国、奥地利、瑞士、英国等国家采用这种形式。二是制定通用性约束规则。在全国范围内实施统一的约束性规则，不需要地方管理部门与企业进行谈判。凡是在相关法规和技术文件中已经明确说明的规定，企业必须遵守。另有部分国家将两种方式相结合来确定许可要求。

1.2.2.5　制度实施的监管和执法

（1）监督检查

各成员国建立规范的环境监察制度并制订监察计划，监察范围涉及全部排污装置和与排污装置相关的环境影响。各成员国应当保证工作人员充足，并且具有相关技术和资质，能够进行有效监督。经营者须向主管部门提供一切必要协助，使主管部门能够对其进行监测、采样及收集相关信息。主管部门以实地调查为主要监察手段考核工业设施是否符合许可证的要求，调查报告是运营者进行整改的重要参考依据。各成员国须制定全国、地区和地方等不同尺度的监测计划，全面覆盖所有排污装置。监测计划须定期评估，必要的时候及时更新。

成员国应当采取必要的措施保证各个设备的运行：①采取所有适当的预防措施防止污染发生；②实施最佳可行技术；③不发生大规模污染；④防止废物的产生；⑤在废物产生的地点，能够根据优先顺序对这些废物进行重新利用、回收，或者如果不存在技术和经济上的可能性，那么能够在不影响环境或者对环境影响小的前提下对其进行处理；⑥充分利用能源；⑦采取必要措施防止事故的发生并且减小已发生事故的影响；⑧采取必要措施果断停止某些活动以避免污染风险，并且将操作地点恢复至令人满意的状态。

每一个环境监察计划都应包括以下内容：①对相关重要环境问题进行的总体评估；②计划覆盖的地理区域；③计划覆盖的设备的范围；④规定起草定期环境监察计划的程序；⑤规定进行的不定期检查的程序；⑥如有必要，还应包括有关不同监察机构之间合作的规定。

基于这些监察计划，合格的权威机构应当起草定期环境检查的方案，包括针对不同类型的设备进行实地检查的频率。在确定两次实地检查之间的时间间隔时，应当对相关设备所造成的环境风险进行系统性的评估；并且，针对造成最高风险的设备进行的检查时间间隔不能超过 1 年，针对造成最低风险的设备进行的检查时间间隔不能超过 3 年。如果在检查时发现有关许可证条款的重大违规问题，那么在该次检查后的 6 个月之内应当再进行 1 次额外实地检查。

对于环境风险的系统性评估应当至少参照以下标准：①相关设备对人类健康和环境可能和实际造成的影响，包括排放污染物的水平和种类、当地环境的敏感度以及发生事故的风险；②许可证条款的合规记录；③运营方参与欧盟生态管理和审计项目（EMAS）的情况。欧盟委员会可以针对环境风险的评估提出指导意见。

在进行非常规环境检查时，应当尽快调查较为严重的环境投诉、严重的环境事故（事件）以及违规现象，并且如果情况允许，在对许可证进行重新审阅和更新之前进行非常规环境检查。在每次实地检查之后，合格的权威机构应当准备一份报告，记录相关发现，其中包括设备是否符合许可证条款以及是否需要采取进一步措施。这份报告应当在实地检查进行后的两个月之内反馈给操作方。合格的权威机构应当在实地检查后 4 个月之内将报告向大众公布。合格的权威机构不能违反相关规定，并且应当确保运营方能够在合理的期限内采取报告中提到的所有必要的行动。

（2）社会监督

社会监督主要包括公众参与和信息公开。

公众参与的内容包括对新建设施许可证的授予、对重大变动项目许可证的授予、许可证或许可条件的更新。以下信息需向公众公开：有关许可证的决策内容（包括许可证的内容或更新内容）、决策依据、决策前的协商结果、《最佳可行技术参考文件》的相关目录标题等。

各成员国必须保证公众能够有效参与决策程序，从而让公众向政策制定者传递他们对于各种决策的观点和担忧，只有这样才能增加决策程序的公正性和透明度，并且提高大众对于环境问题的认识，为决议落实提供支持。各个相关成员国在保护某一环境中的生存权利时，有权诉诸法律，以保证人类健康。

（3）执法与处罚机制

当发生违反许可证条款的情况时，成员国应当保证：①运营方立刻通知合格的权威机构；②运营方立刻采取必要措施保证在最短的时间内重新实现合规；③合格的权威机构要求操作方采取其认为必要的适当弥补措施重新实现合规。

如果运营方违反许可证中的条款并且对人类健康构成了直接危害或者可能对环境产生了显著的负面影响，那么在重新实现合规之前，违规设备、燃烧设备、废物焚烧设备、废物混合焚烧设备或者相关装置应当停止运行。

如果一项工业活动涉及相关危险物质的使用、生产或者排放，考虑到设备地点会出现土壤污染和水污染的可能性，运营方应当在开始运行相关设备之前，或者在设备许可证进行更新之前，向合格的权威机构提交一份基线报告。

基线报告应当包括所有的必要信息，使合格的权威机构能够确认土壤和地下水的污染状况，从而使其能够按照第三段的规定与工业活动结束之后的状况进行量化对比。基线报告应当至少包含以下信息：①当前场地的使用信息，如果有可能，可以包含过去场地的使用信息；②如果可能，可以包括当前土壤和地下水各项指标的信息，这些信息应当能够反映报告起草时土壤和地下水的状态，或者能够反映使用有害物质之后可能对土壤和地下水造成的污染情况。

当一项工业活动终止时，运营方应当评估其使用的、生产的或者排放的相关危险物质对土壤和地下水造成的污染状况。如果和基线报告中描述的状态相比，设备在使用中由于相关危险物质对土壤和地下水造成了严重的污染，那么运营方应当采取所有必要的措施应对这种污染，使相关地点恢复到基线报告中的状态。为此，应当考虑这些措施在技术上的可行性。

如果得到许可的工业活动在许可证更新之前对当地土壤和地下水造成污染，并对人类健康和环境造成了巨大风险，那么运营方应当采取所有必要的行动，来消除、控制或者减少相关危险物质，确保在当前或者未来按照批准使用该地点时，其环境不再受到威胁。

德国在满足以上要求后，还规定工业设施的排放超过许可的浓度限值或者运行过程违反了许可要求的，需要立即通知主管部门，同时被认作是行政违规，根据其造成的环境影响程度处以不同金额的罚款；对于违规情节严重且没有及时报告的企业，在处以罚款的同时会被提起诉讼，企业负责人须承担刑事责任。

1.2.2.6　实施特点

根据欧盟排污许可制度的主要内容和实施程序、技术方法体系、监管执法等，欧盟排污许可制度体系具有八大特点：

（1）以预防和减少为主，从源头控制污染

欧盟排污许可制度要求新建项目必须通过应用 BAT，采取适当的预防措施以减少其对环境的影响，预防为主的原则贯穿整个排污许可制度之中。

（2）综合性、一体化、一证式管理

欧盟排污许可制度体系是覆盖了项目的审批、常规运行、非正常运行及事故管理、环境监察、回顾性评估等内容的综合性、一体化的环境管理制度。

为防止污染物在不同环境介质之间的转移和转化，许可证制度的建立覆盖了水、大气、土壤等环境要素，同时涉及了废弃物的管理和能源效率以及事故预防等，旨在推动各工业活动采取综合防治措施。

（3）基于 BAT 实施许可证制度

BAT 是预防与控制排放最有效和最具有经济可行性的技术，是欧盟许可证的申请、核定、授予、更新等过程的重要基础和依据。

（4）强调公众参与和信息公开

新建、改建设施许可证的授予以及现有设施许可证的更新过程都要有公众参与，且颁发许可证及更新许可证的内容、欧盟委员会公布的主要污染源排放清单等信息须向公众公开。

（5）针对火电行业实施专门的许可证管理规定

除满足一般管理规定外，针对大型火电装置有一系列专门的法规要求，包括排放限值、脱硫效率、地区供热站的情况、二氧化碳的存储、减排设施是否存在故障、大气污染物的监测等内容。

（6）完善的配套监管体系

法令要求各成员国建立规范的环境监察制度并制订监察计划，监察范围涉及全部排污装置。管理部门以实地调查为主要监察手段，考核工业设施是否符合许可证的要求，调查报告是运营者进行整改的重要参考依据。

（7）指令的发布和执行具有一定的过渡期和灵活性

欧盟对指令的生效时间设定了较长远的过渡期。例如 IED 自 2011 年 1 月 6 日起正式生效，要求 2013 年各成员国须完成国家层面的法律法规的颁布或修订，且新建装置执行 IED 要求；2014 年现有装置须全部符合 IED 要求；2016 年要求大型火电厂全部满足 IED 要求等。

（8）对制度实施效果进行回顾性评估

欧盟委员会每三年提交一次指令执行情况的评估报告，报告内容包括针对排放限值、监测要求以及 BAT 结论性文件等方面需要改进和更新的地方，结合《最佳可行技术参考文件》的内容，为以许可证制度为主要手段实施欧盟综合污染预防与控制提供改善依据。

1.2.2.7 成员国的实施情况——以德国为例

德国早在 1974 年颁布的首部《联邦污染控制法案》中即提出设施建设和运行许可的要求和程序。2013 年 5 月对该法进行了修订，重新规定了排污许可证的适用范围和审批程序。以符合欧盟层面的 IED 等相关法令要求为基本原则，以《联邦污染控制法案》和《水管理法案》（以下统称《法案》）为基本法律框架，以行业法规、技术指导、排放标准、环境质量标准等相关法令为支撑。德国实施排放许可管理制度的具体操作流程为：①管理部门与企业经营者就主要的工业活动信息进行会谈，企业提交申请材料；②管理部门审查申请材料是否完整，若不完整则拒绝核发许可证或者要求其补充申请材料；③管理部门与相关机构及公众协同核实申请信息的准确性；④管理部门综合考虑各方建议对许可证申请进行评估，并将评估结果反馈给企业；⑤对大型设施举办公开讨论会；⑥管理部门确定许可条件，核准或者拒绝许可证的授予；⑦许可证发放后，管理部门对其进行监察，重点监察工业设施的建设和运行是否按照排污许可条件的规定和要求进行。

除满足 IED 中的常规要求外，德国在实施排污许可制度的过程中还具有以下特点：

（1）更加宽泛的适用范围

在欧盟层面，IED 中的排污许可管理体系只针对大型工业设施，而德国将适用范围扩展到中型和小型设施，在技术指导法令中对其有明确的排污要求和规定。

（2）更加严格的排放限值要求

在欧盟层面，IED 中针对大型火电装置、垃圾焚烧等部分行业的要求是基于最低标准制定而非 BAT，但是德国对《法案》中列出的大型设施均强制要求基于 BAT 执行更加严格的排放标准。

（3）采用分级管理模式

根据工业设施的规模及可能产生的环境影响程度，采取分级管理制度。对于规模很小、环境影响不大的设施只需实施通告或登记管理，不需要发放许可证。对于需要实施排污许可制度的工业设施，在《法案》中有明确的清单，并标明其核发流程是否可以简化，对于 IED 中规定范围内的工业设施则须严格执行 IED 的相关要求。

（4）将环境影响评价与排污许可制度相结合

德国将环境影响评价纳入排污许可制度中，是排污许可证申请过程的一部分。对于环境影响较大、强制规定实施环境影响评价的项目，在排污许可证申请环节进行环境影响评价，其环境影响分析报告作为申请内容是制定许可条件的重要素材和依据。

（5）更加精细化的配套法规要求

IED 对公众参与有强制性的要求和原则，但没有专门的实施法令及管理办法。德国则对其规定了明确的程序和要求，包括管理部门的职责、公众的权利及限制。在欧盟指令的基础上，对于大型工业设施，在最终发布许可证之前增加一次公开商讨环节，以确保各方尤其是公众能够接受该许可证的授予。

（6）严苛的处罚措施

工业设施的排放超过许可的浓度限值或者运行过程违反了许可要求的，需要立即通知主管部门，同时被认作是行政违规，根据其造成的环境影响程度处以不同金额的罚款；对于违规情节严重且没有及时报告的企业，在处以罚款的同时还会被提起诉讼，企业负责人须承担刑事责任。

1.2.3　国际经验对我国的启示

排污许可制度自 20 世纪 70 年代开始在部分发达国家立法实施，经过漫长的实践过程，已经成为一项在国际上普遍应用的环境管理制度。这一制度对于许多国家环境污染的有效控制和环境质量的改善起到了至关重要的作用。综合评估各个国家的排污许可制度的特点，以下几个方面尤其值得我国借鉴：

1）完善的立法体系是许可证管理制度有效施行的有力保障；

2）采用综合性、一证式管理，而非采用单一环境介质或单一污染物许可证；

3）覆盖建设审批、运行管理、跟踪评估等全过程的一体化许可证管理制度；

4）基于最佳可行技术的许可证综合管理系统，有效促进了对工业污染实行综合的、全过程的和可持续的控制；

5）加强公众参与和信息公开，发挥公众监督作用；

6）建立完善的监测监督体系，为环境综合决策提供强有力的数据支持；

7）大力度的惩罚措施是保证排污许可制度有效落实的关键；

8）定期对排污许可制度的实施进行回顾性评估，为持续改善管理制度及其执行效果提供依据；

9）强调技术在政策制定中的应用，对企业排污控制技术的选择进行指导。

1.3　我国排污许可制度的发展

1.3.1　我国排污许可制度的发展阶段

我国从 20 世纪 80 年代后期开始试点排污许可制度，至今已经有 20 多个省（区、市）向 20 多万家企业颁发了排污许可证。至今为止，我国排污许可制度演变过程按照制度功能变迁，主要分为起步探索、制度建设、全面执行、点源核心制度体系探索、点源核心制度体系构建五个阶段。

1.3.1.1　起步探索阶段（20 世纪 80 年代中期）

早在 20 世纪 80 年代中期，我国一些城市的环保部门就开始探索从国外引入排污许可证这一基本的环境管理制度。1985 年，上海市发布《上海市黄浦江上游水源保护条例》，要求区县环境保护部门按照污染物总量控制要求给一切有废水排放黄浦江上游的单位发放排污许可证。1987 年，国家环保局召开"实行排污申报登记和排污许可证制度座谈会"。同年，水污染物排放许可制度开始在我国大中型城市开展试点，天津、苏州、扬州、厦门等十余个城市在排污申报登记的基础上，向企业发放排污许可证。

在排污许可制度起步阶段，受美国污水排放许可制度（NPDES）出台的影响，中国排污许可证实践主要集中在水领域。这一时期排污许可制度还处于起步阶段，其特点主要是由各城市自发组织，许可的内容并不统一，许可量的核定还未成为主要技术问题。

1.3.1.2 制度建设阶段（1988—1999 年）

1988 年 3 月，国家环保局制定《水污染物排放许可证管理暂行办法》，并在该办法中第一次把"排放许可证制度"单独成一章，自此排污许可制度成为我国环保政策体系的重要组成部分。1989 年，第三次全国环境保护会议提出全面推行新老八项管理制度，排污许可制度作为"新五项"环境管理制度之一，被正式确定下来。1989 年出台的《中华人民共和国水污染防治法实施细则》（以下简称《水污染防治法实施细则》）规定，"对企业事业单位向水体排放污染物的，实施排污许可证管理"，进一步确立了排污许可制度的法律地位，并首次将污染物排放总量指标纳入排污许可量的确定范围。1994 年，国家环保局宣布排污许可证试点工作结束，开始在所有城市推行排污许可制度，此后一些省市的地方性法规对排污许可制度也有所涉及。1995 年国务院颁布的《淮河流域水污染防治暂行条例》规定，淮河流域的重点排污单位须申领排污许可证，并保证其排污总量不超过排污许可证规定的排污总量的控制指标，但 1984 年颁布的《中华人民共和国水污染防治法》（以下简称《水污染防治法》）及其 1996 年的修订稿、1987 年颁布的《中华人民共和国大气污染防治法》（以下简称《大气污染防治法》）及其 1995 年的修订稿、1989 年颁布的《中华人民共和国环境保护法》仍然未提及这一制度。

该阶段，排污许可制度在中央文件与指示精神中被逐步确立为八项环境管理制度之一的地位，但各地方的实践并不理想，并未从立法层面予以明确，未成为一项真正的基础性环境管理制度。国家层面没有任何法律载明排污许可制度。在地方层面上，仅有北京、贵州等少数省（市）颁发了排污许可证管理办法。此时的排污许可证更像是排污申报制度的载体，首次与总量控制指标挂钩，但并没有发挥其行政许可的功能。

1.3.1.3 全面执行阶段（2000—2007 年）

2000 年修订的《大气污染防治法》明确表明，"大气污染物总量控制区内有关地方人民政府依照国务院规定的条件和程序核发主要大气污染物排放许可证"。同年修订的《水污染防治法实施细则》规定，地方环保部门根据总量控制实施方案发放水污染物排放许可证。从这两次修订开始，全国各地纷纷出台排污许可证管理办法，2000—2007 年，我国有近 20 个省（区、市）制定了专门的排污许可制度暂行办法或暂行规定，部分地区进行了相关发证工作。

各地区许可证管理办法或规定的共同原则主要有按行政级别分级管理和与总量控制结合，按行政级别分级管理原则是指各地按行政级别负责不同类型点源的排污许可证发放与管理，与总量控制结合原则是指点源的排污许可证排污量的审核与国家总量控制制度相结合。但各地区在发证范围与许可条件上仍然存在一些差异，比如哪些企业应当纳入排污许可证发证范围、许可证有效期限是几年、试生产的企业是否允许颁发临时许可证等问题。各地区倾向颁发一本可以管理各类要素污染物的许可证，比如湖北、河北、山西等省的发证范围是"排放水污染物、大气污染物的排污单位"，广东、青海、四川、山东等省的发证范围是"排放水污染物、大气污染物、固体废物和噪声污染、辐射污染的排污单位"，而辽宁、云南等省则笼统地表述为"排放污染物的排污单位"。而且，各地区的排污许可证管理办法因其实际情况存在各自特色。例如，《淮河和太湖流域排放重点水污染物许可证管理办法（试行）》是我国第一部流域层面的排污许可证管理办法，其适用范围是流域内的排污单位，根据国务院批准的淮河、太湖流域水污染防治规划确定的主要水污染物，同时规定以行政区域为单位进行许可证分级属地管理。《重庆市排放污染物许可证管理办法（试行）》是废水、废气、固体废物"三废合一"的许可证管理办法，适用范围是所有排污单位，根据污染物排放总量与对环境的影响程度来确定重点排污单位，除 COD、氨氮等主要污染因子以外，还引入石油等行业的特征污染因子。

该阶段，排污许可制度在全国范围内基本全面落实，排污许可与总量控制衔接的思想基本确立。虽然全国各地均颁发本地版排污许可证管理办法，但排污许可证的实施并未起到预期的"持证才能排污""无证不得排污"的行政约束作用，原因有二：一是排污许可制度未能与其他环境管理制度有效衔接，各地区虽进行有效探索，但难以突破上位法的约束与环境管理水平现状的制约；二是国家未能出台与排污许可证相关的管理办法，导致各地区排污许可管理缺乏依据，管理思路无法有效统一。

1.3.1.4 点源核心制度体系探索阶段（2008—2015 年）

2008 年 1 月，国家环保总局发布的《排污许可证管理条例》（征求意见稿），对排污许可证的管理进行了广泛的意见征求，但其未能明确排污许可量与总量控制等其他政策的关系，之后未有立法进展。2008 年修订的《水污染防治法》明确"国家实施排污许可制度"，正式确立了其法律地位，为我国水污染物排放许可制度提供了原则性的法律保障。2008 年，环境保护部开始《排污许可证管理办法（试行）》的编制与意见征求，新编制的管理办法强化了排污许可与总量控制制度的关系，将企业的排污许可量与企业的总量指标绑定。2014 年 11 月，环境保护部公布《排污许可证管理暂行办法》（征求意见稿）。2014 年颁布的《环境保护法》明确要求，"从 2015 年 1 月 1 日起，我国境内所有排污单位均要实行持证排污"。2015 年中共中央、国务院发布的《生态文明体制改革总体方案》明确提出"完善污染物排放许可制"。

该阶段，尤其是"十一五"以来，中国点源环境污染事件呈现频发态势，需要逐步提高对点源管理的要求和能力。以总量控制制度为核心的整个环境管理体系无法有效应对点源污染事件频发的局面，而在实际操作中，排污许可制度一直处于"申请就发证，发证便不管"的境地，一直无法发挥该制度本身设置的价值和意义。仅依靠企业排污申报来核定排污许可量的做法无法满足总量控制、点源精细化管理、环境风险管控的要求。因此，这一阶段国家对点源污染管理体系进行反思与探索，对排污许可制度进行改造。这一时期的排污许可制度探索正在向以排污许可证为核心的点源综合管理体系转型。排污许可制度需要衔接环境影响评价制度，融合总量控制制度，落实排污收费、环境数据统计、排污权交易、污染物排放标准、污染源监测、环境风险防范等诸多点源环境管理要求，故排污许可制度需要成为点源环境管理体系的核心与载体。

1.3.1.5　点源核心制度体系构建阶段（2016 年至今）

2016 年 11 月，国务院办公厅发布《控制污染物排放许可制实施方案》，提出全面推行排污许可制度的时间表和路线图。2016 年 12 月，环境保护部印发《排污许可证管理暂行规定》，规范排污许可证申请、审核、发放、管理等程序。2016 年 12 月，环境保护部印发《关于开展火电、造纸行业和京津冀试点城市高架源排污许可证管理工作的通知》，启动行业试点和城市试点工作。2017 年 5 月，环境保护部印发《重点行业排污许可管理试点工作方案》，确定 11 个省级环保部门和 6 个市级环保部门牵头负责或参与相应重点行业排污许可证申请与核发试点工作，明确相应任务要求、时间节点与调度计划。2017 年 7 月，环境保护部印发《固定污染源排污许可分类管理名录（2017 年版）》，明确哪些企业需要持有排污许可证、什么时候需要取得排污许可证、管理要求有什么区别三个方面的问题。2018 年 1 月，环境保护部印发《排污许可管理办法（试行）》，进一步夯实排污许可实施的法律基础，在《排污许可证管理暂行规定》的基础上优化排污许可证核发程序、明确排污许可证内容、落实排污单位按证排污责任、要求依证严格开展监管执法、加大信息公开力度、建立排污许可技术支撑体系。

该阶段，我国以排污许可制度为核心的固定污染源管理体系进入快速高效构建期。原环境保护部根据《生态文明体制改革总体方案》相关要求，将排污许可制度取代总量控制制度，成为整个环境管理体系的核心制度。通过实施排污许可制度，实行企事业单位污染物排放总量控制制度，实现由行政区域污染物排放总量控制向企事业单位污染物排放总量控制转变，将范围聚焦到固定污染源。

排污许可制度将以固定点源为管理对象，是一项将环境质量改善、总量控制、环境影响评价、污染物排放标准、污染源监测、环境风险防范、环境保护税、环境统计数据等诸多环境管理要求落实到具体点源的综合性环境管理制度。在环境管理的模式由总量控制向质量改善过渡的大背景下，排污许可将不再是基于总量控制制度之下的管理工具，而是服务于质量改善的管理工具，这将涉及一系列的整合和衔接。排污许可制度以环境质量改善为基本出发点，整合点源环境管理的相关制度，实现一企一证、分类管理，坚持属地管理、分阶段推进，强化企业责任，加强发证后的监督与处罚，让排污许可证成为企业环境守法、政府环境执法、社会监督的根本依据。

截至 2018 年年底，全国统一的排污许可证管理信息平台已基本建成，已有两万余家企业取得排污许可证，覆盖造纸、火电、钢铁、水泥等 15 个行业。此次改革首次核发的排污许可证有效期为三年，这三年正是我国实现全面建成小康社会目标的决胜期。2020年后，我国将进入"后小康社会"时期，真正意义的排污许可制度将全面实施，排污许可改革也将进入另一个重要时期。为此，借鉴国际经验，加强排污许可证管理政策和支撑技术研究，特别是开展未来排污许可制度框架体系与路线图设计，对贯彻实施排污许可制度显得十分紧迫和必要。

1.3.2　中国排污许可制度改革现状

1.3.2.1　法律法规逐步健全

逐步建立并不断完善固定污染源环境管理的法规体系。进展如下：

1）2016 年出台的《控制污染物排放许可制实施方案》，是排污许可制度的改革路线图。

2）2017 年修订的《水污染防治法》，进一步细化了有关排污许可的要求和制度安排。

3）2016 年，环境保护部印发《排污许可证管理暂行规定》（以下简称《暂行规定》）。规范了排污许可证申请、审核、发放、管理等程序，要求各地根据《暂行规定》制定本地实施细则，进一步细化管理程序和要求。

4）2018 年，环境保护部印发《排污许可管理办法（试行）》。该管理办法在《环境保护法》《大气污染防治法》《水污染防治法》的框架下，依法规定排污许可的管理对象，明确和细化了排污单位应持证排污和环保部门应依证监管的法律要求，对排污单位承诺书、信息公开、自行监测、台账记录和执行报告等要求做出了具体规定，进一步夯实了排污许可制度实施的法律基础。在《暂行规定》的基础上进一步细化和强化了内容，同时根据部门规章的立法权限，结合火电、造纸行业排污许可制实施中的成功经验和问题，对排污许可证申请、核发、执行、监管全过程的相关规定进行完善，并进一步提高可操作性。

1.3.2.2　制度整合有序推进

不断推进各项制度间、国家层面与地方层面间、环保部门间、环保部门与企业间的融合衔接，进展如下：

1）推动环境管理制度的衔接整合。已经出台《关于做好环境影响评价制度与排污许可制衔接相关工作的通知》；研究总量控制改革思路，并在 2017 年环保约束性指标考核工作中予以体现；对 2017 年上半年核发的造纸、火电行业开展了排污许可证的执法检查工作，重点对无证排污、超标排污、未按证开展自行监测等方面进行监管执法。推进固定污染源环境管理的制度整合，加快形成以排污许可为基础、精简高效的固定污染源环境管理制度体系，提高环境管理效能。

2）以国家排污许可制度为基础，不断吸收地方成功经验。在各地区统一实施方案、核发程序、监管办法、排污许可证样式和载明内容、核发技术规范和管理要求等，推动全国排污许可信息化管理和数据的互联互通。积极开展地方及行业试点工作，通过排污许可证的核发，各地积累了许多成功经验。不断将这些成功经验纳入国家排污许可管理实践中，构建国家排污许可制度，较好地解决国家和省（区、市）排污许可证的衔接问题。

3）建立国家、省（区、市）、地市三级工作机制，推动许可证核发。通过国家总体指导，省（区、市）、市、县环保部门加大技术服务、强化宣传培训等方式，分行业、分阶段推动排污许可证核发工作。2017 年 6 月底基本完成火电、造纸行业企业排污许可证的核发，10 月底基本完成京津冀及周边地区"2+26"城市钢铁、水泥等高架源排污许可证的核发。截至 2018 年 1 月，全国已核发排污许可证约 13 000 张。开始摸清家底，逐步清理问题企业；采取集中审核方式，引入了第三方咨询机构，也培养和壮大了技术支持队伍；积极探索排污许可信息化管理，推进数据的互联互通。

4）设立专门的排污许可改革管理机构。2017 年 4 月，环境保护部成立控制污染物排放许可制实施工作专项小组及办公室，并在规划财务司设立专门机构，负责排污许可制度改革的具体工作。各地也成立了相应的改革领导小组及组织机构，共同推进排污许可制度改革。打破了由原环境保护部不同司局牵头管理水、气等要素的排污许可证的局面，能够有效解决各司局协调推进力度不一致、管理重点不一致等问题，极大地保证了排污许可证改革进度。

1.3.2.3　技术体系初步建立

排污许可制度的顶层设计已经基本落地完成，各项技术规范体系逐步建立，主要进展如下：

（1）实施包括水、大气污染物在内的一证式、综合性许可管理，明确排污单位申领许可证的类型。按行业制定并公布排污许可分类管理名录，分批分步骤推进排污许可证管理，对不同行业或同一行业的不同类型排污单位实行排污许可差异化管理。排污许可证内容包括基本信息、许可事项、管理要求等信息，许可证内容较全面具体。排污许可证申请、核发等程序的情景设置比较详细客观，可操作性较强。排污许可证对监督、管理，以及信息公开、公众参与等均有详细的规定。

（2）基本建立了排污许可的技术体系框架。许可量主要根据污染物排放标准、总量控制指标、环境影响评价文件及批复要求来核算，从而确定排放污染物种类、浓度及排放量。发布了钢铁、水泥等 15 个行业排污许可证申请与核发技术规范，10 项自行监测技术指南以及其他配套技术规范，将企业排放要求落实到排放口上，逐步由以监管企业排放浓度为主向监管企业排放浓度和排放总量并重转变，为建立企事业单位总量控制制度和完善排污权交易制度奠定基础。

（3）各地启动火电、造纸等 15 个行业排污许可证管理工作。京津冀区域部分城市试点开展高架源排污许可证管理工作。为了做好覆盖所有固定污染源的排污许可制度改革目标，按照"核发一个行业，清理一个行业，达标一个行业，规范一个行业"的思路，环境保护部 2018 年年初启动固定污染源清理排查工作。

1.3.2.4　信息平台基本形成

目前，全国排污许可证管理信息平台已经初步建成，实现统一平台、统一编码、精准定位、信息公开，推进数据的互联互通，为扁平化管理以及环保大数据的开发提供了可能。另外，通过排污许可证的核发，摸清了家底，逐步清理问题企业，企业主体责任得到强化。河北、上海等地以排污许可数据为基础，运用二维码技术推动排污口信息化和移动执法的无缝衔接，促进管理效能和精细化管理水平的有效提升，为排污许可证后监管探索了新的模式。

1.3.3　存在的问题

（1）法律体系尚不完善。目前只出台了部门规章《排污许可管理办法（试行）》，尚未有相关的具体的法律、法规，仅在《环境保护法》中笼统地提到"国家依照法律规定实行排污许可管理制度"，《大气污染防治法》和《水污染防治法》中授权其他法律、法规、规章设定排污许可的其他情形，实际可操作性不强，比如现行的法律法规并没有对不定期提交执行报告、提交错的执行报告等行为提出法律要求，而执行报告是环境统计、环境税、排污权交易等工作所需排污数据的主要来源和依据。另外，因排污许可制度涉及多领域、多部门，已超出部门规章所享有的立法权限范围，有待更高层级的立法来解决。

（2）制度衔接有待加强。排污许可制度对衔接总量控制制度、环境影响评价制度、环境保护税等制度做了要求，但一些细节问题仍不清晰。比如，排污许可对主要排放口有许可排放浓度和排放量限值要求，但一般排放口只管控许可排放浓度，并没有排放量限值的要求，与环境保护税的衔接会出现问题。与污染源达标排放、环境标准、环境统计、环境监察、环境监测等其他相关制度的关系及如何在技术细节上衔接有待进一步明确。行政审批事项与排污许可还需深度融合，在法律层面有待完善。环境保护税复核机制中的复核内容与复核方式仍需进一步探索研究。在排污许可证初期实践中，由于制度整合滞后，企业仍重复报送各种数据，应付各种检查，没有给企业带来"减负"的实惠，排污许可证仍难以体现其一证式管理的核心地位。

（3）许可证内容有待进一步明晰。由于上位法的缺失，排污许可管理内容中固体废物和噪声等暂未纳入。目前实施的排污许可证主要是以污染物总量控制的常规污染物为基础，重金属及其他有毒有害物质等均不在发证范围内。现阶段许可排放限值的确定采用"宽进逐步加严"的方式，企业许可排放量与实际排放量计算方法未能统一，多套统计体系并存，使得核算数据不完全一致。部分管理范围和内容看似清楚，但地方实际操作起来，还是有一定难度。

（4）现有排污许可证没有跟环境质量和最佳可行技术真正挂钩。当前，国家层面已开展研究或发布的排污许可核发技术规范，主要是基于排放标准的要求，缺乏以环境质量为核心的许可排放限值核定方法的系统研究，且并没有充分考虑技术经济的可行性。各地在核定企事业单位总量指标、许可排放量或排污权时，大多以符合排放标准为基本原则，一定程度上能够做到衔接区域总量控制目标，但均与环境质量的关联性不大，没有从顶层设计的角度提出基于环境质量的许可排放量核定思路，无法通过实施排污许可管理来实现与其他各项关联制度的衔接。

（5）排污许可证未实现固定污染源全覆盖。从各地排污许可证试点情况来看，各地许可证大多只覆盖到重点污染源，这些重点污染源占主要污染物85%的排放量，虽然能管住85%的主要污染物排放量，但对剩下15%的主要污染物排放量却管理松懈。而发证的都是守规矩的企业，有一些长期游离在环境管理之外的企业却无法覆盖。目前，生态环境部按照"核发一个行业，清理一个行业，达标一个行业，规范一个行业"的思路，已启动固定污染源清理排查工作。

（6）排污许可数据共享及应用难度大。目前，排污许可信息平台与环境统计、环境执法、污染源监测信息管理、重点污染源在线监测系统等生态环境数据平台还未实现共享和统一，在数据来源途径、接口技术、实际操作等方面难度还比较大。在数据应用上，排污许可的实际排放量数据主要来自企业提交的执行报告，在监管执法应用上还存在缺陷，没有手段处罚企业不按期提交执行报告的行为。目前，企业提交执行报告不积极，实际排放量数据缺失严重，无法为后续的发证后管理提供有效支撑，难以为环境统计、总量控制等提供数据支持。

（7）发证后的监管和执法力度仍比较薄弱。由于基层环保部门普遍存在人员少、技术力量薄弱、管理经费不足等问题，按证监管跟进不到位，"重发放、轻管理"的现象依然存在。由于自行监测刚刚起步，而多数企业监测能力薄弱，甚至根本没有开展监测的能力，许多企业为取得排污许可证而做出的自行监测方案，在实际的生产运营过程中难以落实。目前排污许可制度的实施主要依据各级环境保护机构的监督和检查，仍以"抓现行"

为主，未充分结合排污许可执行报告、台账记录和自行监测信息等内容开展监督和检查。排污许可证信息公开与公众参与程度仍不够，还没有形成公众、社区、各级生态环境部门的多层次监督体系。

1.4　研究框架与技术路线

本研究以改善大气环境质量、强化企业环境主体责任为出发点，以"管理—技术—试点—平台"为主线，针对当前我国排污许可制度存在的法律、政策和技术上的关键问题，通过"排污许可制度顶层设计与相关制度研究，排污许可证相关的法律法规研究，大气排污许可限值的关键技术方法研究，以河北省为试点区域和以火电、钢铁、水泥三大重点行业为试点行业开展研究，排污许可证实施的监督管理体系研究和大气排污许可管理信息平台开发研究"等相关任务的实施，提出全面系统的排污许可制度顶层设计方案、实施路线图和基于排污许可证的大气环境管理制度建议方案，建立基于环境质量与最佳可行技术（BAT）的排污许可限值核定技术方法体系，填补我国排污许可的立法和法律保障空白，开发具有自主知识产权的排污许可管理信息和大数据应用平台，构建大气排污许可证实施的监督管理体系。并在试点行业和区域核发 200 家以上企业"一证式"排污许可证，最终建立我国大气排污许可关键支撑技术体系和管理政策体系，为全国建立制度化、程序化、规范化的排污许可制度提供支持。

1.4.1　主要研究内容

1.4.1.1　拟解决的关键科学问题

（1）中国排污许可制度的顶层设计问题。如何根据国家层面改革要求设计适合我国的排污许可制度顶层框架，并对框架内容进行细化，与污染源环境管理相结合，提出今后 5～10 年的实施路线图，使排污许可制度成为我国环境管理的一项重要抓手，是需要研究解决的首要问题。

（2）排污许可制度与其他制度的关系问题。如何厘清和处理好排污许可制度与环境影响评价、总量控制、"三同时"、环境标准、排污收费等现有生态环境制度的衔接关系，分析这几项制度的异同，使这几种制度相互协调，并将其通过立法的方式固化、强化，将成为排污许可制度研究需要解决的重大问题和难题。

（3）排污许可的法律依据及相关法规问题。我国现行环保法律对排污许可的规定无一例外都是原则性规定，对许可条件、程序、权限等核心问题没有详细规定，这就使得实践中排污许可制度的实施缺少了必要的法律保障。要在全国实施"一证式"排污许可制度，必须研究解决法律依据和排污许可条件、程序、权限等法规问题，这是根本和前提。

（4）排污许可排放限值核定技术方法问题。排放限值的确定是排污许可证载明事项中最为核心的内容，也是面临的最为关键的技术问题。要通过分析环境质量、BAT 与企业许可排放限值（浓度、总量）之间的定量响应关系，建立相关的模型技术方法，使环境质量改善目标要求在微观企业层面得到落实，只有这样才能真正提高许可证管理的有效性和可行性。

（5）企业污染物排放量的核算与校核问题。在确定了污染源排放限值后，还需要核定企业实际排放量，与排放限值进行对比，确定企业是否违法，因此，对排污企业的排放量进行科学准确的核算与校核是关键技术问题，包括建立企业主要大气污染物排放量核算技术方法、建立多体系多方法的排放数据准确性校验机制等。

（6）排污许可证实施后的监督管理技术问题。这是排污许可证能否成功实施最为关键的问题和难点。必须重点突破排污单位自行监测数据质量控制技术、基于企业申报数据的日常核查监管技术、排污单位阶段评估方法及结果判断技术、面向公众的数据处理方法等。

（7）排污许可证管理信息平台开发与大数据应用技术问题。信息平台开发技术需满足政府、企业和公众等多用户需求，覆盖数据收集、数据建模、数据质量修复、数据探索、数据分析等过程，为排污许可大数据分析提供支撑。

1.4.1.2 主要研究内容

根据研究目标和需要解决的关键问题，主要研究内容包括以下七个方面：

（1）排污许可制度顶层方案设计与关联制度研究。开展排污许可证的国际对比研究，研究构建中国排污许可证框架，研究排污许可制度与污染物总量控制制度、环境影响评价制度、环境标准制度的关联协调问题，提出排污许可制度实施路线图的设计。

（2）排污许可法律体系与立法方案研究。比较研究 10 个国家排污许可立法经验，研究提出排污许可法律体系，开展排污许可专门立法研究、排污许可立法预评估研究。

（3）大气排污许可关键支撑技术方法体系研究。开展基于环境质量与最佳可行技术的许可排放限值核定理论方法体系研究、提出核定思路和构建核定技术方法体系，确定典型区域和典型行业许可排放限值核定技术，构建重点污染源主要大气污染物排放量核算体系和数据准确性校验机制，设计排污许可管理技术体系框架、确定各环节技术方法等。

（4）典型区域大气排污许可管理体系设计与试点研究。以完善排污许可制度为目的，以唐山市为试点区域，以排污许可管理信息平台应用和"一证式"管理企业示范为核心，开展河北省排污许可试点研究。根据试点应用效果形成评估报告，为全国提供试点经验。

（5）重点大气污染控制行业排污许可管理体系设计与试点研究。开展重点行业排污许可实施路径研究、重点行业排污许可试点实施管理办法研究、基于排污许可证的重点行业大气污染源管理试点研究，开展重点行业排污许可实施效果评估研究，通过试点研究总结经验、分析效果，为排污许可制度体系的建设、实现排污许可证的行业全覆盖积累实践经验。

（6）国家大气排污许可管理信息平台开发研究。研究国家大气排污许可管理信息平台总体框架和关键技术，提出平台总体设计、技术路线、实施策略、测试验证机制、数据初始化机制等，重点开发国家及试点区域排污许可管理信息平台，研究国家、试点区域、企业、公众四级数据共享与交换机制，完成平台成果应用示范。

（7）排污许可证实施的监督管理体系研究。按照持证单位监测和公开排污状况为主体，政府部门监督检查为保障，公众参与为约束的基本原则，建立大气排污许可证实施的监督管理体系。重点研究排污许可实施过程中持证单位监测、政府部门核查和公众获取信息等各环节的关键技术，为大气排污许可证的实施提供技术支撑。

1.4.2 研究技术路线图

本研究需要解决排污许可的关键技术、平台开发、制度设计等问题，需要广泛用到如下研究方法：

（1）国内外比较研究。通过文献研究、专家咨询和比较研究的方法分析国外排污许可制度、立法体系、许可排放限值核定方法、监督体系等经验以及我国排污许可制度的理论与实践现状。

（2）调研与试点研究。采用实地调研方法对排污许可证顶层方案设计、关键技术环节、监督管理体系进行研究。依据技术方法研究成果，结合实际，对研究成果进行可行性试点和反馈研究，侧重在河北省试点区域和电力、钢铁等大气污染重点行业的实施与应用。

（3）定量模型方法。对于排污许可限值的研究，需要通过空气质量模型等方法，模拟计算一个区域基于环境质量改善目标的区域污染物允许排放量。基于环境统计、在线监测系统、设施运行记录等，建立多体系多方法的数据准确性校验机制。包括基于最佳可行技术的不同行业污染物允许排放量核定技术方法、以监测数据为基础的企业污染物排放水平评估和排放量核算技术方法、企业排放限值达标判别方法、企业大气污染防治水平评估方法。

（4）信息技术与方法。采用 SOA 面向服务的体系架构进行平台设计，综合运用 XML、

WSDL、UDDI、SOAP 四大部件，使用 J2EE 技术路线，基于软件工程全生命周期管理 SDLC 理论，按照用户需求分析—平台需求分析—总体框架和关键技术设计—平台概要和详细设计—平台程序开发—测试验证—平台运行的模式，使用瀑布模型、螺旋模型、迭代模型实现平台的开发和应用。

本研究技术路线见图 1-5。

1.4.3　各章节主要内容与逻辑关系

1.4.3.1　各章节主要内容

围绕研究目标，根据各章节可相对独立表达、独立测度、独立评价的要求，同时保持体系的完整性，分解设置 8 个章节。

第 1 章：排污许可证的国际比较研究。通过国际研讨会、文献研究、专家咨询、专项调研等方式，充分学习借鉴国际上（美国、欧盟）排污许可制度的理论、方法与实践经验。同时，开展国内排污许可证的实践经验总结。

第 2 章：排污许可证管理政策顶层方案设计与关联制度研究。主要是顶层框架体系研究和我国排污许可证的路线图设计，提出与排污许可制度相关联的总量控制、环境影响评价等制度方案。

第 3 章：排污许可法律体系与立法方案研究。借鉴国际经验，根据我国国情详细研究排污许可的相关法律法规保障问题。

第 4 章：大气排污许可关键支撑技术方法体系研究。主要内容是排污许可证的管理技术规范研究；基于环境质量与 BAT 的排污许可量的一般计算方法研究；重点行业排放许可量计算方法和具体的排放限值计算研究；行政区域排放许可量计算方法和具体排放限值的计算研究。

第 5 章：典型区域大气排污许可管理体系设计与试点。开展河北省试点区域和"一证式"管理企业示范，制定试点实施方案，设计出河北省排污许可证试点样本，评估试点效果。

第 6 章：重点大气污染控制行业排污许可管理体系设计与试点。开展重点行业（火电、钢铁、水泥）排污许可管理体系设计与试点，制定重点行业排污许可试点实施方案，编制重点行业排污许可试点实施管理办法，评估试点效果。

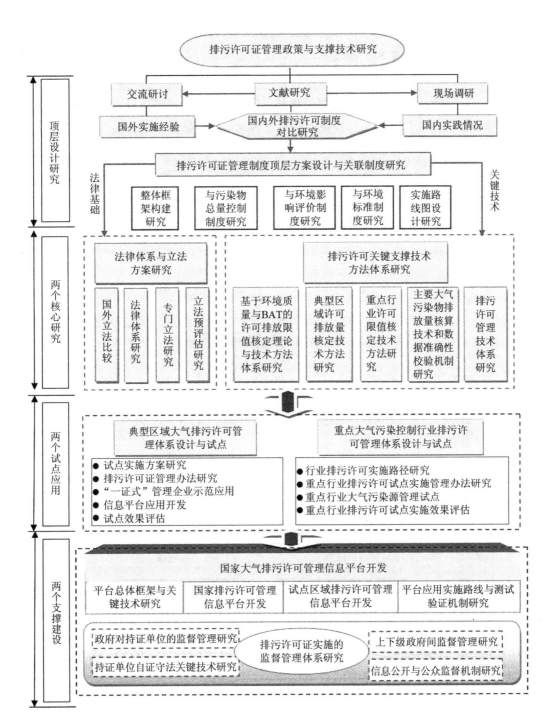

图 1-5　研究技术路线图

第 7 章：国家大气排污许可管理信息平台开发。国家实施排污许可制度需要建立一个信息畅通的综合管理信息平台作为沟通与执行的载体。本章主要研究国家大气排污许可管理信息平台总体框架和关键技术，针对试点地区和行业，开发出可以推广的信息管理系统。

第 8 章：排污许可证实施的监督管理体系研究。主要研究排污许可证实施过程中持证单位监测、政府部门核查和公众获取信息等各环节的关键技术，为大气排污许可证实施提供技术支撑。

1.4.3.2　各章节逻辑关系

各章节逻辑关系见图 1-6。

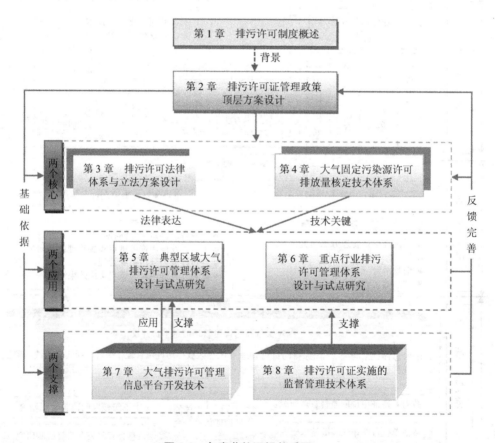

图 1-6　各章节的逻辑关系图

第 1 章是整个研究的背景，是对国内外排污许可制度发展情况的介绍，以及介绍本研究的框架、技术路线和主要内容。

第 2 章是整个研究的基础和宏观顶层设计及对制度建设方案的细化和完善，在其他章节顶层方案的基础之上，各自开展研究。

第 3 章是对整体研究成果的法律表达，并为其他章节研究成果的适用和实践转化提供法律依据。

第 4 章是排污许可技术研究中的核心部分，通过研究许可制度关键支撑技术，制定出合理、可行、协调的技术措施，建立许可制度管理技术规范，结合许可证相关法律法规（第 3 章），使排污许可管理政策顶层设计和各项大气环境管理制度（第 2 章）在实施层面有效落地，提高研究的针对性、有效性和可操作性，同时也是开展行业层面排污许可试点、区域层面排污许可试点及开发排污许可管理信息平台（第 5、第 6、第 8 章）的依据和基础。

第 5 章、第 6 章是研究成果在河北省试点区域、重点行业（火电、钢铁、水泥）的应用，是第 2 章至第 4 章及第 7 章的具体应用，通过应用中的协调与反馈，进行相互的修订，最终形成适用于试点的方案体系。

第 7 章充分吸收其他章节的研究成果，开发信息管理平台，既可支撑国家层面，也可支持地方层面，是整个项目信息技术应用的实践总结，可以实现国家—试点区域—企业—公众四级数据共享。

第 8 章是排污许可证管理制度实施后，如何加强政府、企业和公众证后监测监督的相关保障机制研究，是排污许可证发证后监督的一项重要支撑工作。

第2章 排污许可证管理政策顶层方案设计

2020年，我国排污许可制度改革将进入一个重要时期，"后小康"时期我国排污许可制度改革与实施的重点，是建立完善排污许可制度、实现环境管理转型和强化污染源管控。排污许可制度作为我国点源排放环境管理体系的核心制度，在与其他制度的衔接融合中会遇到种种细节性问题，如何厘清和处理好排污许可制度与环境影响评价、总量控制、"三同时"、环境标准、排污收费等现有环保制度的衔接关系，打破现有管理制度各自相对独立、缺乏系统统筹的局面，弥补制度衔接机制的缺失，发挥制度组合的整体效能，将成为排污许可制度所要研究解决的重大问题和难题。本章提出了排污许可管理政策顶层方案设计的基本原则、改革目标、制度框架优化、保障机制的创新与完善。进一步梳理了排污许可与环境影响评价、总量控制、环境标准、排污权交易政策、环境统计及监测的关系，最终分阶段提出我国"后小康"时期排污许可证实施的路线图和重点内容，为推进我国排污许可制度管理政策的建立提供重要的政策参考。

2.1 基本原则

根据我国《环境保护法》《大气污染防治法》《水污染防治法》的规定，排污许可制度主要以固定点源为管理对象，是一项将环境质量、总量控制、环境影响评价、污染物排放标准、污染源监测、环境风险防范等环境管理要求落实到具体企业的点源综合管理制度。在环境管理转型的大背景下，排污许可应以环境质量改善为基本出发点，精细管理，充分发挥点源环境管理的核心作用，由浅入深，分步骤逐渐完善，精准监管，强化企业主体责任，加强发证后的监督与处罚，成为企事业排污者守法和监管部门执法的根本依据。

围绕质量，强化精细管理。围绕区域或流域环境质量达标改善，将环境质量改善目标要求落实到污染源日常管理。在排污许可证发放的事前、事中、事后，综合考虑环境质量、排放标准、总量控制、风险防范等要求，实现"一企一策"。

完善立法，充分发挥排污许可制度核心作用。逐步完善排污许可法律法规。衔接环评制度，融合总量控制制度，为环境保护税、环境统计、排污权交易等工作提供统一的污染排放数据，充分发挥排污许可制核心作用，实现排污企业在建设、生产、关闭等生命周期不同阶段的全过程管理，提高政府环境审批效能，降低执法和守法成本。

精准监管，强化企业主体责任。强化企业治污和监测的双重主体责任，企业要将污染治理实施作为全过程管理的一部分，同等对待并管理污染治理设施和生产设施，将污染源监测数据作为生产运行数据的一部分。企业应如实向社会公开相关信息，提高企业违法成本，实现精准监管。

由浅入深，分步骤逐渐完善。原则上需要核发排污许可证的行业，其行业内所有企业均应当申请排污许可证并被纳入排污许可证管理范畴。排污许可证实施宜逐步建立、推广，填报内容宜"由浅入深"。从立法、制度衔接、技术方法、监管体系、信息平台等各方面分步骤逐渐完善。

2.2　改革目标

总体目标：经过 10～15 年，将排污许可制度建设成为固定点源环境管理的核心制度。建立系统化管理机制，实现企业环境行为的"一证式"管理，促进清洁化生产技术的革新与应用，有效控制和减少污染物排放，防范环境风险，切实改善环境质量。

2020 年目标：根据排污许可条例，完善排污许可技术规范体系，加强管理能力建设，初步形成点源综合管理系统。排污许可证发放逐步纳入其他行业；对于未批先建、批验不符合的违规企业，根据管理条件分阶段、分类型纳入排污许可管理体系。

2025 年目标：排污许可证体系在法律法规中有详细规定，与环境标准、环境统计、环境执法、环境监测等制度完成优化整合，形成统一的固定污染源数据库；建立基于可行技术的排放标准体系；建成统一的固定污染源信息管理平台；企业稳定达到排污许可要求。

2035 年目标：形成健全的排污许可法律法规体系；以环境质量为核心，固定点源实现排污许可"一证式"管理，真正形成系统完整、权责清晰、监管有效的污染源管理格局。

2.3　制度框架优化

排污许可制度顶层框架设计有两层含义：一是排污许可制度在整个企业环境监管体系中的定位，以及与其他企业（固定点源）管理制度的耦合；二是排污许可制度本身的框架结构，包括适用范围、法律基础、技术方法、许可内容、基本程序、证后监管等。排污许可制度框架体系见图 2-1。

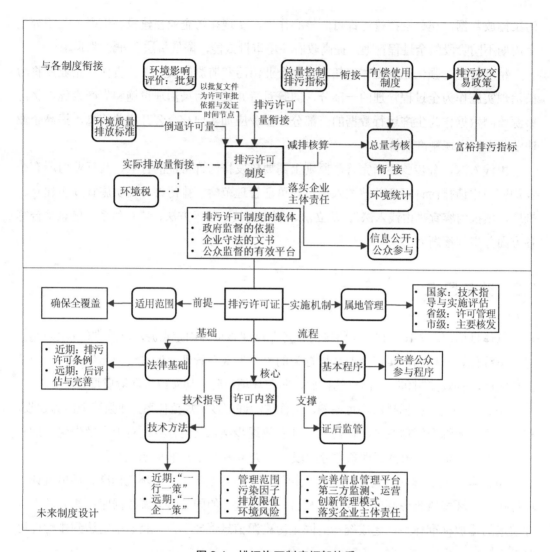

图 2-1 排污许可制度框架体系

　　排污许可制度作为点源环境管理体系的重要载体与主线，实现对排污企业综合、系统、全面、长效的统一管理。环境影响评价是对建设项目发放排污许可证的先决条件，环评批复是核发排污许可证的重要判断依据与发证时间节点；排污申报可以直接合并纳入排污许可证的申请准备阶段；排放标准是排污许可与环境质量改善之间的倒逼手段，排放限值是排污许可的重要内容；总量控制制度应当成为排污许可制度落实许可排放量与实际排放量的重要抓手，总量指标是排污许可的核心内容与排污许可条件的具体体现，但必须以排放达标为前提；排污权有偿使用是配套排污许可证的经济手段，排污权交易则赋予许可排放量以灵活性；排污收费制度结合环境监测，可以作为发证后监管的重要措施。

现有的排污许可制度本身的框架结构以排污许可证的管理为核心，包括适用范围、法律基础、许可内容、技术方法和基本程序、证后监管等，其中许可内容是核心。

拓宽适用范围。原则上所有排放污染物的固定污染源企业都应当申请核发排污许可证。但考虑到我国现实环境管理水平，可以分批、分类型、分阶段予以发放。限定的污染物类型包括产生污染的所有污染因子，但当前开展许可排放量核定的污染物暂定为国家及地方实行总量控制的污染物，未来根据技术发展，可考虑把影响环境质量的大多数污染物均纳入许可范围。同时，地方可根据环境质量状况、企业排放特征，把地方特征性污染物指标也纳入许可范围。

提升法律层次。当前已经出台了《排污许可管理办法（试行）》。通过顶层法律体系设计，应当加快出台排污许可条例，进一步明确排污许可证的适用对象、实施主体、实施程序、执行规范、证后监管及法律责任；远期应当推动排放许可法的立法工作，树立排污许可制度的权威性。

逐步改进技术方法。排污许可制度的关键技术方法也具有两层含义：一是许可证管理，包括对与总量控制制度衔接的企事业单位许可排放量的分配，对实际排放量进行监测与监管，当前已经出台了自行监测等技术规范，未来应该落实企业自行监测、统计、申报、公开污染排放行为等。二是许可证技术管理，近期建立基于可行技术的排放标准体系，开展基于环境质量改善的许可要求确定方法试点，区域实施"一行一策"；远期围绕环境质量改善，有计划地在全国逐步推行基于区域环境质量改善和动态技术的排放限值、实行"一企一策"。

进一步明晰许可内容。借鉴国外经验对许可证进行详细分类，比如分为建设前许可证和运营许可证。在许可排放限值上，可进一步细化更短时间内的许可排放量要求。除浓度外，根据需要逐步增加大气小时排放速率或其他等效要求。在证后监管信息系统的基础上，构建完整的执法监管链条，逐步实现全过程、精细化管理。

提高基本程序管理效能。目前排污许可的基本程序已经确定，程序的设计应重点关注管理程序规范化、流程化和信息沟通渠道的畅通与无误，同时明确相关各方责任。排污许可证证照管理应当以行政许可为手段，以控制污染排放、提高管理效能为目的，以"一证式"管理为目标，各项环境管理制度精简合理、有机衔接，落实排污单位的环保主体责任。

2.4　保障机制的创新与完善

排污许可制度的实施机制重点在于制度落实的有效保障，包括固定污染源管理层级重构、完善数据动态管理与平台技术支持、提高信息化水平、加快推行第三方监督监测、提高企业污染物监测自主性等。

固定污染源管理层级重构。结合生态环境部机构改革、综合执法改革和环保垂直管理改革，考虑排污许可"一证式"管理的服务理念，排污许可证是固定污染源排放管理的唯一载体与手段，包括现行各项制度的具体要求。国家负责排污许可证实施的技术指导与实施评估，省级生态环境主管部门是排污许可证管理的主要单位，负责构建本行政区域内固定污染源排污许可总量与环境质量改善之间的响应关系，确定固定污染源排放红线。市级生态环境主管部门是排污许可证核发的主要单位，可委托县级生态环境主管部门作为其派出机构进行简化排污许可证管理。

完善数据动态管理与平台，开展数据挖掘与共享。在现有全国排污许可证管理信息平台的基础上，加入企业台账、核查、执法等多个相对独立的软件模块，构建包含核发、台账、核查、执法等环节的排放清单动态更新的排污许可证管理数据库，结合地理信息系统分析污染源排放的时空特征和行业特征。这些数据之间可进行交叉校验，有益于政府执法用法、企业遵法守法。对内，以国家、区域、排污单位多层次、多方面的排污数据为对象，开展对比分析、挖掘管理经验、集成决策，全面服务于环境管理工作；对外，以全国排污许可证发放情况汇总分析、宏观管理、互联互通、向下链接，实现核发管理情况的信息汇总分析与公开。充分利用排污许可数据构建月、日、小时的污染物动态排放清单，形成空气质量模型和水质量模型的动态化、精确化、实时化，提高重污染天气预警、产业结构调整等宏观决策的快速响应能力、精准把握能力、费用效益最优化水平。将排污许可数据作为生态环境领域规划编制的重要基础和依据，提高规划编制的权威性、有效性、适应性。

提高监察、监测、监管环节的信息化水平。重视信息技术的研究和应用，加强监察、监测、监管——"三监"环节与最新信息技术的结合，提升政府信息化管理的实用性与先进性，做好"三监"环节与国家排污许可核发平台的对接，不断完善移动监察、监测系统数据实时传输校验工作，全面支持"一证式"环境管理，实现发证后从排污口到移动监测、监察的全流程监管和闭环管理。不断升级移动监测系统和移动执法系统的软硬件设备，提高移动监测系统和移动执法系统的信息化水平，完善从采样到检测的全流程闭环管理。加强排污许可制管理信息化水平，通过监察、监测、监管联动的证后监管系统，对企业实施精细化、定量化、信息化管理，从严管理企业污染物排放量，保障治理设施正常运行，推动企业落实各项环境管理要求。开发专门针对环境监管部门、企业、公众的排污许可证管理不同版本的手机软件，单独建立公众能够便捷查到的"许可证管理模块"和信息分享平台。制作企业排污口二维码标识牌，设计开发企业排污口二维码信息查询与信息公开系统，并整合排污许可证管理手机软件。

创新许可证实施监管模式，加快推行第三方监督监测。开展基于容量、质量的排污许可创新，包括开展总量预算、刷卡排污、环境承载力评估等精细化管理措施。生态环境部门应充分发挥第三方的作用完成排污许可证管理工作，让第三方承担包括数据库开发和维护、许可证编写、申请、审查、监测、核查和稽查等工作。生态环境主管部门需与第三方签署保密合同，做好对第三方的管理工作，强化资质管理，设立技术门槛，开展绩效考核，严惩不法行为。在日常生产过程中，企业需要自主对排污指标进行核定，对实际排放情况进行监测，并编写年度排污状况报告书等技术难题。这些科学技术问题应当由专业的第三方技术人员承担，由企事业单位采购第三方服务。第三方主要包括生态环境部门直属单位、大学、科研院所和相关环保企业。在同一行政区域内，同一第三方单位不能同时承担政府和企业的委托项目。

提高企业污染物监测自主性，严厉处罚企业违证排放。在企业填报排污许可证数据后，可允许其增加一次修改机会。企业定时上报自行监测数据，环保部门建立针对企业自行监测方案、监测设备、数据真实性等方面的考核和现场检查制度。若企业真实准确地上报数据，可提供一定的政策优惠来增加企业积极性；若上报数据与真实值不符，则需要进行政策、税收、抽查频次等方面的严惩。生态环境主管部门将最佳可行技术的技术规范、投资、环境负作用等方面向企业介绍清楚，以便提高企业的自主选择能力。加强对企业环境保护专职人员的设置及管理，对企业专职人员设置资质规定和要求，强化对企业相关人员的培训，设置一定奖罚措施；根据企业排污规模，设置专职人员资质和人数配备要求。生态环境主管部门认可企业材料的真实性、守法承诺，一旦发现企业存在违法行为，则应当对其处以最严厉的惩罚，提高企业的违法成本，形成排污许可证的威慑效用。以严惩来带动宣传，在加大曝光力度的同时，加大处罚力度，追使企业更加守法，落实企业主体责任。

设立排污许可证一站式服务大厅。积极响应国家简政放权、建设服务型政府的要求，加强"放、管、服"改革，理顺负责发证的环保部门的内部管理职能，调整内设机构，建议地方生态环境主管部门将有关行政许可和排污许可证管理的职能统一归口到一个处（科），设立排污许可证一站式服务大厅，专门用于排污许可证申请、审核、发放、管理等相关工作，进一步简化发证程序，一个窗口对外，真正实现一站式服务，进一步提高生态环境主管部门的发证效率。

2.5　排污许可制度与其他制度关联设计

2.5.1　基于排污许可的大气管理制度建设思路

2.5.1.1　总体要求

为全面贯彻党的十九大和十九届二中、三中、四中、五中全会精神，贯彻落实习近平生态文明思想，认真落实党中央、国务院决策部署和全国生态环境保护大会要求，紧紧围绕"五位一体"总体布局和"四个全面"战略布局，牢固树立和贯彻落实创新、协调、绿色、开放、共享的发展理念，全面加强生态环境保护，全面落实新时代推进生态文明建设要求，坚决打好污染防治攻坚战，坚决打赢蓝天保卫战，坚持制度间有效衔接，统筹兼顾、系统谋划、精准施策，强化以大气环境质量改善为核心，理顺大气污染防治相关制度，推动大气环境管理制度改革，构建基于排污许可的大气环境管理制度体系，实现环境效益、经济效益和社会效益多赢。

2.5.1.2 改革路线

基于排污许可的大气环境管理制度改革路线主要包括有效衔接环境影响评价制度、改革污染物总量控制制度、改革排污权有偿使用与交易制度、衔接环境标准制度、衔接环境统计与监测制度、衔接污染源监督管理制度六个方面。通过与这些制度的有效衔接，实现排污许可全覆盖，进一步修订《大气污染防治法》，建立以排污许可制度为核心的大气环境管理制度，如图2-2所示。

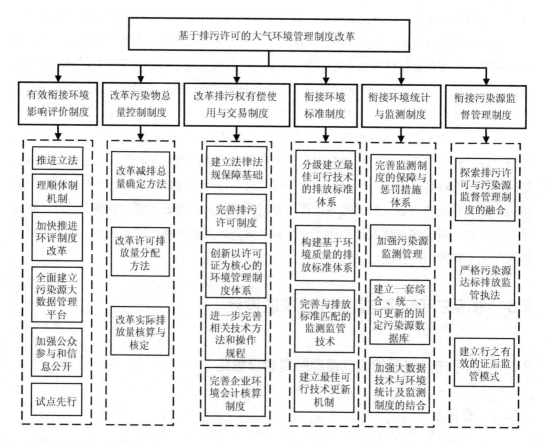

图 2-2 基于排污许可的大气环境管理制度改革路线图

2.5.2　有效衔接环境影响评价制度

发挥排污许可制度效力，须加强顶层设计，理顺管理体制，深化环境影响评价改革，加强数据支撑，强化公众参与，推进相关立法，对排污许可与环境影响评价衔接作出制度安排。

2.5.2.1　推进立法

一是修正《环境影响评价法》和《建设项目环境保护管理条例》。进一步完善规划环评范围、跟踪评价、主体责任、追责机制等管理程序，补充分区管理要求。简化环评行政审批，建立环境影响登记表备案制度，进一步突出企业环境责任，强化公众参与，为环境影响评价与排污许可制度衔接提供法制保障。

二是清理《建设项目竣工环境保护验收管理办法》等涉及竣工环保验收以及排污申报、排污收费相关文件，为实施污染源一证式管理扫清障碍。排污许可制度顶层设计方案确定后，按照新的思路重新对有关管理制度作出规定。

三是尽快出台《排污许可证管理条例》。立法中要扭转目标总量管理思维，以区域环境容量为基础，以环境质量达标为目标，建立集环境影响评价、"三同时"、环境监测、环境监管、排污收费、环境风险管理于一体的许可证管理体系。

2.5.2.2　理顺体制机制

首先，协调好排污许可制度与环境影响评价、总量控制、排污收费等制度的关系。将环境影响评价制度作为企业能否获得排污许可证的先决条件，通过环境影响评价，核定污染源排污强度和允许排放量，作为核发排污许可证的依据；核定许可证排污量时同步审核总量控制指标情况；排污费须根据排污许可证载明的排放情况进行缴纳；环境执法、监督性监测、环境风险管理应将排污许可证作为重要依据。

其次，理顺机构设置，全面推进排污许可制度。实现环境影响评价与排污许可制度的有效衔接，整合对建设项目与排污单位排污行为的管理，应作为当前机构调整的主导思路。建议通过机构调整，一是实现对排污行为管理的整合，将以排污行为作为管理对象的环境影响评价与排污许可管理权责整合到一个部门，统筹管理建设项目和排污单位；二是实现各有关机构共同支持排污许可管理的局面，明确总量（要素）、污防、监测、环监等部门在排污许可管理方面的职责。例如，明确排污许可总量测算和核定，明确依据排污许可证实施监督性监测、监察执法、排污收费、风险防范，明确排污许可管理技术体系建设、数据库和信息平台建设以及重构与排污许可管理相衔接的环境影响评价技术导则体系的技术工作任务及主要技术支持机构。

2.5.2.3 加快推进环评制度改革

一是充分发挥规划环评源头预防作用。以生态保护优化空间区域开发，划定生态保护红线；建立区域污染物行业排放的总量管理模式，设定总量红线；实行产业准入源头控制和差别化管理，明确准入红线。将"三条红线"作为环境功能区划的重要依据。

二是重构现有环境影响评价技术导则体系。实现环境影响评价技术导则体系与排污许可核发内容的衔接。制定污染物源强计算方法指南，据此确定污染物排放量；制定污染物排放清单核算技术导则，依据污染物排放标准和环境质量标准，确定许可排放量；制定环境风险评估技术导则，据此完善污染源对地下水、环境敏感对象，如居民区、水源区等潜在环境风险的预防措施。

三是通过制度融合简化环评审批程序。对于新建项目，强化环评审批制度，把环境影响评价对建设项目提出的污染物排放限值和排放量、减缓环境影响和防范环境风险的措施，以及环境可承载力等作为许可证的重要内容和依据，将环境影响评价作为许可证发放的前置条件。对已取得排污许可证的排污单位改扩建、技改时，强化排污许可证审核，不增加排放量和不加大环境风险的，可简化环评审批程序。

2.5.2.4 全面建立污染源大数据管理平台

一是推进全国污染源清单建设工作。贯彻落实国务院出台的《大气污染防治行动计划》《水污染防治行动计划》，指导各地开展大气污染源排放清单编制工作，梳理编制重点行业污染源清单。

二是建设国家污染源数据库和信息平台。在国家环境影响评价基础数据库的基础上，紧密结合重点行业污染源清单建设工作，抓紧建设国家污染源数据库，并构建国家统管、四级联网、面向公众、社会公开的信息平台。

三是强化技术方法体系建设。研究制定《污染物源排放清单编制技术指南》和《国家污染源数据库管理指南》；完善总量管理技术体系，实现污染物总量核算技术方法与许可排污量技术方法的衔接。

四是发挥环评技术支撑队伍作用。全国 200 家评估机构负责为环境影响评价部门实施排污许可证管理提供技术支撑，包括制定技术指南、建立重点行业污染源清单、维护各地污染源数据库等工作。全国 1 100 多家环境影响评价机构及社会化环境监测机构负责为企业执行排污许可证管理制度提供咨询服务，包括编制排污许可证申报材料、实施企业自主监测等工作。

2.5.2.5　加强公众参与和信息公开

排污许可制度设计应按现代环境管理体系的逻辑，突出企业环境责任，强化公众参与和信息公开，有效防范环境风险，保障公众健康，促进环境质量改善。将公众参与贯穿于污染源环评审批与排污许可的全过程。申请阶段，企业对许可证申请和举证材料进行全文公示，必要时召开听证会，对公众提出的意见须做出书面答复；受理阶段，许可部门依据申请材料制定许可证草案与相关材料一并向社会公开，征求公众意见；审核阶段，许可部门根据申请材料、公众意见、企业对公众意见的回复等决定是否核发许可证；证后监管阶段，公众可在公开的信息平台上获得企业运行许可相关的所有信息，包括许可证申请书、举证材料、许可证正本和副本、实时监测报告等。

2.5.2.6　试点先行

开展行业试点和区域试点工作。试点行业可以选择火电、钢铁、造纸等污染物排放量较大的行业先行开展，建议结合"未批先建"清理整顿工作，组织在钢铁行业开展环评与排污许可管理融合的试点。试点区域可以选择浙江、江苏、上海等排污许可管理基础较好的地区先行开展，将环评与排污许可融合作为试点工作的重要内容。加强试点工作领导，建议生态环境部成立排污许可试点领导小组，统筹指导排污许可试点工作。加强试点工作技术指导，建议成立技术小组，全程跟踪行业试点和区域试点工作，及时总结排污许可管理经验。加强培训，提高试点行业和地区的履职能力。通过试点工作，厘清"上下""左右"关系，在四级生态环境部门排污许可事权划分和污染源管理相关部门职责划分等方面积累经验。

2.5.3　排污许可证载明排放总量控制要求

作为落实企事业单位排放总量控制和改善区域、流域环境质量的载体，排污许可证应对污染点源的主要污染物排放总量进行许可。对于环境质量已经达标的区域、流域，污染源许可证中载明的主要污染物排放总量可根据达到排放标准的要求直接换算得出。对于环境质量没有达标的区域、流域，排污许可证中载明的污染物许可排放量应根据区域、流域环境质量改善需求，区域污染物总量控制目标要求等综合确定，必要时应实行"一企一策"。区域全部企业的污染物许可排放量应与区域污染物总量控制目标进行衔接。

已经开展了排污权有偿使用和排污交易试点的地区，排污单位的排污权和总量排放配额指标应在排污许可证中予以确认，并与排污单位的污染物许可排放量一致。企业排污权的期限、交易情况、减排义务等相关内容应根据情况变化及时登载在排污许可证中。

2.5.4　改革排污权有偿使用与交易制度

排污权有偿使用与交易制度需要根据排污许可制度改革进行统一要求，做出相应的调整和改革。以排污许可制为核心的排污权交易制度，方案设计与许可证制度的实施完全融合，把排污许可量作为排污权看待，排污许可量大小即排污权的多少以排污许可证为载体，排污权的分配、使用、清算依托排污许可证的核发、监管、年审等工作开展。排污权交易的实施范围是纳入排污许可证管理的排污单位。排污单位的排污权获得和使用时间应与排污许可证保持一致，应一次性分配获得 3 年或 5 年的排污权，并将其使用有效期限明确到年度。排污权的确定与总量控制制度相衔接，排污权的取得依托排污许可证的申领核发制度，排污权使用的监督管理依托环境监测、监察执法对许可证的日常监管制度，排污权清算依托排污申报制度。为确保排污权交易的顺畅，作为排污许可的排污权和在交易市场交易的排污权在记载形式、内容上应体现出差异性。在现有企业排污权无偿分配的情况下严格执行可转让排污权认定原则。

2.5.5　排污许可执行排放达标"底线"

排放标准是企业进行污染物排放控制的基本要求。政府对企业排污行为的许可，应当把排放标准的要求作为不能逾越的底线。在欧美的管理实践中，基于最佳可行技术（BAT）或最佳实用控制技术（BACT）提出的排放限值与我国的排放标准具有相似的法律地位，发挥类似的作用。在其排污许可制度中，明确提出了基于最佳可行技术（BAT）或最佳实用控制技术（BACT）的排放限值是对每一个污染源进行排污许可的基本和最低要求。

现有排放标准不能满足排污许可证管理的需求，需要进行系统性修订。建议先行实施排污许可证管理，获取固定污染源的详尽排放数据，通过科学的程序和方法重新修订各行业的排放标准。以健全排污许可制度标准化支撑为目的，以排放许可条件或排放许可事项的形式，提出对现行标准体系的完善和修订建议。加快排放标准改革和更新，参考美国排放标准的制定程序，进一步完善我国的排放标准体系。

2.5.6　建立排污许可和实际排放"两套"数据

排污许可证确定的污染物排放量与排污单位实际排放量是两个完全不同的排放量。企业或排污单位只有在许可证规定的上限以下排放污染物才是合法的。环境统计制度均应以排污许可证年度实际排污量作为依据，所需信息应从排污许可证的许可信息、登载信息及环境保护日常报表中获取，形成的环境统计信息应载入排污许可证。排污许可证核发后，结合在线监测、监督性监测、执法监测及企业手工自测数据，测算排污单位实际排放量，作为判定是否违证排污的监管依据、排污单位富裕排污权认定依据以及环境税征收依据，并将实际排放量纳入年度环境统计数据库。

要与国家生态环境监测网络体系建设相衔接，充分鼓励将污染源自动监控数据作为排放行为核定依据；对难以采用在线监控管理的污染源、污染物及无组织排放的污染物，应形成统一的排放量核算方法，并根据技术水平的不断提高定期予以修订。通过企业日常监测、生态环境主管部门"双随机"抽查执法监管、企业环境信息联网与公开，对企业的建设、生产和排污过程进行监督和管理。监管的主要内容是排污企业是否按照排污许可证的要求进行排污行为的控制和管理。监管主体应与许可证发放主体一致，生态环境部可通过区域环保督查中心保留对企业进行随机监管的权力。

2.5.7　建立行之有效的证后监管模式

排污许可证是污染源监督管理制度的基础。在实际工作中，需根据排污许可证来监督管理污染源的污染物排放行为，从而让污染源规范排污行为，做到"排污申请、持证排污、按证排污、违证必究"。

以排污许可制为核心，坚持"预防为主、防治结合"的污染源监督管理原则，形成"以排污许可证为身份证+以排污许可证年度执行报告为管理手册"的固定污染源监管体系。基于排污许可证及其年度执行报告，逐步建立企业年度环境报告制度和企业环境行为信用评价制度。研发可监测、可报告、可核查的排污许可证监管技术，建立污染源排污许可执行数据审核方法、污染物实际排放量核算方法，建立"大数据+""互联网+"的证后监管体系，建立污染源排污信用体系，严格污染源达标排放监管执法，严格落实违证排污处罚。

2.5.8　加强排污许可证的公开透明管理

加强排污许可证全过程信息公开和公众参与。在排污许可证申请和核发的过程中，要为公众参与建议留足时间，保证公众的知情权和参与权。要通过公告、报纸、电视、网络等手段，对排污许可证中的许可内容进行信息公开，供公众查阅。对新建大型企业，实行公众听证后才能发放排污许可证。在排污许可证的监督管理环节，各地建立排污许可证信息查询系统，全面公开排污许可主要内容以及对企业排污执法监督的信息，鼓励公众参与对企业排污许可内容的监督。

2.6 "后小康"时期中国排污许可证实施路线图

2.6.1 实施路线图

2020 年前：排污许可制度体系构建初期。制定排污许可管理条例及修订《排污许可管理办法（试行）》，为今后的工作奠定坚实的法律基础；开展排污许可相关制度初步整合工作，制定框架体系；研究建立基于现有质量、可行技术的排放标准体系和数据质量控制体系，为排污许可制度逐步完善提供技术支持，企业基本适应，数据逐步归真。根据"后小康"时期排污许可证改革的四个基本原则，本节分两个阶段提出我国排污许可制度改革的路线图（图 2-3）。

第一阶段（2020—2025 年）：排污许可制度体系优化中期。法律体系基本完善，排污许可体系在法律法规中有详细规定，包括排污许可证的分类、申请核发程序、公众参与、执行与监管、处罚等具体要求；与环境标准、环境统计、环境执法、环境监测等制度完成优化整合，形成统一的固定污染源数据库；建立基于可行技术的排放标准体系，开展基于环境质量改善的许可要求确定方法试点，区域实施"一行一策"；通过信息平台开展数据分析与支持决策，实现数据共享，建成统一的固定污染源管理平台；企业建立从过程到结果的完整守法链条，全流程、多环节主动改进治理和管理水平，企业稳定达到排污许可要求、自证守法。

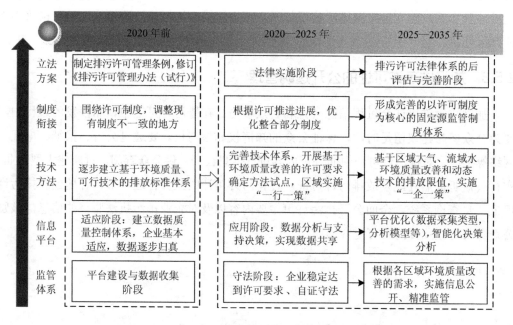

图 2-3 "后小康"时期排污许可证改革实施路线图

第二阶段（2025—2035 年）：制度体系完善后期。对排污许可法律体系实施后评估，形成健全法律法规体系，立法层次高，内容翔实；形成以许可制度为核心的精简高效、衔接顺畅的固定污染源环境管理制度体系；围绕环境质量改善，在试点应用的基础上，有计划地在全国逐步推行基于区域环境质量改善和动态技术的排放限值、实施"一企一策"；针对数据采集类型、分析模型等进行平台优化，实现信息平台智能化决策分析；根据各区域环境质量改善的需求，实现信息公开、精准监管，使排污许可制度框架逐步完善、内容规范细致，产生显著成效。

2.6.2　主要内容

目前，我国排污许可制度实施还属于制度体系构建初期，存在法律体系尚不完善、制度衔接还有待研究、排污许可证管理范围和内容不明晰、没有手段确保固定污染源全覆盖、排污许可数据共享及应用难度大、发证后的监管和执法力度薄弱等问题，根据路线图，未来排污许可制度改革的重点表现在以下四个方面：

（1）明确许可法律内涵，加快我国排污许可制度相关法律法规建设

一是进一步完善和细化相关排污许可法律法规。国务院应尽快制定排放许可管理条例，通过制定法规条例或者立法，明确排污许可的法律内涵与排污许可体系的法律地位。对许可事项做出全面规定，对排污许可证的审批颁发、监督管理以及法律责任等做出相应的具体规定，达到细化可操作，让管理部门有法可依、有章可循。明确排污许可管理是衔接环境质量目标管理与污染源环境管理的桥梁和纽带，如限期达标规划当中固定污染源的减排策略应与排污许可管理挂钩，并相互促进；明确通过排污许可规定企业污染物排放行为的所有法律要求并得以落实；明确排污许可证的内容、行政管理体系及社会救助体系；明确对违反排污许可的违法行为予以严厉处罚的规定，切实体现"违法成本高"的原则。二是通过法规或规范性文件，完善排污许可管理实施配套文件，提高排污许可技术支撑文件的法律效力。三是推动法律法规修订，加快将企业固废、噪声等排放行为纳入排污许可管理范围。

（2）放眼环境管理全局，推动排放标准及相关管理制度衔接整合

基于排污许可制度的总量控制制度改革研究。进一步强化固定污染源管理，以工业污染源为重点建立企事业单位总量控制制度，使总量控制要求在企业层面得到具体确认。根据环境质量改善需求，以排污许可的形式来确定企事业单位总量控制目标、能源消耗、浓度限值、治污要求等，将污染减排提升为系统性、全过程的企事业单位污染物排放管理，并进一步强化企业减排主体责任，建立全面有效、标本兼治的污染物排放管理体系。

基于排污许可证的排污权交易制度改革研究。建立以排污许可制为核心的排污权交易制度，排污权交易的方案设计与许可证制度的实施完全融合，把排污许可量作为排污

权看待，排污许可量大小即排污权的多少以排污许可证为载体，排污权的分配、使用、清算依托排污许可证的核发、监管、年审等工作开展。

基于排污许可的排放标准体系的调整。以最佳可行技术作为排污许可的重要技术基础。排放标准的制定应当以最佳可行技术为核心技术依据，以行业内公平、经济上可行、推动技术进步为基本原则，针对各行业的不同设施、工艺、规模制定排放标准限值。对于大气排放标准中的有组织排放要针对工艺和排放源细化要求；对无组织排放量较大的行业，增加无组织控制的措施要求。明确正常工况下污染物达标排放判定有关问题，提高标准的科学性，同步规范环境监督执法。考虑环境质量现状，分区、分类执行基于技术的排放标准。建立最佳可行技术更新机制，尽快形成标准制定的"资料储备库"。

与其他制度的衔接与整合。加强环境影响评价制度与排污许可制度的有效衔接，环境影响评价是申请排污许可证的前提，环境影响评价文件的主要要求，要纳入排污许可证执行情况中，是建设项目验收和环境影响后评价的重要依据，加强环境统计、污染减排、在线监测与排污许可之间的有机衔接，建立综合、统一、可录入、可更新的环境数据管理信息系统，排污许可管理形成的企业实际排放量就是与环境保护税、环境统计、排污权交易共享的污染排放数据。研究如何将环境风险精细化管控纳入固定污染源的排污许可证中，落实"一厂一策"，并严格依证监管，精细、科学、依法应对大气环境风险。

（3）围绕环境质量改善，分步骤逐步完善控制污染物排放许可制度

一是在管理范围上，我国实施综合许可证，应当针对大气和水环境质量管理以及污染源管理的客观规律和经验，进行综合协调，尽快将危险废物、噪声等纳入排污许可的试点范围。借鉴美国经验，可对许可证进行详细分类，比如分为建设前许可证和运营许可证。

二是在污染因子管理上，区分常规污染物（影响环境质量标准的污染物，如大气中的 SO_2、NO_x、VOCs、颗粒物等，水中的 BOD_5、氨氮、总氮等）和有毒有害特征污染物，从不同控制目标的角度，提出排放限值要求。为此，要加快编制出台大气、水的污染物和有毒有害污染物名录。

三是在许可排放限值上，考虑法律规定的重污染天气应急预案等情景下的日最大排放量或者小时最大排放量要求。待许可证制度有效运行后，再逐步细化更短时间内的许可排放量要求。除浓度外，根据需要逐步增加大气小时排放速率或其他等效要求。同时逐步开展排污许可与改善环境质量的研究与试点，建立基于区域大气、流域水环境质量改善和动态技术的排放限值计算体系。基于质量和 BAT 的核定许可排放限值，可首先根据评估和分析各行业最优污染控制技术组合及最优可达水平，结合实际的污染物排放特征分析及绩效或强度现状，确定基准绩效或强度值，然后从区域环境质量出发，计算区域环境容量及环境浓度贡献分析，识别重点管控因子，确定调控系数，对基准绩效或强

度值进行调整，最终核定许可排放量。

四是信息平台改革，通过统一的大数据平台，实现智能化数据分析与支持决策，建立完善的数据共享机制，逐步更新相应的技术规范等，提升科技监管水平的信息化。在后监管系统的基础上，有效衔接环境执法、污染源监管、总量控制、环境税缴纳、环境统计、排污权交易等制度内容，构建完整的执法监管链条，实现全方位、智能化监管。

五是逐步实现全过程、精细化管理。排污许可证不单纯是排放限值的许可，更是对全过程管控的许可，对任何可能存在污染的环节均会在许可证中体现出来。下一步，随着我国排污许可制度的逐步优化和完善，过程控制措施也应逐步补充到我国排污许可体系中。在许可内容和技术中，制定一系列以环境质量达标为最终目标的政策，实现达标区、非达标区的不同污染物对健康影响程度的精细化管理。

（4）强化企业主体责任，健全完善相关机制体制和能力支撑建设

一是注重兼顾所有利益相关方的合法诉求。充分发挥第三方环保组织的社会监督作用。明确有权利参与的公众范围、NGO 的参与条件。兼顾提出许可企业的合法权益，在环境容量允许的前提下，企业有权获得必要的排污许可。

二是在许可证中把信息公开的内容明确化、具体化、程式化。落实环保法规对企业排污申报、信息公开的要求，改变保姆式的环境监管模式，建立许可证守法和执法数据库，面向公众开放，对不涉及企业敏感信息的环保信息和违法执行情况进行公开，提高透明度。规范企业执行报告的提交，确保数据质量。将许可证作为执法的重要依据，以违法成本高为原则强制执法。

三是提高企业监测水平，保障能力建设与改革同时推进。明确企业是监测数据质量的第一责任者，不完全依靠在线监测，逐渐恢复企业专业检测分析队伍和实验室监测能力。颁发及监督排污许可证的专门机构能力建设、许可证编写的相关服务和咨询机构能力的建设以及信息系统的建设等保障能力应与排污许可制度改革同时推进，积极引入第三方市场。

四是建立企业守法诚信制度、环境强制责任保险制度。排污许可证的内容纳入对企业守法的管理要求，细化企业的信息报告责任，逐渐建立一套针对企业排放信息的报告、检查和追责体系，确保企业实际排放和环境管理信息的真实性和准确性。构建基于排污许可证的企事业环境强制责任保险制度，分担环保部门风险管理的压力。

第3章　排污许可法律体系与立法方案设计

法律上的许可是一个广义的概念，凡是需要从事由政府依法赋权或者依法解除法律禁止的行为一般都属于许可的对象。在环境保护领域涉及污染物排放的管理制度中，环境影响评价审批、"三同时"竣工验收等虽未称为许可，但它们都具有许可的性质。本章所讨论的排污许可属于狭义的许可，特指生态环境主管部门根据排污单位的申请，经依法审查，准予其按照排污许可证的要求排放污染物并对排污行为实施监管的行政活动。

排污许可法律体系则是由与排污许可相关的法律、法规、规章及其他规范性文件共同构成的制度规范体系。由于我国《环境保护法》《水污染防治法》《大气污染防治法》等法律只对排污许可制度作出了原则性规定，无法为排污许可制度的实施提供明确、充分的规范依据和指引，因此当前我国排污许可立法工作的主要任务，应是专门针对排污许可制度制定法律或行政法规。在排污许可立法过程中，需要重点解决排污许可的法律性质、适用范围、实施主体、实施程序、许可证内容、排污管理、法律责任等问题。在完成排污许可立法工作之后，则须应对随之而来的监管挑战和守法难题，并妥善解决排污许可与其他环境管理制度之间的衔接与整合问题。

3.1　排污许可制度的历史沿革

3.1.1　排污许可制度的萌芽

我国的排污许可制度最早可追溯至 20 世纪 80 年代。1985 年 4 月，上海市人大常委会颁布了《上海市黄浦江上游水源保护条例》，开始在黄浦江上游水资源保护地区实行以水污染物排污总量控制为目的的排污许可制度。1987 年，为了逐步实施污染物排放总量控制，国家环保局决定在水污染防治领域开展排污许可证试点工作。1988 年 3 月，国家环保局发布了《水污染排放许可证管理暂行办法》（2007 年失效），这是我国首次对排污许可作出的专门性规定。该办法第三章专门规定了"排放许可制度"，要求各地在申报登记的基础上，根据实际情况，分期分批对重点污染源和重点污染物实行排放许可制度，逐步实施污染物排放总量控制。此后，经国务院批准，国家环保局于 1989 年 7 月发布

《水污染防治法实施细则》，其中规定"对企业事业单位向水体排放污染物的，实行排污许可证管理"，对不超过污染物排放标准及污染物排放总量指标的，发放排污许可证，对超标排污的发给临时排污许可证。

由于当时国家尚未制定行政许可法，环境保护法律也未规定排污许可，因此实施排污许可的法律依据并不充分。为此，1989 年修订《环境保护法》时就考虑增加有关排污许可的规定。然而，由于当时诸多单项环境保护法律并未将超标排污规定为违法行为，实施排污许可的前提条件并不存在，这一修改建议最终未能被立法机关采纳。在环保部门试点水污染物排污许可制度不断深入的背景下，1995 年国务院在《淮河流域水污染防治暂行条例》中规定了"淮河流域……持有排污许可证的单位应当保证其排污总量不超过排污许可证规定的排污总量控制指标"。1996 年全国人大常委会在修订的《水污染防治法》中对重点污染物排放总量控制制度和重点污染物排放核定制度作出了规定。

萌芽阶段的排污许可制度主要是围绕以控制水排污总量为目的的水排污许可。相关的立法较少，有关排污许可制度实施的内容、程序等都相对较为简单。排污许可的具体实施主要依赖环保部门和地方政府制定的规章文件来推行。

3.1.2　排污许可制度的发展

2000 年 3 月，国务院在《水污染防治法实施细则》中再次原则性地规定了排污许可制度。2000 年 4 月，全国人大常委会对《大气污染防治法》进行修订，其中第十五条也原则性地规定了大气污染物排放许可制度。而为了推进水污染排放许可证制度的发展，国家环保总局于 2001 年 7 月发布了《淮河和太湖流域排放重点水污染物许可证管理办法（试行）》，对水污染物排放许可制度作出了较为具体的规定，明确了重点水污染物排放不得超过水污染物排放标准和总量控制指标的"双达标"要求，并详细列出了申请排污许可所需的条件和材料，规定了环保部门的审查和监督职责，以及对违反规定的处罚。为探索以环境容量为基础、以排污许可证为管理手段的"一证式"污染防治管理体系，国家环保总局于 2004 年 1 月发布了《关于开展排污许可证试点工作的通知》，决定在唐山等六地市开展排污许可证试点工作，以便为完善排污许可制度提供实践经验。但实践中各地发证工作进展缓慢，政府不积极、企业不重视。除局部地区外，许可证的实施对于区域环境质量的改善并未产生直接的作用。

2003 年全国人大常委会通过了《行政许可法》，正式确立了行政许可制度。国家环保总局于 2004 年 6 月发布了《环境保护行政许可听证暂行办法》，对环境行政许可制度作出了程序上的规定。2004 年 8 月，国家环保总局发布《关于发布环境行政许可保留项目的公告》，公布了由环保部门实施的行政许可项目，其中涉及排污许可的行政许可事项有排污许可证（大气、水）核发、向大气排放转炉气等可燃气体的批准等。2008 年 1 月，为满足排污许可管理实践的需求，国家环保总局发布了《关于征求对〈排污许可证管理条例〉（征求意见稿）意见的函》，但该条例至今未获通过。2008 年 2 月，全国人大常委会修订《水污染防治法》，其中第二十条明确规定了国家实行排污许可制度。至此，大气污染物排污许可制度和水污染物排污许可制度在法律上均得到正式确立。

这一时期，排污许可制度从水污染防治领域向大气污染防治领域推进。与此同时，水污染物排放许可制度也在不断地完善中。但无论是在水领域还是大气领域，排污许可制度仍然只是与总量控制制度紧密相联的一项附属性环境管理制度，尚未成为固定污染源环境管理的核心制度。

3.1.3 排污许可制度的改革完善

党的十八大以来，生态文明建设被提到了前所未有的高度，排污许可制度作为生态文明建设的一项关键制度也受到前所未有的重视。《中共中央关于全面深化改革若干重大问题的决定》《关于加快推进生态文明建设的意见》《生态文明体制改革总体方案》《国民经济和社会发展第十三个五年规划纲要》先后强调要完善排污许可制度。2016 年 11 月 10 日，国务院办公厅正式发布《控制污染物排放许可制实施方案》（国办发〔2016〕81 号），提出了全面推行排污许可制度的时间表和路线图。上述政策明确了我国排污许可立法的基本方向和主要内容。

在中央政策的指引下，排污许可立法工作进入了全面推进阶段。2014 年 4 月，全国人大常委会对《环境保护法》作出修订，明确规定"国家依照法律规定实行排污许可管理制度"。2015 年修订的《大气污染防治法》和 2017 年修正的《水污染防治法》也先后规定对大气、水污染物排放实施排污许可管理。为实施排污许可制度，原环境保护部陆续发布了《固定污染源排污许可分类管理名录》、各行业的排污许可证申请与核发技术规范、自行监测指南等配套规定和技术文件。

为规范排污许可制度的实施，环境保护部于 2016 年 12 月发布了《排污许可证管理暂行规定》（环水体〔2016〕186 号，已失效），对排污许可的适用对象、许可证内容、实施程序、监督等问题作出了具体的规定。全国各地区在该规范性文件的基础上，结合各地实际情况先后制定了具体实施办法。2018 年 1 月，环境保护部颁布了《排污许可管理办法（试行）》，进一步为排污许可的实施提供了依据。

《环境保护法》《大气污染防治法》《水污染防治法》为我国排污许可制度的完善奠定了法律基础，同时也搭建了排污许可法律体系的基本框架，《排污许可管理办法（试行）》等规范则为排污许可制度的实施提供了具体的指引。

3.2　排污许可的立法需求与进路选择

3.2.1　排污许可的立法需求

习近平总书记强调"凡属重大改革都要于法有据"，排污许可制度的改革也应于法有据，这也是政府依法行政的内在要求。排污许可制度定位的转变需要通过法律的具体规定予以实现。《环境保护法》《大气污染防治法》和《水污染防治法》都已明确规定排污者必须持证排污，禁止无证排污或不按许可证排污，为我国排污许可制度的改革提供了法律基础。并且，与以往不同，新修订的各部法律都对排污许可制度作出了单独的规定，表明排污许可制度作为一项独立的环境保护制度得到法律的确认，为排污许可制度定位的转变提供了制度空间。但是，由于现有法律对于排污许可制度只作出了原则性规定，因此未能体现出排污许可制度定位的转变。

尽管 2018 年 1 月环境保护部公布的《排污许可管理办法（试行）》对排污许可的适用范围、实施程序、排污许可证内容、排污许可监管、法律责任等作出了具体的规定，为排污许可制度的实施提供了进一步的依据，但是作为部门规章的《排污许可管理办法（试行）》受立法权限制约，其制度供给能力明显不足，在规范内容和效力上都有所欠缺，所以该办法仅仅是当下推行排污许可制度的权宜之计和过渡措施。例如，该办法并未具体对排污许可行为予以定性、与排放标准的关系未能明晰、对排污许可制度与排污权交易制度的衔接也未作规定。

由于国家层面的立法供给不足，刺激了地方积极颁布排污许可制度的相关管理文件。据统计，我国已经有 28 个省份按照地方出台的排污许可证管理办法等法规开展了排污许可证的核发与管理工作。其余的省份虽然没有制定专门排污许可制度的法规，但在相关的综合性环境法规中对排污许可制度都有涉及。在上位法缺失的前提下，有的地方甚至设定了新的许可事项，这就有违反《行政许可法》之嫌。

总之，虽然现有法律为我国排污许可制度的建立奠定了法律基础，但上述法律规定较为原则，无法为排污许可制度的实施提供具体的规范依据。生态环境部颁布的涉及排污许可的部门规章和规范性文件立法层次不高、规范供给不足，无法为排污许可制度的实施提供有效的保障。快速推进的排污许可制度改革实践，对排污许可立法提出了新的需求和挑战。

3.2.2　排污许可立法的进路选择

排污许可立法的进路选择与对排污许可制度的定位有密切关联。在我国，排污许可制度经历了法律依据从无到有、逐渐确立的发展过程。20世纪80年代以来，中国环境保护法律并未规定禁止企业超标排污，因此只要企业缴纳超标排污费，其行为就是合法的。在超标排污不违法的背景下，实行排污许可并无立足之地。为防止环境不断恶化，环保部门开始提出用"总量控制"方式替代"浓度控制"方式，并在部分地方开展水污染防治领域试点。国家环保局于1988年发布的《水污染排放许可证管理暂行办法》（2007年失效）中明确规定，发放水污染物排放许可证的目的在于"逐步实施污染物排放总量控制"。由此可见，排污许可一开始的定位是作为实现污染物总量控制的政策工具。

直到2008年2月，全国人大常委会修订《水污染防治法》时，才在法律层面将排污许可制度与总量控制制度区分开来，进行单独的规定。直到生态文明体制改革开启之后，《控制污染物排放许可制实施方案》才明确提出要"将排污许可制建设成为固定污染源环境管理的核心制度，作为企业守法、部门执法、社会监督的依据，为提高环境管理效能和改善环境质量奠定坚实基础"，并最终实现"对固定污染源实施全过程管理和多污染物协同控制，实现系统化、科学化、法治化、精细化、信息化的'一证式'管理"。可见，排污许可制度的功能得到了大幅度的拓展，其制度定位已经不仅仅局限于实现污染物排放总量控制，而是要成为固定污染源环境管理的核心制度。

对于固定污染源环境管理核心制度这一定位，应当进行正确的认识，即强调排污许可制度的核心地位并不意味着其他环境监管制度不重要，也不意味着排污许可制度将取代其他环境监管制度。根据《控制污染物排放许可制实施方案》和我国环境管理实践的要求，作为固定污染源环境管理的排污许可制度，其功能定位主要应当体现在两个方面：一是排污许可制度的内部整合，二是排污许可制度的外部衔接。

在排污许可制度的内部整合方面，排污许可证将明确规定排污单位的各项权利和义务，从而使排污许可证的遵守与否成为企业是否依法排污的判断标准。一方面，对现有的水污染物排放许可、排水许可、大气污染物排放许可等各类与排污相关的许可进行整合，并兼顾固体废物、噪声等其他污染物的排放许可，实现不同环境要素的综合许可。另一方面，将排污单位的权利和义务进行整合，统一规定在排污许可证之上。现行法律关于排污单位权利和义务的规定较为分散，不仅增加了企业的守法成本，也增加了环保部门的执法成本。为了对固定污染源实施全过程管理和多污染物协同控制，实现"一证式"管理，使排污许可成为企业守法、部门执法和社会监督的依据，需要对现有不同许可以及排污单位相关的权利义务进行整合，最终将"企事业单位排放水和大气污染物的法律要求全部在排污许可证上予以明确"。

在排污许可制度的外部衔接方面，排污许可制度应与其他环境管理制度进行有效衔接，并体现与其他各项环境管理制度的相互支撑。我国环境管理制度种类繁多，包括环境影响评价制度、环境标准制度、"三同时"制度、环境税等一系列制度，这些制度对于保护环境都起到了重要作用。但是，各项制度之间仍存在不同程度的脱节、重叠乃至冲突，未能实现体系化、联动化、链条化。因此，迫切需要对各项环境管理制度进行有效的衔接，以形成体系完整、运行顺畅的环境管理制度体系。排污许可制度是直接管控企事业排污行为的制度，是控制污染行为的核心环节，因此排污许可制度也自然成为其他各项环境管理制度的交汇点和衔接点。作为固定污染源环境管理的核心制度，排污许可制度必须与其他环境管理制度进行有效衔接。例如，通过排污许可制度，为环境税、环境统计、排污权交易等工作提供统一的污染物排放数据。

虽然《排污许可管理办法（试行）》已颁布实施，但因作为固定污染源环境管理制度核心的排污许可制度涉及为排污单位创设新的法律义务和法律责任，涉及行政审批制度改革、部门权责调整、环境保护税、排污权交易等多领域、多部门事项，其中部分事项已远远超出部门规章所享有的立法权限范围，因此排污许可制度必须通过更高层级的法律或行政法规来作出规定。

鉴于法律的制定与修改程序较为复杂，具有耗时长、难度大等特点，立法成本较高，而排污许可制度改革实践的立法需求又极为迫切，因此通过制定新法或修改现有法律来对排污许可制度进行规定并不现实，不具有可行性。另外，由于《大气污染防治法》第十九条和《水污染防治法》第二十一条已经授权国务院规定排污许可的具体办法，因此也无必要谋求通过法律对排污许可制度进行新的规定。因此，在现有法律以及部门规章的基础上，可以由国务院制定行政法规来对排污许可进行规定，以解决法律未规定而部门规章又无法规定的问题。与此同时，这也是《大气污染防治法》和《水污染防治法》课予国务院的立法义务的要求。对此，《立法法》第六十二条也明确规定："法律规定明确要求有关国家机关对专门事项作出配套的具体规定的，有关国家机关应当自法律施行之日起一年内作出规定""有关国家机关未能在期限内作出配套的具体规定的，应当向全国人民代表大会常务委员会说明情况"。新修订的《大气污染防治法》和《水污染防治法》已分别于 2016 年 1 月 1 日和 2018 年 1 月 1 日开始施行，但国务院至今尚未对排污许可的具体办法作出相应的规定。因此，国务院应尽快完成《排污许可管理条例》的立法工作。

《环境保护法》《大气污染防治法》《水污染防治法》等上位法律是实施排污许可的最终授权依据，国务院所制定的关于排污许可的行政法规是对上位法设定的许可所做的实施性规定，即执行性立法。由于是执行性立法而非创制性立法，将国务院制定的行政法规称为"排污许可管理条例"较为合理。《控制污染物排放许可制实施方案》在"完善法律法规"一节中也明确提出要"制定排污许可管理条例"。排污许可管理条例应对排污许可的适用对象、许可条件、实施主体、实施程序、许可证内容、法律责任等排污许可制度的基本内容作出明确的规定。与此同时，作为固定污染源环境管理的核心制度，排污许可制度还涉及环境影响评价制度、总量控制制度、排污收费、排污权交易、环境保护税等诸多方面的制度和政策。《排污许可管理办法（试行）》已经对排污许可制度与环境影响评价制度、总量控制制度之间的衔接与融合作出了初步的规定，可在此基础上通过更高位阶的法律法规对其内容和效力进行强化和补充，确保形成体系完整、运行顺畅、权威高效的环境管理制度体系。排污许可管理条例的制定要严格遵守《行政许可法》《环境保护法》等上位法的规定，充分总结和吸收排污许可制度实施以来所取得的实践经验，确保条例制定的合法性和科学性。

3.3　排污许可立法的重点问题及其制度设计

《行政许可法》第十八条规定，"设定行政许可，应当规定行政许可的实施机关、条件、程序、期限"。虽然排污许可条例属于实施性立法，而非创设性立法，但由于《环境保护法》《大气污染防治法》《水污染防治法》未对排污许可的具体内容作出规定，制定排污许可管理条例时便需要对上述属于许可设定范畴的内容作出规定，即对排污许可的实施机关、条件、程序、期限等各方面内容均作出明确规定。其中，应重点关注与排污单位权利义务、政府部门权责配置、各主体法律责任等相关的事项，如排污许可的法律性质、适用范围、实施主体、实施程序、法律责任等。

3.3.1　排污许可立法的结构安排

通过对《行政许可法》与其他领域的行政许可专门立法的结构安排进行总结，可以发现从立法内容上看结构基本都是一致的，大同小异。

首先，由于《行政许可法》第十八条强制规定下位许可立法应当规定的内容包括"实施机关、条件、程序、期限"，因此上述许可制度专门立法无一例外都包含这几项。然而，并不是说这几项就是每一章的名称，下位法有自己独有的章节结构，以上这几项可以融入这些结构中。比较主流的章节结构包括"总则""申请与受理""审查与决定""监督管理""法律责任"。"总则"规定法律目的、实施该许可的原则和实施机关；"申请与受理"规定许可条件、申请程序、受理流程；"审查与决定"规定许可审查程序、方法、期限，许可决定的种类、样式和有效期；"监督管理"规定颁布许可证后的有关事项，包括变更、延续、补发、注销，以及许可机关的事后监督责任和被许可人的各种事后义务；"法律责任"规定罚则，在整个许可制度实施过程中对违反法律规定的行政机关工作人员、相对人给予行政处罚（能力罚、金钱罚、行为罚）。

虽然有关行政许可的专门立法的结构和内容并非一成不变，也不是整齐划一的，但是无论个别立法的章节结构如何变化，并没有脱离普遍的基本结构。因此，就排污许可立法而言，应当按照授予许可的"开始、经过、决定、事后管理"这一条时间线来进行立法章节编排。必须包含总则、监督管理、法律责任三章。至于具体程序，可以将所有的申请受理直至变更延续都列为"许可程序"一章，也可以将其拆分成"申请与受理""审查与决定""证书管理"三章，更为详细地规定其中的细则。根据排污许可的内在逻辑，参照《行政许可法》的立法结构，同时借鉴《取水许可和水资源费征收管理条例》等其他专门许可条例的立法体例，在结构设计上，《条例》可分为总则、申请和审批等实施程序、监督检查、法律责任、附则五个部分。

3.3.2　排污许可的法律性质

排污许可属于行政许可的范畴。在《行政许可法》上，行政许可被分为普通许可、行政特许、认可、核准等多种类型，不同类型的许可在许可程序、许可条件等具体实施机制上存在较大差别。许可的法律属性直接决定了许可的实施机制。然而，对于排污许可的法律属性，现行法律却未作出明确规定。如何界定排污许可的法律属性，成为排污许可立法需要首先解决的难题。

当前，排污许可制度改革遵循的是"一证式"改革思路，排污许可证要规定排污单位的各项环境义务，使排污许可证成为企业守法、部门执法和社会公众监督的主要依据或基本依据。在"一证式"改革背景下，排污许可证的内容大幅扩充。排污许可证中包含基本信息、登记事项、许可事项和承诺书等内容。其中，基本信息和大部分登记事项属于对事实的记载，不含有规范性内容。而许可事项、承诺书以及少部分登记事项则包含对排污单位的义务要求，涵盖了环境影响评价审批意见、排放浓度、总量控制指标等各项内容，既有法定义务，也有约定义务。

根据《行政许可法》第十二条第（一）款的规定，对于"直接涉及国家安全、公共安全、经济宏观调控、生态环境保护以及直接关系人身健康、生命财产安全等特定活动，需要按照法定条件予以批准的事项"，可以设定行政许可。针对上述事项所设定的行政许可，一般被称为普通许可或一般许可。从生态环境保护的视角出发，排污许可是对排污单位排放污染物行为的控制，既是直接涉及"生态环境保护"的活动，也是直接"关系人身健康、生命财产安全"的活动。同时，排污许可也符合《行政许可法》第十二条第（一）款中规定的"需要按照法定条件予以批准的事项"的构成要件。从法律的文义解释来看，排污许可完全符合《行政许可法》对普通许可的界定。

在普通许可事项之外，《行政许可法》第十二条第（二）款规定，针对"有限自然资源开发利用、公共资源配置以及直接关系公共利益的特定行业的市场准入等，需要赋予特定权利的事项"，也可以设定行政许可，此类许可通常被称为行政特许或特别许可。从资源开发利用的角度出发，排污行为可视为对有限的环境容量资源的利用行为，因此也可归入《行政许可法》第十二条第（二）款规定的"有限自然资源开发利用"事项。排污单位获得排污许可相当于被赋予了排放污染物的权利。因此，将排污许可界定为行政特许也具有法律上的依据。

在当前的排污许可改革实践中，排污许可证中除记载法定的各项要求之外，还包含行政机关与排污单位之间互相约定的内容。例如，根据《排污许可管理办法（试行）》第十六条的规定，"排污单位承诺执行更加严格的排放浓度的，应当在排污许可证副本中规定"。排污单位承诺遵守的排放浓度并非法律法规的强制性要求，而仅仅是排污单位自己承诺的义务。此外，排污许可证上还记载有排污单位的承诺书。承诺义务和承诺书具有浓厚的契约色彩，使得排污许可体现出了一定的契约属性，有学者甚至直接将排污许可证视为政府与企业达成的排放许可契约文书。

由于排污许可中不同的内容具有不同的法律属性，使得改革后的排污许可体现出普通许可、行政特许、契约等多种法律属性的特征。排污许可法律属性的不同界定，代表着排污许可制度的不同建构思路，直接关系到排污许可制度目标的实现。对于排污许可法律属性的界定，应秉持一种实用主义的态度，选择最有利于实现排污许可制度目标的界定方式。

普通许可强调的是安全价值，行政特许强调的是效率价值。将排污许可界定为行政特许，以产权的理念指导排污许可制度的设计，更有利于提高环境容量资源的利用效率。从制度兼容角度来看，行政特许具有较大的制度延展空间，可以兼容其他属性的制度内容。一方面，行政特许可以兼容普通许可属性的制度内容。例如，根据《行政许可法》第五十三条的规定，一般情况下实施行政特许应通过招标、拍卖等公平竞争方式作出决定，但如果法律、行政法规另有规定的，可以采用其他方式作出决定，即在另有规定的情况下行政特许的实施可以采用普通许可的实施方式。另一方面，行政特许也可以兼容契约属性的制度内容。在当前的行政特许实施过程中，行政特许合同的广泛采用便是最明显的例证。为了促进公私合作，缓和公权力的僵化性和对抗性，可以在现有基础上对行政特许与契约进行更为深入的融合。行政特许具有兼容普通许可与契约的潜能，将排污许可界定为行政特许，有利于兼容排污许可中所包含的普通许可属性内容和契约属性内容。同时，也可以为排污许可的进一步改革提供更为充分的制度空间，更容易从现有法律制度中挖掘出排污许可改革的合法性依据。

3.3.3　排污许可的适用范围

《环境保护法》对于排污许可的适用范围未作出明确的规定。根据《大气污染防治法》第十九条和第七十八条的规定，排污许可主要适用于排放工业废气或者《有毒有害大气污染物名录》中所列有毒有害大气污染物排放的企业事业单位、集中供热设施的燃煤热源生产运营单位以及其他依法实行排污许可管理的单位。《水污染防治法》第二十一条规定："直接或者间接向水体排放工业废水和医疗污水以及其他按照规定应当取得排污许可证方可排放的废水、污水的企业事业单位和其他生产经营者，应当取得排污许可证；城镇污水集中处理设施的运营单位，也应当取得排污许可证。"《固体废物污染环境防治法》《环境噪声污染防治法》则并未明确规定对固体废物、噪声实施排污许可管理。因此，根据现行法律的规定，排污许可主要适用于大气污染物和水污染物。

排污许可要实现"一证式"管理目标，应将所有的污染物种类纳入排污许可管理范围之中。对此，《污染物排放许可制实施方案》也明确提出，在大气、水污染物之外，要"依法逐步纳入其他污染物"。为体现排污许可作为固定污染源环境管理核心制度的定位，实现"一证式"管理目标，实践中也有将所有污染物种类纳入排污许可管理范围的，部分省市在排污许可的实施过程中，已尝试将固体废物、噪声等纳入排污许可管理范围。例如，根据《上海市排污许可证管理实施细则》第十条的规定，危险废物、一般工业固体废弃物以及噪声都被纳入排污许可管理范围。但是，鉴于固体废物、噪声等污染物与大气、水污染物在性质上存在较大差别，当前仍不宜在排污许可条例中对其是否纳入排污许可管理进行统一规定，可先由地方根据各自情况通过地方性法规自行规定，或开展典型区域、行业试点研究，总结实践经验后在单项法律修订时再决定是否以及如何将固体废物、噪声等其他污染物纳入排污许可管理。

此外，对于排污许可的适用范围，还需根据排污单位的具体情况进行甄别。例如，根据《城镇污水排入排水管网许可管理办法》的规定，排污单位将污水排入城镇排水管网时需申请排水许可，此时是否还有必要适用排污许可管理便不无疑问，如果适用排污许可便需处理好其与排水许可之间的关系。立法部门还应在充分调研的基础上，明确适用排污许可的具体排污单位类型。例如，对于引入环境污染第三方治理之后，产污单位和第三方治理机构是否都需要申请排污许可。

总之，鉴于《环境保护法》要求"国家依照法律规定实施排污许可制度"，排污许可管理条例在适用范围条款可引入转至的立法技术，即不明确规定排污许可的适用范围，而仅将是否适用排污许可交由各单项污染防治法律来规定。

3.3.4 排污许可的实施主体

根据《控制污染物排放许可制实施方案》的要求，"县级以上地方政府环境保护部门负责排污许可证核发，地方性法规另有规定的从其规定"；同时实行"谁核发、谁监管"的原则。《排污许可管理办法（试行）》延续了上述思路，并对核发主体作了进一步明确，其中第六条第（二）款规定，"排污单位生产经营场所所在地设区的市级环境保护主管部门负责排污许可证核发。地方性法规对核发权限另有规定的，从其规定"。

在实践中，排污许可证一般由生态环境主管部门核发，但也存在例外。例如，河北省石家庄市的排污许可证便由该市行政审批局核发，并且行政审批局只负责核发，不负责监管。鉴于排污许可制度改革与行政审批制度改革、省以下环保机构监测监察执法垂直管理制度改革紧密相关，同时考虑到环境执法的效率，在确定排污许可的实施主体时必须进行综合考量，不应简单实行"谁核发、谁监管"的原则。可以将排污许可证的核发与监管两个环节进行适当分离，可由同一部门负责，也可由不同部门分别负责，并允许地方结合自身情况进行适当创新。例如，增加"属地监管"原则，由最接近排污单位的生态环境主管部门进行监管，以保证排污许可的监管效率。因此，立法部门应加强对实践经验的分析和总结，在此基础上明确排污许可的实施主体。

此外，还应明确跨行政区域的排污单位的排污许可证核发与监管主体。《排污许可管理办法（试行）》第七条虽已规定"生产经营场所和排放口分别位于不同行政区域时，生产经营场所所在地核发环保部门负责核发排污许可证，并应当在核发前，征求其排放口所在地同级环境保护主管部门意见"，但为防止相关部门之间的权责纠纷，排污许可管理条例应该在此基础上进一步明确部门之间征求意见的方式、对意见采纳与否的处理，以及意见冲突时的解决办法等问题。

3.3.5 排污许可的许可条件

根据《行政许可法》的规定，设定行政许可，应当规定行政许可的实施机关、条件、程序、期限。然而，《环境保护法》《大气污染防治法》《水污染防治法》等法律设定排污许可时并未对许可条件作出规定。根据《行政许可法》的规定，排污许可管理条例"可以在法律设定的行政许可事项范围内，对实施该行政许可作出具体规定"。由于法律并未对排污许可的许可条件进行规定，因此排污许可管理条例对许可条件的规定，也是立法者的一项义务。

许可条件的设定应当符合设定许可的立法目的，就此而言，排污许可的条件应当围绕控制污染物排放这一目的展开。《排污许可管理办法（试行）》从排放浓度和总量要求、自行监测、执行报告、环境管理台账等内部环境管理要求等方面对排污许可条件进行规定。这都为排污许可管理条例设定排污许可条件提供了前期经验积累。

排污许可管理条例可以从正面和反面规定准予排污许可的条件以及不予排污许可的情形。对于排污许可证申请表、自行监测方案、承诺书、排污口设置、建设项目环评以及信息公开等均符合要求的排污单位，应当准予行政许可。同时，可以授权国务院生态环境主管部门围绕上述条件规定每一条件的认定标准和实施细则。对于生产经营场所、排污口或者生产工艺设备、产品等不符合国家相关规定的，则作为不予排污许可的情形。

3.3.6　排污许可的实施程序

排污许可的实施程序主要包括申请、受理、审查、决定、变更、延续等阶段。在申请前，申请人应当将承诺书、申请表等申请材料，通过规定方式向社会公开。涉及国家秘密或商业秘密的，申请人可以向核发部门申请不予公开。在完成申请前的信息公开之后，申请人应按照规定方式提交申请材料，并对材料的真实性负责。核发部门收到申请后，对符合要求的申请进行受理。经审查，符合法定许可条件的，核发部门应及时作出准予许可的书面决定，并进行公告。在排污许可证有效期内，出现规定的需要变更排污许可证的情形的，被许可人应当在规定时间内向原核发部门提出变更申请，符合变更条件的，应予以变更。排污许可证有效期届满后需要继续排放污染物的，被许可人应向原核发部门提出延续申请，符合延续条件的，应予以延续。排污许可证的变更和延续，也应当向社会进行公告。排污许可证发生遗失、损毁的，应及时进行补办。出现排污许可有效期届满未延续、被许可人依法终止、排污许可依法被撤销或吊销等应当注销排污许可证的情形时，核发部门应当依法办理排污许可证的注销手续。核发部门实施排污许可证时不得收取任何费用。

公众参与是《环境保护法》确立的一项基本原则，排污许可立法需要将公众参与原则融入排污许可的实施程序之中。在排污许可实施过程中，生态环境主管部门和排污单位应依法及时将排污许可相关信息进行公开。实施排污许可应注意听取利害关系人的意见，排污许可直接涉及申请人与他人之间重大利益关系的，核发部门在作出排污许可决定前，应当告知申请人、利害关系人享有要求听证的权利；法律、法规、规章规定实施排污许可应当听证的事项，或者核发部门认为排污许可事项涉及公共利益需要听证的，核发部门应当向社会公告，并举行听证。

3.3.7　排污许可证的内容

在现有法律中，只有新修正的《水污染防治法》对排污许可证的内容作出相对明确的规定。根据该法第二十一条的规定，"排污许可证应当明确排放水污染物的种类、浓度、总量和排放去向等要求"。而根据《控制污染物排放许可制实施方案》的要求，"排污许可证中明确许可排放的污染物种类、浓度、排放量、排放去向等事项，载明污染治理设施、环境管理要求等相关内容""地方政府制定的环境质量限期达标规划、重污染天气应对措施中对企事业单位有更加严格的排放控制要求的，应当在排污许可证中予以明确"。原环保部在上述基础之上，对排污许可证的内容作了进一步的细化，根据其发布的《排污许可管理办法（试行）》等规范，排污许可证由正本和副本构成，记载的内容主要包括基本信息、记载事项、许可事项、管理要求等信息。

基本信息、记载事项主要是对事实进行的记载，不具有规范性内容。对排污单位具有规范要求的内容主要体现在排污许可证中的许可事项和管理要求。许可事项主要包括排放口位置和数量、排放去向、排放污染物种类、许可排放浓度、许可排放量等，以及法律、法规、规章规定的其他许可事项。管理要求主要包括自行监测方案、台账记录、执行报告、信息公开等要求，以及法律、法规、规章规定的其他要求。许可事项和管理要求当中不仅包括现有法律法规规定的各项义务，同时也涉及生态环境主管部门自行规定的义务以及由排污单位承诺并经生态环境主管部门同意的各项约定义务，如排污单位承诺遵守的比法定要求更为严格的污染物排放浓度。

对于生态环境主管部门在排污许可证中自行规定的义务、生态环境主管部门与排污单位约定的义务，在现行法上并无明确的依据，必须经过法律或行政法规的确认才能保证其合法性。因此，排污许可证的内容也需要在未来的排污许可立法中作出明确规定。

3.3.8　排污许可的法律责任

3.3.8.1　排污许可法律责任的设计思路

根据法律实践，目前排污许可实施过程主要涉及三类主体：一是负责实施排污许可的行政机关及其工作人员；二是排污单位；三是提供排污许可相关技术服务的第三方。为此，以违法主体为区分标准，可将排污许可违法行为类型区分为行政机关及其工作人员的违法行为、排污单位的违法行为以及第三方主体的违法行为共计三类。

对于各类主体的违法行为，根据其所违反的规范类型，可进一步划分为实体性违法行为与程序性违法行为。实体性违法行为是指违反实体性法律规定的违法行为，在排污许可管理中主要表现为违反排污许可证规定义务，主要包括无证排污、超标超总量排污、违反管理要求排污（例如在重污染天气时的特殊要求）等。程序性违法行为是指违反程序性法律规定的违法行为，在排污许可管理中主要表现为排污许可证申请与核发过程的程序违法，主要包括违反监测、报告、信息公开、记录保存义务的行为、未及时申请变更许可证的行为以及阻挠现场执法等行为。

因此，对不同类型的违法行为，其法律后果与处罚设计及其思路也应当是不同的。具体而言，排污许可管理条例立法在设计法律责任制度时，可依次规定行政机关及其工作人员的法律责任、排污单位的法律责任和第三方主体的法律责任；对于各主体的法律责任，应分别针对实体性违法行为与程序性违法行为规定相应的责任。

对于实体违法行为，应根据所违反的具体义务类型及违法严重程度来设定行政处罚。实体违法会造成环境或者人体健康的实际损害，应当予以更重的处罚，可以综合采用罚款、吊销许可证、行政拘留、查封扣押、停产限产等行政处罚手段，严重的可追究刑事责任。

对于程序违法行为，因其一般不会造成实际的环境或者人体健康损害，一般情况下可以从轻处罚，处以警告、罚款即可。但对于篡改、伪造监测数据或者其他环境信息的情形，以及阻挠环保部门现场执法的行为，应当从重处罚，可以采用行政拘留，构成犯罪的，应当追究刑事责任。

3.3.8.2 行政机关及其工作人员的法律责任

作为排污许可的实施主体，行政机关及其工作人员在排污许可的实施过程中，主要承担核发与监管排污许可的职责。排污许可实施主体主要是生态环境主管部门，但在部分地区，排污许可证是由行政审批局等其他行政机关负责核发，如河北省石家庄市。因此，在制定排污许可管理条例过程中，不仅要为生态环境主管部门及其工作人员规定法律责任，也要为其他参与排污许可实施的行政机关及其工作人员规定法律责任。

《行政许可法》第七十二条至第七十七条对行政许可实施过程中行政机关及其工作人员的法律责任作出了较为详细的规定，排污许可实施过程中同样要遵守上述规定。此外，《环境保护法》第六十八条、《水污染防治法》第八十条对于排污许可实施过程中行政机关及其工作人员的法律责任也有相关规定。排污许可管理条例的制定需要以已有的法律规定作为基础，对现有法律所规定的追责情形和责任承担方式做进一步的具体化，以提高法律责任规定的可操作性，同时在立法权限范围内规定尚待补充的法律责任。

为确保行政机关及其工作人员严格履行法定职责，法律责任的设定需要覆盖到行政机关及其工作人员在实施排污许可整个过程中的所有义务。首先，应明确规定排污许可证申请受理阶段的追责情形和具体的法律责任，如对符合法定条件的申请不予受理、未按规定公示依法应当公示的材料等情形应规定具体的责任承担方式。其次，应明确规定排污许可决定阶段的追责情形和具体的法律责任，如对不符合法定条件的申请人准予排污许可或者超越法定职权作出准予排污许可决定的、对符合法定条件的申请人不予排污许可或者不在法定期限内作出准予排污许可决定等情形规定具体的法律责任。最后，应明确规定排污许可监督阶段的追责情形和具体的法律责任，如对排污许可实施机关不依法履行监督职责或者监督不力等情形规定具体的法律责任。此外，应对部分贯穿排污许可实施全过程的义务规定具体的法律责任，如对行政机关及其工作人员在实施排污许可过程中违法收取费用、索取或者收受他人财物或者牟取其他利益、违反信息公开义务等情形，应规定相应的法律责任。

3.3.8.3 排污单位的法律责任

根据排污单位在排污许可实施过程中的先后行为，可将排污单位的义务分为以下几种主要类型：依法申请和取得排污许可证的义务、持证排污的义务、按证排污的义务。与之相对应的，排污单位的法律责任主要包括违法申请或取得排污许可证的法律责任、无证排污的法律责任、违反排污许可证规定排污的法律责任。

（1）违法申请或取得排污许可证的法律责任

根据《行政许可法》第七十八条的规定，"行政许可申请人隐瞒有关情况或者提供虚假材料申请行政许可的，行政机关不予受理或者不予行政许可，并给予警告"；该法第七十九条规定，"被许可人以欺骗、贿赂等不正当手段取得行政许可的，行政机关应当依法给予行政处罚"。如果构成犯罪的，还应依法追究刑事责任。排污许可管理条例在制定时，对于排污单位隐瞒有关情况或者提供虚假材料申请排污许可的，应规定不予受理或不予许可，并给予警告；对于以欺骗、贿赂等不正当手段取得排污许可的，应当依法给予行政处罚，并对具体的行政处罚措施作出规定。对于构成犯罪的，还应依法追究刑事责任。此外，对于排污单位以欺骗、贿赂等不正当手段取得排污许可证等情形的，核发部门或其上级部门应依法撤销其排污许可证。

（2）无证排污的法律责任

根据《行政许可法》第八十一条的规定，公民、法人或者其他组织未经行政许可，擅自从事依法应当取得行政许可的活动的，行政机关应当依法采取措施予以制止，并依法给予行政处罚；构成犯罪的，依法追究刑事责任。《水污染防治法》第八十三条、《大气污染防治法》第九十九条分别规定，未依法取得排污许可证排放水污染物或大气污染物的，由县级以上人民政府生态环境主管部门责令改正或者责令限制生产、停产整治，并处十万元以上一百万元以下的罚款；情节严重的，报经有批准权的人民政府批准后，责令停业、关闭。排污许可管理条例在制定时，可在现有法律规定基础上进一步明确无证排污的具体情形，并细化法律责任的承担方式。

《水污染防治法》《大气污染防治法》对于无排污许可证排放大气、水污染物的行为分别规定了法律责任，而排污许可管理条例作为行政法规，其效力位阶低于法律，因此，对于同时存在无证排放大气污染物和水污染物的情形时，应认定为两个违法行为进行责任追究。根据现有法律规定，排污许可主要适用于大气污染物和水污染物的排放，但在实践当中，部分地方已将固体废物、噪声等污染物纳入排污许可管理的范围。对于无证排放固体废物、噪声等污染物的行为，暂无追究责任的法律依据。且《环境保护法》第四十五条规定"国家依照法律规定实行排污许可管理制度"，排污许可管理条例不得随意扩大排污许可的适用范围。未来在修订《固体废物污染环境防治法》《环境噪声污染防治法》时，可根据实践情况决定是否以及如何在法律上将固体废物、噪声等污染物的排放纳入排污许可管理的范围。在法律将固体废物、噪声等污染物纳入排污许可管理范围之后，再确定无证排放固体废物、噪声等污染物的法律责任。

（3）违反排污许可证规定排污的法律责任

对于违反排污许可证规定排污的行为不能笼统地认定为是违法行为，也不能笼统地设定单一的法律责任。排污许可证上的规定有多种类型，对于违反不同类型规定的行为，其法律责任也有所不同。当前排污许可制度改革以"一证式"管理为目标，"企事业单位排放水和大气污染物的法律要求全部在排污许可证上予以明确"。所以，在排污许可证上记载的义务当中既有现行法律已经规定的义务，也有未来的排污许可立法中为排污单位新增的法律义务，还包括排污单位可能与行政机关约定的义务。因此，违反不同的义务所要承担的法律责任也应该有所不同。排污许可管理条例在制定时应根据排污单位违反排污许可证所规定的不同义务类型来设定不同的法律责任。

首先是违反法定义务的法律责任。对于违反排污许可证上规定的现有法定义务的行为，排污许可管理条例可援引现有法律法规设定法律责任。例如，对于超标排放大气污染物和水污染物的行为，可援引《大气污染防治法》第九十九条和《水污染防治法》第八十三条的规定设定法律责任。如果现行法律对某项法定义务未设定相应的法律责任，排污许可管理条例可对该义务的法律责任进行补充完善。排污许可管理条例在制定过程中，应当对排污许可证中所包含的所有现有法律规定的义务以及排污许可管理条例本身新创设的义务进行梳理，对于现有法律已经规定了法律责任的义务，可以对其法律责任作更为详细的规定，对于尚未设定法律责任的，则须补充规定相应的法律责任。

其次是违反约定义务的法律责任。排污许可证中还可能记载排污单位与排污许可证核发机关约定的义务，如排污单位承诺遵守严于现行法定标准的排放标准等。对于违反约定义务的法律责任，现行法律并未作出规定。在制定排污许可管理条例时，有多种规定方式可供选择，如规定双方在约定义务时须同时约定对应的法律责任，或者规定参照同类违法行为的法律责任进行处罚，又或者专门设置单独的法律责任。应当注意的是，在规定追究排污单位违反约定义务的法律责任时，还应同时规定取消其因承诺而获得的税收减免、补贴等各项优惠，并根据实际情况对已获取的优惠进行追回。当然，也可不规定排污单位违反约定义务的法律责任，而仅规定取消其因承诺而获得的各项优惠。如果排污单位的行为既违反约定义务又违反法定义务，则应同时追究两种法律责任。

3.3.8.4 第三方主体的法律责任

在排污许可的实施过程中，除行政机关及其工作人员、排污单位之外，还涉及第三方主体，如提供排污许可管理技术支持的技术服务机构。对于第三方主体，同样需要对其违法行为规定相应的法律责任，以确保第三方主体能够切实遵守排污许可的各项规定。

现行的《排污许可管理办法（试行）》第四十条规定了环境保护主管部门可以通过政

府购买服务的方式，组织或者委托技术机构提供排污许可管理的技术支持，并要求技术机构应当对其提交的技术报告负责，不得收取排污单位任何费用，但在法律责任部分却未对技术机构的责任作出规定。根据《环境保护法》第六十五条的规定，"环境影响评价机构、环境监测机构以及从事环境监测设备和防治污染设施维护、运营的机构，在有关环境服务活动中弄虚作假，对造成的环境污染和生态破坏负有责任的，除依照有关法律法规予以处罚外，还应当与造成环境污染和生态破坏的其他责任者承担连带责任"。另根据《政府采购法》第七十七条、《政府采购法实施条例》第七十二条的规定，供应商存在提供假冒伪劣产品等行为，可以"处以采购金额千分之五以上千分之十以下的罚款，列入不良行为记录名单，在一至三年内禁止参加政府采购活动，有违法所得的，并处没收违法所得，情节严重的，由工商行政管理机关吊销营业执照；构成犯罪的，依法追究刑事责任"。在制定排污许可管理条例时，应当对排污许可实施过程中涉及的第三方主体设定更为明确的法律责任，如处以罚款，并规定不得再次承担技术支持工作等。

3.4　排污许可立法的预评估分析及其对策建议

立法预评估是针对立法的实施效果进行的事前评估。对排污许可立法进行预评估的主要目的在于预估排污许可立法的实施效果，研究分析实施过程中可能遇到的困难和障碍，并提出相应的实施保障措施和方案，从而确保排污许可制度在实践中能够得到更加有效的实施。

3.4.1　排污许可条例实施后将面临的监管难题及其应对

排污许可"一证式"改革之后，对生态环境主管部门的监管能力提出了新的挑战。一方面，排污许可未来将覆盖所有的固定污染源，所涉及的行业类型和企业数量众多，需要监管的范围大幅增加。另一方面，排污许可所涵盖的污染物种类多，排污许可证中所记载的许可要求也更多、更细，需要监管的内容也大幅增加。如何创新监管机制、强化监管能力、提高监管水平以确保排污许可的监管效果，是生态环境主管部门面临的首要问题。为此，必须更新已有的监管理念和改革具体的监管措施。

在排污许可的监管理念上，应摒弃传统的"家长式""对立式"和"粗放式"监管理念。在我国的生态环境监管方面，生态环境主管部门对企业的传统监管理念有三个显著特征。一是"家长式"监管，生态环境主管部门在监管工作中试图面面俱到，而忽视了企业的主体责任。"家长式"监管无形中增加了监管的负担，透支了生态环境主管部门的监管资源，同时也弱化了企业在环境保护方面的主体责任意识。二是"对立式"监管，生态环境主管部门在监管中常常把自己置于企业的对立面，未能建立良好的信任与合作关系。"对立式"监管使生态环境主管部门与企业之间长期保持紧张的关系，容易激发企业的对抗情绪，激化监管矛盾。三是"粗放式"监管，生态环境主管部门在开展监管时，对于不同的监管对象，未能实现制度化、系统化的差异式监管。"粗放式"监管一方面降低了监管的针对性和有效性，另一方面也容易造成监管资源的浪费。为了提升排污许可的监管效率，必须对上述监管理念进行全面的更新。首先，要强化和突出企业的环境主体责任。法律已明确规定企业排放污染物必须申请排污许可证，且排污许可证明确规定了企业应当遵循的各项义务，那么企业必须持证排污、按证排污，生态环境主管部门则严格依证监管。其次，在对排污许可的实施进行监管时，生态环境主管部门应对企业持有充分的信任，努力营造良好的合作关系，推动形成"合作式"监管模式。此外，还应树立"精细化"监管理念，对不同区域、流域、行业、企业实行差异化监管，推动排污许可监管的精细化发展。

在具体的监管措施上，应优化监管权配置、提升监管技术、完善监管制度体系。首先，应优化监管权配置。可以考虑将排污许可的核发权与监管权进行适当分离，不简单实行"谁核发、谁监管"。例如，在监管权的分配上，可以实行"属地监管"，由最接近排污单位的生态环境主管部门负责进行监管，以保证排污许可的监管效率。对于排污许可证中所记载的各项监管事项，以及与排污许可同类的监管事项，应当尽可能地对监管权进行合并，努力形成集中、统一的监管权行使模式，以提高监管效率。其次，提升监管技术。在强化随机检查、重点检查、普遍检查等传统监管方式的基础上，应大力推进"智能化"监管。当前，信息技术快速发展，大数据、人工智能、无人机、区块链等前沿技术都可以应用于排污许可的监管工作之中，部分地区也已经进行了多种形式的探索。生态环境主管部门应继续加大新技术应用的开发和支持工作，努力实现排污许可监管的"智能化"。最后，完善监管制度体系。为提高监管的可操作性和规范性，应及时制定和修改相应的标准、名录以及技术规范，完善配套的制度措施。此外，还应加大排污许可监管能力培训，特别是要加大对基层生态环境主管部门监管能力的培训，并提供充足的资金和技术支持。

3.4.2　排污许可条例实施后将面临的守法难题及其应对

经过改革之后，排污许可制度的功能定位和具体内容都发生了重大的变化。在某种程度上，排污许可制度几乎是一项全新的制度，企业对于排污许可制度的认识和遵守需要一个过程。与此同时，由于排污许可制度的内容大幅增加，排污许可的申请、执行和监管等各个环节的复杂程度也明显提升。对于企业而言，在排污许可制度的遵守上，短时间内必然存在一定的难度。

对于企业在遵守排污许可制度上所面临的难题，可以重点采取以下几项措施进行化解：首先，生态环境主管部门应加大排污许可制度的宣传工作，使企业充分认识到排污许可制度的重要性以及排污许可制度的主要内容，增加企业对排污许可的接受度和熟悉度，强化企业持证排污和按证排污的意识。其次，为了帮助企业遵守排污许可制度，可由生态环境主管部门编制排污许可守法指南，为企业提供正确、详细的指导。同时，生态环境主管部门应积极组织企业开展排污许可法律法规、排污许可证申请与核发技术规范等相关制度的学习培训，并指派专门的技术人员为企业提供排污许可技术指导。各地生态环境主管部门可以结合本地企业的实际情况，选择若干企业作为排污许可制度实施的示范点，为其他企业遵守排污许可制度提供示范。最后，生态环境主管部门应积极引导、支持和帮助企业建立企业内部环境管理团队，提高企业自身的环境事务管理能力。此外，应加快培育和发展排污许可第三方服务市场，通过市场机制为企业遵守排污许可提供专业服务。

为了进一步激励企业遵守排污许可制度，对于严格遵守排污许可制度的企业，可在企业贷款、税收、财政补贴等方面给予适当的激励。同时，生态环境主管部门可联合税务、统计等部门，以排污许可制度为桥梁，制定相应的协同管理机制，降低企业在其他方面的守法成本。例如，各政府部门应充分利用排污许可制度所收集到的数据，努力实现环境数据统一化，打通不同部门、不同制度之间的数据壁垒，实现数据共享，避免企业排污相关数据的重复申报，从而降低企业守法的总成本。

3.4.3 排污许可管理条例实施后相关制度的衔接问题

为发挥排污许可制度作为固定污染源环境管理核心制度的功能，同时也为了确保各项环境管理制度之间的衔接，在排污许可管理条例制定完成之后，其他环境管理制度应作相应的调整，以避免与排污许可制度出现冲突和脱节。其中，应重点解决环境影响评价、排污权交易、总量控制、环境保护税等制度与排污许可制度之间的关系问题。

在环境影响评价制度与排污许可制度的关系上，应明确两者的不同作用。环境影响评价制度"管准入"，排污许可制度"管运营"，两者共同实现对固定污染源的全程监管。为了确保两项制度有效衔接，环境影响评价制度与排污许可制度应当在适用范围、实施程序、监管主体、技术标准等各方面进行衔接。

在排污权交易制度与排污许可制度的关系上，应建立以排污许可制度为基础的排污权交易制度。排污权的取得以排污许可为依据，获得排污许可才享有排污权，排污权的内容则由排污许可证所记载的各项要求进行确定。排污权可分为两个部分：一是排污资格，二是排污量。对于排污许可证中所记载的排污量，可建立独立的取得和调整机制。排污量可由生态环境主管部门单独配发，或通过拍卖等市场机制配置，并明确排污量的可交易性，以便于排污量的交易。为保障排污量享有者的利益，应承认和保障排污量的财产属性，并对政府主管部门所享有的排污量调整权力规定严格的行使条件和行使程序，避免政府主管部门任意对排污量进行调整。如果排污量是通过有偿方式获得的，政府主管部门在调整排污量时，应该根据排污量的交易价格对排污量的持有者进行相应的补偿。排污权的交易对象，应限定为排污量，取得排污量并不等于取得排污权，还需经由排污许可取得排污资格之后才享有排污权。

在排污许可制度与总量控制、环境保护税等制度的关系上，重点是处理好污染物排放量数据的对接、统一与共享问题。各地应根据环境质量状况，对主要污染物实行严格的总量控制，并依据总量控制要求确定企业的许可排污量。无特殊情况时，企业排污许可执行报告中的污染物实际排放量，可作为污染物排放总量控制的考核依据。同时，企业排污许可执行报告中的污染物实际排放量，也可作为环境保护税征收的依据。

此外，排污许可制度的实施，需要依赖于各项标准和技术规范。在排污许可管理条例实施后，生态环境主管部门应根据实践需要，及时制定和修改相关的标准和技术规范。并且，在排污许可与其他环境法律制度之间，要努力实现技术标准的统一化。原则上，包括排污许可制度、环境影响评价制度、总量控制制度等在内的各项制度，应尽量采取相同的技术标准，以避免各项制度之间出现冲突和脱节。鉴于在排污许可制度改革过程中已经形成了一套较为完整的技术标准体系，包括固定污染源排污许可分类管理名录、排污许可证申请与核发技术规范、自行监测技术指南等，其他制度的实施可参照排污许可制度的技术标准体系，并尽量保持一致。

第4章 大气固定污染源许可排放量核定技术体系

在排污许可制度的实施中，如何确定企业的许可排放限值是最关键的技术环节。为进一步提高排污许可基础工作的科学性和准确性，为全国排污许可管理工作提供技术支撑，本章将深入研究许可排放限值中许可排放量核定的技术方法。基于国内外许可排放量核定方法及相关研究现状，对不同行业、不同类型的污染源和污染物进行研究。利用BAT数据库等手段，研究建立不同要素与许可排放量核定之间的关联技术，分行业、分污染物建立许可排放量核定理论方法及可操作性强的技术方法体系，为全国建立科学化、规范化的排污许可制度提供技术支撑。

4.1 许可排放量限值核定相关方法研究进展

科学核定许可排放量是实施排污许可制度的基础和关键，也是落实企事业单位总量控制目标的载体。许可排放量的核定过程就是总量指标分配的过程，区域确定目标是企业分配的前提，因此本研究对许可排放量核定方法的研究中参考了有关总量分配的技术方法。梳理分析国内外区域总量控制目标和企业总量指标分配方法研究进展及应用情况，分别从区域总量控制目标的确定方法以及企业总量指标分配方法两个方面进行综述。

4.1.1 区域总量控制目标的确定方法

4.1.1.1 基于减排潜力的总量控制目标确定方法

基于减排潜力确定总量控制目标是我国实施总量控制制度采用的主要技术方法。国内外学者在区域污染物排放总量控制目标的确定方法方面展开了深入研究，多数研究以区域内典型行业的污染物排放标准为基础测算行业减排潜力，分析区域减排空间，建立区域总量目标确定方法；近年来，以柴发合为代表的部分学者探索了将环境容量测算与基于潜力的排放绩效法相结合来确定区域总量控制目标；此外，以技术经济可达性为出发点、基于减排潜力确定总量控制目标的方法在我国的总量控制实践中得到了很好的应用。基于减排潜力测算区域总量控制目标的优势在于其相对简单易行，且通过分析各行业减排潜力，为下一步确定分行业总量控制目标提供了很好的基础。但是这种方法的问题也很明显，即难以真正地体现环境质量改善的需求，无法从根本上解决污染物的排放给有限的环境容量所带来的危害。

4.1.1.2　基于环境容量的总量控制目标确定方法

基于环境容量的总量目标核定方法是以环境容量为约束，确定一定时段内某区域的污染物排放总量控制目标。环境容量是指对于一定地区，根据其自然净化能力，在特定的污染源布局和结构下，为达到环境目标值所允许的污染物最大排放量。大气环境容量是指一个区域在某种环境目标（如空气质量达标或酸沉降临界负荷）约束下的大气污染物最大允许排放量。目前，大气环境容量的测算方法主要有三种：A-P 值法、线性规划法和模拟法。

（1）A-P 值法

A-P 值法是根据箱模型理论导出的大气环境容量估算方法。所谓箱模型理论，即将区域边界与大气边界层之间视为一个类似容器的空气箱体，假设排放源均匀分布，污染物在箱体内进行迁移、转化、扩散，由此计算区域内最大允许的排放量。A-P 值法估算环境容量首先基于箱模型由控制区及各功能分区的面积大小计算控制区域总允许排放总量，再结合点源排放 P 值法测算区域内的所有点源允许排放量。A-P 值法是目前应用最简单的大气环境容量估算方法，国内有针对小尺度区域如城市、区县等利用 A-P 值法测算环境容量的案例。此外，大量国内外学者还针对 A-P 值法的准确性及合理性进行了研究，并针对其在城市环境容量测算、区域规划等实际应用中存在的问题提出修正的 A-P 值法。A-P 值法应用简单、可操作性强，只需通过区域面积及自然条件等本底情况，无须知道污染源排放清单，即可粗略估算出区域内的大气环境容量。但也正因为如此，方法本身存在误差较大等明显的缺陷，所以仅适用于研究范围尺度较小的区域，具有空间限制性。

（2）线性规划法

线性规划法的理论依据是线性规划，它根据不同功能区的环境质量改善目标或者环境标准作为计算的约束条件，以区域污染物排放量极大化为目标函数，建立基本的线性规划模型。线性规划法用于大气环境容量计算，得到的是以现状排污源布局、排放量、气象条件为约束，满足各个功能区划环境质量标准的，以区域现状污染源排放出的大气污染物的最大总量为目标函数的大气污染物的最大容许排放量。这种满足功能区空气质量达标对应的区域污染物最大排放量可视为区域的大气环境容量。线性规划法通常与模拟法结合使用，它借助空气质量模型建立线性化的源-受体响应关系，以排放量最大总和为目标，以环境功能区的环境目标为约束，计算区域内最大允许的污染物排放量，即区域大气环境容量。国内外学者大多通过线性规划法与模拟法相结合来测算环境容量，或者将线性规划法与加以修正的高斯模型法或箱模型法相结合来测算环境容量。线性规划法可以在一定程度上反映污染源-受体的实际响应关系，满足区域层面对环境容量的优化配置。但该方法工作量较大，对污染源等资料收集的完备程度要求较高；且由于其本身线性响应关系的制约，不能处理非线性过程显著的二次污染问题。

（3）模拟法

模拟法是通过较为精细的空气质量模型，即大气污染物在空气中的输送扩散数学模型，模拟污染物输送、扩散、化学反应以及清除过程等，掌握各类污染物浓度的动态分布随时间、空间变化的规律，计算出在这种输送、转化规律下的地面污染物实际浓度，以此建立区域内排放源与环境空气质量之间的响应关系，测算区域内的大气环境容量。模拟法按照理论来源可分为高斯扩散模型、K 值模型、统计理论模型、相似理论模型以及一些经验模型等。高斯扩散模型与 K 值模型中的拉格朗日模型等构成了第一代空气质量模型，于 20 世纪 60 年代至 80 年代得到了较大发展。K 值模型除包括拉格朗日模型之外，还包括欧拉模型和混合型模型，其中欧拉模型是这些模型中最复杂的空气质量模型，也是第二代空气质量模型的典型代表。90 年代以后，空气质量模型开始步入将大气环境视作一个整体的第三代模型阶段，也就是 Model-3 时期。

目前，国内外应用较为广泛的环境容量估算方法是模拟法，近年来国内外学者在第三代空气质量模型的研发方面开展了大量深入的研究。尽管通过模拟法估算环境容量可以在一定程度上建立环境质量与污染源排放之间的响应关系，但是通过不断修正模型参数，在一定条件下建立污染源与环境效果的衍射关系，往往给出的环境容量估算结果具有很大的不确定性；此外，基于环境容量确定区域总量控制目标并不能给出不同排放源类或行业部门的最大容许排放量，为进一步确定企业总量控制目标带来了很大的困难。

4.1.2　企业总量指标分配方法

（1）基于经济指标分配法

基于经济指标分配法，是从经济最优化的角度出发，对污染物排放量进行分配，通过引入税收、产值等经济指标确定分配方法的基准，计算各污染源的允许排放量的方法，如基于社会经济效益的分配法、基于产值排污系数的分配法、控制费用分担法等。基于社会经济效益分配法的原则是经济发展贡献大、污染物排放量少的企业可以得到更多的允许排放量，以经济手段限制或控制企业污染的程度，在限制排放量的基础上促进了区域经济的发展。例如，污染重的企业想要获得与污染轻的企业相同的分配指标，则需要提高污染重的企业的税收标准，通过相对高额的税收来获得相同的初始排污权。

产值排污系数是指万元产值污染物排放水平，产值排污系数能够反映企业的环境行为，利用产值排污系数对污染物排放量进行核定，分配公式为：

$$\begin{cases} Q = \sum\limits_i Q_i \\ Q_i = R \cdot N_i \cdot \varepsilon \end{cases} \tag{4-1}$$

式中，Q——区域允许排放量，t；

　　　Q_i——某工厂允许排放量，t；

　　　R——产值排放系数，工厂现状排放量与工厂工业总产值的比值；

　　　N_i——某工厂工业总产值，万元；

　　　ε——调节因子，根据不同行业或者排放与产值的比值确定。

控制费用分担法是依据对污染物控制费用的多少将污染物的排放量指标分配到各企业的方法，该方法考虑了企业治理污染的环境行为，能鼓励企业加大污染治理投资，具体计算公式为：

$$\begin{cases} Q_i = \dfrac{F_i}{\sum F_i} \cdot Q \\ F_i = \sum f_{ij} \cdot G_{ij} \end{cases} \tag{4-2}$$

式中，Q——区域允许排放量，t；

　　　Q_i——某工厂允许排放量，t；

　　　F_i——第 i 类源的污染物控制费用，万元；

　　　f_{ij}——第 i 类源 j 类污染物的控制费用，万元/t；

　　　G_{ij}——第 i 类源 j 类污染物去除量，t。

（2）基于特定准则分配法

基于特定准则分配法，是通过确定一定基准，计算各污染源的允许排放量进行初始排污权核定的方法，比如基于燃料或原料用量分配法，基于排放绩效分配法，基于能耗绩效分配法等。基于燃料或原料用量分配法，是根据燃料或者原料的使用量进行初始排污权分配的方法，该方法考虑了污染源能源利用差异，但是忽略了不同燃料污染物排放系数的差异和生产技术的差异，也没有考虑污染源对环境质量的浓度贡献，如果燃料供应和燃料品质的选择不稳定，那么会对实施造成一定的困难。基于排放绩效分配法是考虑了排放现状和环境行为，利用产品排放绩效值进行排污权核定的方法。排放绩效是指生产单位产品污染物排放量的水平，反映了企业的环境行为。排放绩效法的实施过程一般按照全社会平均排放绩效进行分配，这就能够促进排放绩效高的企业提高减排的技术水平，必要时还须调整企业的产品结构，选择绿色生产模式，该方法得到了广泛的认可和应用。该方法具体的计算公式如下：

$$\begin{cases} Q = \sum Q_i \\ Q_i = G \cdot N_i \cdot \varepsilon \end{cases} \tag{4-3}$$

式中，Q——区域允许排放量，t；

$\qquad Q_i$——某工厂允许排放量，t；

$\qquad G$——排放绩效，单位产品排放的污染物的量，t；

$\qquad N_i$——产品产量，t；

$\qquad \varepsilon$——调节因子，根据不同行业、不同生产规模等因素确定。

（3）基于数学模型综合分配法

不少学者以综合指标最优化为目标函数，综合考虑各种影响因素，利用已有方法、已有数学模型或者自行建立相应数学分配模型对排污初始权进行分配，在研究层面上取得了较好的效果。综合各学者的研究，常用的数学方法主要有基尼系数法、层次法、线性规划法、动态规划法等。王波等将 A-P 值法、等比例平均分配法等方法相结合，对污染物排放量进行分配，按照总投资费用和总削减量均达到最优化的基准求出最优解，确定污染物排放量分配的方案。王金南等利用环境基尼系数制定总量分配方案，蒋尔宜以工业总产值作为基尼系数的分配指标，分配过程中通过利用环境基尼系数对分配额度进行调整，体现了分配的公平性；王金南拓展了基尼系数的内涵，提出了资源环境基尼系数的概念，以绿色贡献系数作为判断不公平因子的依据，对确定国家环境管理的重点方向提供一种新的方法。周雯等选择了运用层次法进行总量分配，基于企业对环境的污染现状、企业的发展规模、企业对社会的贡献、企业的污染物治理手段等方面进行考虑，构建污染物初始排污权分配的评价指标体系，从而建立污染物初始排污权分配的层次分配模型。李如忠从经济、社会和环境系统整体效益出发，设计出了一种定性与定量相结合描述判断矩阵的多指标决策的排污总量分配层次结构模型。赵文会等在确定排污总量上限的前提下，从兼顾最优性和公平性出发，同时考虑了环境质量状况、环境容量、排放基数、削减能力等多种因素，构建了初始排污权分配的极大极小模型，同时讨论了该模型的有效解法，获得了较好的分配效果。此外，许铁力以动态规划、线性规划等为基础建立环境经济负荷模型，但是该模型只能应用于工厂层次；李晓等将玻尔兹曼模型引入污染物初始分配计算中，但是存在计算得到的污染物理论分配量和实际排放量差距较大的情况；赖伟捷构建了基于节能环保的初始排污权分配模型，并采用改进的李子群法对模型进行优化。

综上分析，在区域总量控制目标的确定方法方面，基于减排潜力确定总量控制目标，可以在一定程度上考虑经济技术可行性，体现了一定的效率性，但是按此方法得到的区域总量控制目标和各行业总量控制目标都无法体现实际的大气环境质量改善需求；基于环境容量确定总量控制目标可以在一定程度上反映环境质量，却也由于方法自身的局限性使得估算结果不确定性很大，且无法进一步基于环境质量改善需求确定分配到不同种类污染源的容许排放量，这为进一步确定企事业单位总量控制指标带来了较大困难。在企事业单位总量指标分配方法方面，以排放绩效法或排放强度法为代表的基于特定准则分配法无论在反映技术经济的可行性方面、可操作性方面，还是灵活性方面都具有明显优势，它能够综合考虑企业的生产工艺水平、能源利用效率、污染治理状况等，兼顾企业的生产情况和污染治理能力，能够有效地促进污染排放水平较差的企业改善其环境行为，有利于企业生产技术以及污染治理水平的提高，对结构调整具有积极作用；还可以基于环境质量、社会经济等多种因素进行调整，是最能够体现公平与效率的技术方法。

4.2　许可排放量核定技术方法体系

4.2.1　许可排放量核定基本思路

结合国外排污许可制与总量控制实施经验，本研究提出基于环境质量的许可排放量核定技术方法，具体思路如下：

（1）设定区域环境质量改善目标，以阶段性环境目标为约束估算区域环境容量，确定区域污染物排放总量控制目标；

（2）深入分析区域各产业分布、工艺类型、技术现状、污染防治水平等特征，以最佳可行污染控制技术为基准确定主导行业主要大气污染物排放强度或绩效标准；

（3）以区域污染物排放总量控制目标为约束，结合区域内大气污染物排放源解析结果，综合考虑污染排放绩效或排放强度、不同污染源的环境贡献、可削减空间（减排潜力等）要素，采用排放绩效或排放强度法确定各企业许可排放量限值。

企事业单位许可排放量限值的基本表达式如下：

$$E = \sum_{i=1}^{n} E_i \tag{4-4}$$

式中，E——企业的大气污染物许可排放量，t；

　　　E_i——企业中第 i 台设备的大气污染物许可排放量，t。

$$E_i = P_i \cdot \mathrm{GPS}_0 / 1\,000 \cdot k \quad 或 \quad E_i = M_i \cdot pf_0 / 1\,000 \cdot k \tag{4-5}$$

式中，E_i——第 i 台设备的大气污染物许可排放量，t；

　　　k——控制系数；

　　　P_i——第 i 台设备的设计产能，t/a；

　　　GPS_0——排放绩效标准，kg/t；

　　　M_i——第 i 台设备的原燃料消耗量，t/a；

　　　pf_0——单位原料或燃料的大气污染物排放强度标准，kg/t。

4.2.2　构建排放绩效或排放强度标准体系的技术路线

在许可排放限值核定方法中，排放绩效或排放强度值的选取是确保科学、公平、合理确定限值要求的关键。如何体现公平性、合理性和效率性（尤其是环境的有效性）是构建排放绩效或排放强度标准体系的难点。本研究提出基于空气质量、污染物排放量之间的响应关系，并充分考虑社会经济发展、经济技术可行等各种影响因素，科学选取指标因子、分解控制目标，构建排放绩效或排放强度标准的技术方法体系。具体的技术路线见图4-1。

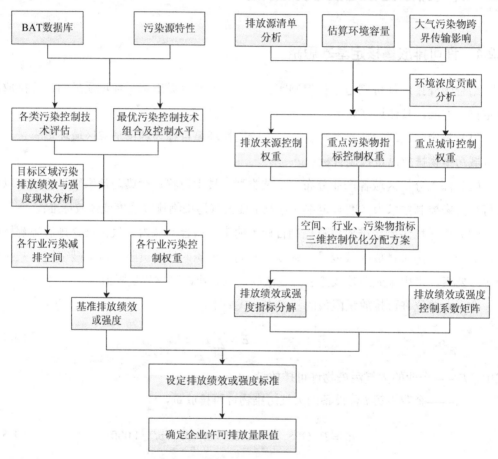

图 4-1　排放绩效或强度标准确定技术路线

4.2.2.1　基于较优可行技术控制构建基准排放绩效方法

基于较优可行技术控制水平构建基准排放绩效的方法主要依据行业内可行的污染防治技术最优可达控制水平和单位产品的基准烟气排放量进行确定。计算公式为：

$$GPS_0 = Q_i \cdot C_{si} \cdot 10^{-6} \text{ 或 } pf_i = Q_i' \cdot C_{si} \cdot 10^{-6} \tag{4-6}$$

式中，GPS_0——企业第 i 工序的基准排放绩效值，kg/t；

Q_i——企业第 i 工序单位产品烟气量，m^3/t；

Q_i'——企业第 i 工序单位原燃料烟气量，m^3/t；

C_{si}——企业第 i 工序最佳控制浓度限值，mg/m^3。

4.2.2.2　基于环境有效性的排放绩效标准空间分析

从全国范围来看，目前我国各地区的大气环境问题尚处于不同的污染阶段。西部地区目前仍然以煤烟型污染为主，PM、SO_2 污染仍是西部地区的首要环境问题；而东部地区尤其是长三角、珠三角及京津冀等城市群区域目前已由煤烟型污染阶段过渡到复合型污染阶段，$PM_{2.5}$、O_3 污染问题异常突出。因此，排放绩效或强度控制标准应避免全国"一刀切"，综合考虑全国各地区的大气污染特征和产业布局特点，研究基于污染指标、空间、行业对大气污染的影响，提出建立排放绩效或强度标准的分区控制体系，实施三维差异化管理。

识别一般管控污染源和污染因子。基于排放标准和企业排放特征识别和确定一般污染源和污染因子。针对有行业排放标准的重点行业，按照行业污染物排放标准确定企业需要核定许可排放量限值的一般污染源和污染物指标；对于暂无行业排放标准的，根据实际的生产工艺特征、企业产污节点分析、污染物排放情况，确定每个企业应当许可排放量限值的污染源，识别每个污染源的常规污染物和行业特征污染物指标。

确定重点管控污染源和污染因子及控制权重。在基于排放标准和企业排放特征识别污染源和污染物指标的基础上，还应以改善空气质量为出发点，通过建立区域环境质量需求与固定污染源污染物排放之间的响应关系，从而根据空间、行业、前体物识别出对空气质量浓度贡献大的重点区域、重点行业以及主要污染物指标，优化污染防治策略。

1）分析行业贡献确定重点管控污染源。在全国层面构建包括 SO_2、颗粒物、NO_x、VOCs、NH_3 等多污染物的污染源排放清单，通过大气污染行业污染贡献溯源技术，基于区域尺度上的行业贡献分析，研究区域层面电力、钢铁、水泥等主要行业污染物排放与大气环境质量目标的响应关系，识别出优先控制的主导污染行业及低效、高污染产业，研究电力、钢铁、水泥等高架源与燃煤锅炉、工业窑炉等低矮污染源的排放绩效控制权重，根据行业贡献率制定不同行业差异化的排放绩效约束系数，基于行业建立全国排放绩效控制类别区划体系，实现对污染负荷的优化分配。

2）基于区域环境质量和局地环境影响识别重点污染物指标。重点污染物指标主要分三类：一是分析 SO_2、NO_x、一次 PM 等前体物排放对环境空气质量的贡献，识别出优先控制的污染物，确定以区域内关键的大气污染问题为导向的污染物优先序；二是空气环境质量超标因子；三是有显著季节差异性控制需求的污染因子。首先通过模型模拟中的大气污染前体物溯源技术分析各区域层面 SO_2、NO_x、PM、$VOCs$ 及 NH_3 等多种污染物及行业特征污染物排放对环境空气质量的影响，确定以质量为导向污染物指标的优先序，识别出优先控制的污染物，确定控制权重，对于有显著季节差异性控制需求的污染因子还应确定季节控制约束系数。

4.2.2.3 构建各区域排放绩效控制系数矩阵

（1）排放绩效控制目标标准化分解技术方法

基于上述分析，根据区域主要大气污染问题、区域空气质量超标情况、各行业污染贡献程度、季节排放特征等影响进行指标分析，构建排放绩效控制目标标准化分解技术方法，结合区域气象条件、各行业减排潜力、排放源结构等要素，确定不同指标所占的权重。

例如，通过空气质量模型等手段识别区域内的主导污染行业或对局地环境影响贡献较大的污染源及相应的约束系数 k；根据区域内关键的大气污染问题及空气质量超标情况，识别应当重点管控的污染因子即重点污染物指标，根据各项污染因子的排放量、削减空间等因素对其进行权重分配，设定各项重点污染物指标的排放绩效约束系数 α；依据筛选出的重点污染物指标，结合排放基数、控制管理基础、削减空间以及对局地环境影响等因素，进一步确定重点管控行业，进而聚焦重点管控污染源及相应的约束系数 β。此时该重点管控污染源的重点污染因子的排放绩效控制系数为 $k \cdot \alpha \cdot \beta$。对于有显著季节排放差异性特征或控制需求的污染物可以通过设定排放绩效约束系数 m 实现季节调控，有效避免重污染天气的发生。例如，对于某些地区夏季易爆发臭氧污染，则可在夏季对氮氧化物等污染物的排放进行适度加严，此时的排放绩效控制系数为 m。

上述约束系数的取值范围为（0，1]，重点污染源或重点污染物的控制需求和控制效益越高，约束系数取值越小。排放绩效控制目标分解见表 4-1。

表 4-1　排放绩效控制目标指标分解表

行业负荷	环境质量超标因子 b_1	二次污染前体物 b_2	主导行业污染因子 b_3	季节调控因子 b_4
行业贡献指标 a_1	$a_1 \times b_1$	$a_1 \times b_2$	$a_1 \times b_3$	$a_1 \times b_4$
排放强度指标 a_2	$a_2 \times b_1$	$a_2 \times b_2$	$a_2 \times b_3$	$a_2 \times b_4$
减排潜力指标 a_3	$a_3 \times b_1$	$a_3 \times b_2$	$a_3 \times b_3$	$a_3 \times b_4$

（2）确定排放绩效控制系数矩阵

根据排放绩效标准空间分析结果，确定各区域重点污染源及重点污染因子的分级控制权重，结合区域气象条件、各行业减排潜力、排放源结构等要素，分析得到各区域重点行业、重点污染因子的排放绩效控制系数矩阵（表 4-2）。

表 4-2 重点区域各行业排放绩效控制系数矩阵

污染因子	火电行业	钢铁行业	水泥行业	石化行业	……
二氧化硫	a_1	a_2	a_3	a_4	
氮氧化物	b_1	b_2	b_3	b_4	
颗粒物	c_1	c_2	c_3	c_4	
……					

例如，表中 a_1 是指某重点控制区域内基于环境质量的火电行业二氧化硫排放绩效控制系数。

$$\alpha_1 = k \cdot \alpha \cdot \beta \tag{4-7}$$

式中，k、α、β——分别为基于大气环境质量、行业污染特征等确定的各因素权重系数。

4.2.2.4 选取排放绩效标准

（1）一般地区

较优可行技术控制水平体现的是对企业污染排放和控制的最低要求，也是行业内控制要求公平性的重要体现。对于一般地区无进一步环境质量改善需求的，可按照行业较优可行技术确定的基准绩效值核定许可排放量限值（图 4-2）。方法如下：

$$E_i = P_i \cdot \text{GPS}_0 / 1\,000 \tag{4-8}$$

式中，E_i——第 i 台设备的大气污染物许可排放量，t；

P_i——第 i 台设备的设计年产量，t/a；

GPS_0——第 i 台设备依据最佳可行技术确定的基准排放绩效值，kg/t。

（2）重点区域

对于有环境质量改善需求的区域，在最佳控制技术水平的基础上还应当结合大气环境质量状况和局地环境影响等因素对区域内不同行业、不同类型的污染源、污染物指标确定差异化的绩效值。基于环境质量改善需求确定的企业排放绩效值为：

$$\text{GPS}_i = \text{GPS}_0 \cdot k \cdot \alpha \cdot \beta \cdot m \tag{4-9}$$

式中，GPS_i——第 i 台设备的排放绩效值，t/a；

GPS_0——第 i 台设备的基准排放绩效值，kg/t；

α、β、m、k——基于环境质量改善需求确定的约束系数。

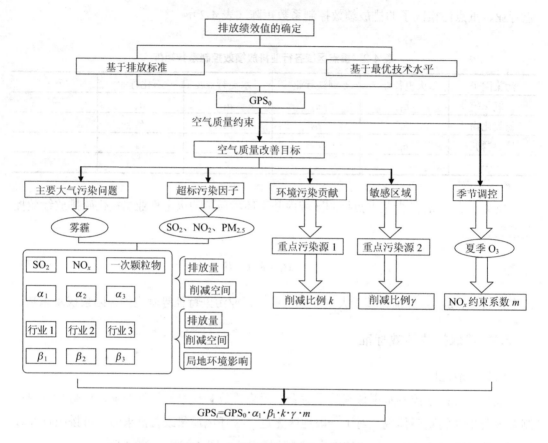

图 4-2　企业排放绩效标准核定思路

4.3　重点行业最佳可行技术分析

工业源是主要大气污染物排放的最大来源，根据 2015 年环境统计数据，电力、热力生产和供应业、黑色金属冶炼及压延加工业和非金属矿物制品业是工业大气污染物排放的主要行业。本节选取火电、钢铁、水泥和平板玻璃这四个重点行业，分析各行业工艺类型、技术现状、污染防治水平等特征，深入研究各行业最佳可行污染控制技术，为进一步明确各行业大气污染物排放强度或绩效标准提供技术基础。

4.3.1　火电行业

（1）烟尘最佳排放控制水平评估

目前广泛应用的除尘技术包括电除尘技术、袋式除尘技术、电袋复合除尘技术等。
2014 年，电除尘器、袋式除尘器、电袋复合除尘器分别占全国煤电机组容量的约 77.1%、
9.1%（约 0.75 亿 kW）、13.8%（约 1.14 亿 kW），当年约 2.4 亿 kW 现役燃煤机组实施除
尘改造，初步统计 2014 年煤电平均除尘效率≥99.75%，比 2013 年提高约 0.1%。2015 年
煤电装机采用电除尘器、袋式除尘器的比例分别约为 69%、31%。平均除尘效率由 1985
年的 90.6%提高至 2015 年的 99.9%以上。

电除尘器运行可靠、维护费用低、设备阻力小、除尘效率高，但除尘效率和出口烟
尘浓度易受煤、飞灰等成分变化的影响；袋式除尘器具有长期稳定的高效率、低排放、
运行维护简单、煤种适用范围广的优点，并能实现超低排放；电袋复合除尘器有机结合
了电除尘器和袋式除尘器的优点，它具有长期稳定的低排放、运行阻力低、滤袋使用寿
命长、运行维护费用低、适用范围广及提高经济性的优点，较袋式除尘器可达到更低的
出口排放浓度，根据实际工程经验，可以实现 5 mg/m³ 以下的超低排放。总结各类除尘技
术的适用条件和最佳可行除尘效果见表 4-3。

表 4-3　除尘工艺最优控制水平

设备名称		出口浓度/（mg/m³）	去除效果/%	备注
干式除尘器	常规电除尘器	50	99.2～99.85	一般与湿法脱硫配合使用，协同除尘效果为 70%
	低温电除尘器	20	99.2～99.9	
湿式电除尘器		5～10	70～80	极板湿式电除尘器（1 个电场）
			90	2 个电场
			70～85	蜂窝式湿式电除尘器
电袋复合除尘器	整体式电袋复合除尘器	20	99.5～99.99	超净电袋复合除尘器与湿法脱硫装置组合
	分体式电袋除尘器	30		
	超净电袋复合技术	10		
	耦合增强电袋复合除尘技术	5		
袋式除尘器		30	99.5～99.99	常规针刺毡,过滤风速小于 1 m/min
		20		常规针刺毡,过滤风速小于 0.9 m/min
		10		高精过滤滤料,过滤风速小于 0.8 m/min

（2）二氧化硫最佳排放控制水平评估

烟气脱硫是控制火力发电厂 SO₂ 排放的主要途径之一，其技术成熟、运行可靠。目前，石灰石-石膏湿法是我国火电行业中应用最广泛的脱硫技术，尤其是 30 万 kW 以上的大机组，几乎均采用了石灰石-石膏湿法，2014 年全国火电行业脱硫工艺以石灰石-石膏法为主，占 92.4%，海水脱硫工艺占 2.0%、烟气循环流化床脱硫工艺占 2.9%、氨法脱硫工艺占 1.3%，此外还有少量干法/半干法、酸碱法、镁法等。石灰石-石膏湿法脱硫技术成熟度高，堵塞、腐蚀等负面影响因素可控，运维成本低，脱硫塔内调节手段较多，可保持长期稳定运行并实现达标排放。其他脱硫方法因其工艺特性或原料要求等外部条件使其应用范围受到一定限制。

各类烟气脱硫技术的适用条件和最佳可行控制效果见表 4-4、表 4-5。其中超低技术主要包括基于传统石灰石-石膏湿法脱硫技术开发的各类提效技术，包括双循环脱硫工艺、复合塔技术、单塔双区技术、旋汇耦合湿法脱硫技术等。

表 4-4　脱硫技术最优控制水平

技术名称		出口浓度/（mg/m³）	去除效果/%	适用条件
石灰石-石膏湿法		50～100	95～98	
基于石灰石-石膏湿法脱硫工艺的超低排放技术	传统脱硫技术提效	35	98	入口浓度小于 1 000 mg/m³ 的低低硫煤
	双循环脱硫工艺	35	98	入口浓度 1 000～2 000 mg/m³ 的低硫煤、2 000～6 000 mg/m³ 的中硫煤、6 000 mg/m³ 以上的高硫煤
	复合塔脱硫技术	35	98	入口浓度 1 000～2 000 mg/m³ 的低硫煤、2 000～6 000 mg/m³ 的中硫煤
	单塔双区技术	35	98	入口浓度 1 000～2 000 mg/m³ 的低硫煤、2 000～6 000 mg/m³ 的中硫煤、6 000 mg/m³ 以上的高硫煤
烟气循环流化床技术		100	95	
氨法脱硫技术		35～50	98	制酸行业的硫回收、中小型煤粉炉
海水脱硫技术		35～50	99	硫分不高于 1 的较好海域扩散条件的滨海电厂可适用超低技术
镁法脱硫技术		100	95	

表 4-5　火电厂 SO$_2$ 超低排放最佳可行技术

SO$_2$ 入口浓度/ （mg/m^3）	地域	单机容量/MW	炉型	超低排放可行技术 （排放浓度≤35 mg/m^3）
≤2 000	沿海地区	300～1 000	煤粉炉	海水脱硫
3 000～10 000	电厂周围 200 km 内有稳定氨源	≤300	煤粉炉	氨法脱硫
≤1 000	所有地区	所有容量	煤粉炉	传统空塔喷淋
			CFB	
1 000～6 000			煤粉炉	复合塔喷淋空塔 pH 分区
			CFB	
>6 000			煤粉炉	空塔 pH 分区旋汇耦合

（3）氮氧化物最佳排放控制水平评估

目前燃煤电厂 NO$_x$ 排放控制技术主要分为生成源控制技术和烟气脱硝技术两类。生成源控制技术是通过各种技术手段控制燃烧过程中 NO$_x$ 的生成，主要有低氮燃烧技术、空气分级技术、燃料再燃技术、富氧燃烧技术等。烟气脱硝技术是指对烟气中已经生成的 NO$_x$ 进行治理，主要包括选择性催化还原法（SCR）、选择性非催化还原法（SNCR）、等离子体法、直接催化还原分解法、生物质活性炭吸附法等。2014 年火电行业脱硝工艺主要是选择性催化还原法，约占总容量的 95.0%，其次为选择性非催化还原法约占 2.7%、SNCR+SCR 和 CFB 锅炉循环氧化吸收（COA）约占 2.3%。总结各类氮氧化物污染防治技术的适用条件和最佳可行控制效果见表 4-6 和表 4-7。

表 4-6　NO$_x$ 污染防治技术最优控制水平

NO$_x$ 控制技术	出口浓度/（mg/m^3）	去除效果/%	适用范围
低氮燃烧器	350	50	烟煤
SCR	50～200	90	依据催化剂层数变化
SNCR	100～300	30～50	用于中小型煤粉炉
	50	40～75	用于循环流化床
	50	70	循环流化床采用 SNCR+催化氧化吸收
SNCR/SCR 联合烟气脱硝	50～100		用于煤粉炉
	50		用于循环流化床

表 4-7   超低排放可行技术汇总

燃烧方式	煤种		锅炉容量/MW	最大生成浓度/（mg/m³）	超低排放可行技术（排放浓度≤50 mg/m³）
切向燃烧	无烟煤		全部	850	无成熟技术
	贫煤		全部	800	
	烟煤	20%≤V_{daf}≤28%	≤100	400	低氮改造+SCR（3+1）或 SNCR/SCR 联合脱硝（300MW 及以下机组）
			200	350	
			300	320	
			≥600	290	
		28%≤V_{daf}≤37%	≤100	300	
			200	290	
			300	240	
			≥600	200	低氮改造+SCR（2+1）
		37%＜V_{daf}	≤100	290	低氮改造+SCR（3+1）或 SNCR/SCR 联合脱硝（300MW 及以下机组）
			200	240	
			300	200	低氮改造+SCR（2+1）
			≥600	180	
	褐煤		≤100	300	低氮改造+SCR（3+1）或 SNCR/SCR 联合脱硝（300MW 及以下机组）
			200	260	
			300	200	低氮改造+SCR（2+1）
			≥600	200	
墙式燃烧	贫煤		全部	650	无成熟技术
	烟煤	20%≤V_{daf}≤28%	全部	450	低氮改造+SCR（3+1）
		28%≤V_{daf}≤37%		380	
		37%＜V_{daf}		260	
	褐煤		全部	260	
W 火焰	无烟煤		全部	900	无成熟技术
	贫煤		全部	800	
CFB	烟煤、褐煤		全部	150	低氮改造+SNCR
	无烟煤、贫煤		全部	200	低氮改造+SNCR/SCR 联合脱硝

4.3.2   钢铁行业

（1）烟尘最佳排放控制水平评估

钢铁行业应用的烟尘污染控制技术有袋式除尘、电除尘、湿法除尘、机械式除尘、电袋复合除尘技术等。目前袋式除尘作为行业的第一大用户，在钢铁行业所占比例已经占到 95%。袋式除尘主要应用于原料、焦化、石灰、高炉槽上槽下、出铁场、铁水预处理、铸铁机、转炉二次除尘、炼钢电炉、轧钢等工序的尘源点除尘。电袋复合除尘器是整合了电除尘器耐高温和袋除尘器除尘效率高的优势，在烧结烟气除尘方面和现有电除尘改造方面有所应用。电袋复合除尘器是近几年开发的，整合了电除尘器耐高温和袋除尘器除尘效率高的优势，在烧结烟气除尘方面和现有电除尘改造方面有所应用。

通过系统研究各类烟气除尘技术的技术原理、技术特性和适用条件、国内外技术的发展和应用现状、相关工艺参数及最佳可达除尘效果，总结各类除尘技术的适用条件和最佳可行除尘效果（表 4-8 和表 4-9）。

表 4-8　除尘工艺最优控制水平

设备名称	出口浓度/（mg/m³）	去除效果/%	备注
袋式除尘器	30	99.9	除烧结机头以外烧结工艺其他尘源点，过滤风速 1～1.1 m/min 为宜
	30	99.5	耐高温的针刺毡或复合滤料；烟气进入布袋前应经过预喷涂处理，气布比为 0.8～1.2 m/min
	20	99.5～99.99	滤料材质以涤纶针刺毡为主。袋式除尘器的过滤风速为 0.8～2 m/min，前置烟气捕集装置
	20	>99	脉冲袋式除尘的过滤速度通常为 0.5～2 m/min；烟气温度低于 120℃时，可选用涤纶绒布和涤纶针刺毡；烟气温度为 120～250℃时，可选用石墨化玻璃丝布；为进一步提高除尘效率，还可选用覆膜滤料，该技术适用于轧钢工艺冷轧工序干式平整机、拉矫机、焊机、抛丸机、修磨机等设备的除尘，以及钢管穿孔吹氮喷硼砂工序中产生的硼砂粉尘、矫直及精整吸灰等的除尘
静电除尘器	50	99.9	适用于烧结、球团厂所有新建和改扩建的除尘系统，尤其是烧结机头、球团高温段烟尘治理，用于烧结电场数宜不少于 4 个
电袋复合除尘	30	99.5～99.99	除烧结机头、球团高温烟气段以外的所有新建和改扩建除尘系统；尤其适用于原有电除尘器增效改造
LT 干法除尘技术	20	99.9	炼钢工艺 80t 及以上规模的转炉一次烟气治理和煤气净化回收
第四代 OG 系统除尘技术	10	99.5	炼钢工艺转炉一次烟气除尘和煤气净化回收，转炉煤气在使用前采用静电除尘器进一步除尘
塑烧板除尘技术	10～20	>99	烟温低于 200℃，过滤风速 0.8～2 m/min，设备阻力 1 300～2 200 Pa；采用 0.4～0.6 MPa 压缩空气反吹清灰。轧钢工艺热轧工序火焰清理机及精轧机等设备的除尘

表 4-9　钢铁厂烟尘超低排放最佳可行技术

单台烧结机头处理量	配置	超低排放可行技术排放浓度/(mg/m³)
550 000m³/h	两台 90 m² 烧结机头原配置两台多管旋风除尘器	30
600 000 m³/h	95 m² 烧结机机头原配置 185 m² 双室三电场常规电除尘器	30

（2）二氧化硫最佳排放控制水平评估

我国烧结烟气脱硫技术中，按脱硫产物的干湿形态，烟气脱硫可分为湿法、半干法和干法工艺。湿法脱硫工艺包括用钙基、钠基、镁基、海水和氨作为吸收剂，其中石灰石-石膏湿法脱硫是目前使用最广泛的湿法脱硫技术。半干法主要是喷雾干燥技术。干法脱硫工艺主要是喷吸收剂工艺，按所用吸收剂不同可分为钙基和钠基工艺，吸收剂可以干态、湿润态或浆液喷入。我国烧结烟气脱硫技术在未来几年或十几年将出现由湿法向干法的转变过程。焦炉煤气脱硫目前主要采取 HPF 法及真空碳酸钾法。

通过系统研究各类烟气脱硫技术的技术原理、技术特性和适用条件、国内外技术的发展和应用现状、相关工艺参数及最佳可达控制效果，总结各类烟气脱硫技术的适用条件和最佳可行控制效果（表 4-10）。

表 4-10　脱硫技术最优控制水平

技术名称	出口浓度/(mg/m³)	去除效果/%	适用条件
石灰石-石膏湿法	<100	>98	
循环流化床法脱硫技术	60~90	93	进口浓度 800~1 800 mg/m³；适合于 2 000 mg/m³ 以下中低 SO₂ 浓度的烧结机
喷雾干燥脱硫技术	83	90.6	进口浓度为 882 mg/m³，适宜处理烟气量大、浓度较低的废气；适合于入口浓度在 1 500 mg/m³ 以下中低 SO₂ 浓度的烧结机
LJS 型烧结烟气干法脱硫工艺	30~380	>93	进口浓度 5 000 mg/m³
活性炭吸附法	—	95	SO₂ 浓度不超过 3 000 mg/m³ 的烧结机
NID 烟气脱硫技术	<100	90	进口浓度 1 000~2 000 mg/m³
MEROS	142	81	进口浓度为 777 mg/m³，脱硫剂为 Ca(OH)₂。此外，脱硫剂为 CaO 时去除效果为 30%~80%；脱硫剂为 NaHCO₃ 时去除效果为 >90%
密相干塔法	100	90	进口浓度为 1 000 mg/m³

（3）氮氧化物最佳排放控制水平评估

钢铁行业现有的脱硝工艺有活性炭吸附法、SCR、SNCR、液体吸收法、微生物法、电子束法。对于烧结烟气中氮氧化物的末端处理主要包括活性炭吸附法和选择性还原法等。其中，选择性催化还原技术（SCR）在日本、欧洲和美国等烟气排放标准严格的国家和地区已经得到了广泛应用。SCR 技术能够达到 80%～90% 的 NO_x 脱除率，可以满足 NO_x 更高要求的排放标准，被认为是目前最经济可靠的脱硝技术。焦化工序排放的 NO_x 主要来自燃料或空气中氧与氮之间的反应，包括热力型、燃料型和快速型，主要采用燃料控制技术与炉膛喷射脱硝技术。燃料控制技术一般采用低 NO_x 燃烧技术以减少 NO_x 的生成，包括分级燃烧技术、再燃烧技术、低氧燃烧技术、浓淡偏差燃烧和烟气再循环等方法。

通过系统研究各类氮氧化物污染防治技术的技术原理、技术特性和适用条件、国内外技术的发展和应用现状、相关工艺参数及最佳可达控制效果，总结各类氮氧化物污染防治技术的适用条件和最佳可行控制效果（表 4-11）。

表 4-11　NO_x 污染防治技术最优控制水平

氮氧化物控制技术	出口浓度/（mg/m³）	去除效果/%	适用范围
低氮燃烧器	250～400	30～60	烟煤
SCR	<200	80～90	依据催化剂层数变化
	<100	95	半干法－旋转喷雾法（SDA）+SCR
SNCR		<60	循环流化床锅炉多选用 SNCR 脱硝
活性炭吸附法	101	61	450m² 烧结机烟气处理中
SCR/SNCR	<200	>60	进口浓度为 700 mg/m³
光催化技术		90	对高浓度 NO_x 脱除效率则不高
S-SCR 技术	50	90	

4.3.3　水泥行业

（1）烟尘最佳排放控制水平评估

水泥工业目前使用的除尘技术主要是布袋除尘、静电除尘以及电袋复合。水泥窑的窑头、窑尾采用布袋除尘器或静电除尘器均可，其他通风生产设备、扬尘点大多采用布袋除尘器。

通过系统研究各类烟气除尘技术的技术原理、技术特性和适用条件、国内外技术的发展和应用现状、相关工艺参数及最佳可达除尘效果，总结各类除尘技术的适用条件和最佳可行除尘效果（表 4-12 和表 4-13）。

表 4-12　除尘工艺最优控制水平

设备名称	出口浓度/（mg/m³）	去除效果/%	备注
袋式除尘器	14.7	99.9	窑头粉尘处理，进口浓度为 40 g/m³，材质为芳纶，烟气量为 31.5 万 m³/h
	13.2	99.98	窑头粉尘处理，材质采用玻纤覆膜，进口浓度为 80 g/m³
静电除尘器	25	99.85	5 个电场
	24	99.9	5 个电场
电袋复合除尘	30	99.80～99.99	除尘器电场风速为 0.9～1.1 m/s，袋式除尘器过滤风速一般为 0.9～1.2 m/min，阻力应小于 1 500 Pa，漏风率应小于 3%，入口烟气温度应低于 200℃

表 4-13　水泥厂烟尘超低排放最佳可行技术

设备	特点	超低排放可行技术排放浓度/（mg/m³）
布袋除尘器	采用 PTFE 覆膜无缝滤袋	1.8
高效 LP 过滤元件	使用高效 LP 过滤元件，对现有除尘废气经二次除尘，实现烟尘的超低排放	1

（2）二氧化硫最佳排放控制水平评估

SO$_2$ 排放主要取决于原燃料中挥发性硫含量。如硫碱比合适，水泥窑排放的 SO$_2$ 很少，有些水泥窑在不采取任何净化措施的情况下，SO$_2$ 排放浓度可以低于 10 mg/m³。随着原燃料挥发性硫含量（硫铁矿 FeS$_2$、有机硫等）的增加，SO$_2$ 排放浓度也会增加。相比于循环流化床、喷雾干燥等脱硫技术，脱硫剂喷注法和氨法脱硫工艺投资成本相对较低，较适用于我国水泥工业。

通过系统研究各类烟气脱硫技术的技术原理、技术特性和适用条件、国内外技术的发展和应用现状、相关工艺参数及最佳可达控制效果，总结各类烟气脱硫技术的适用条件和最佳可行控制效果（表 4-14）。

表 4-14　SO_2 污染控制工艺最优控制水平

控制技术	出口浓度/(mg/m³)	去除效果/%	适用条件
脱硫剂喷注法	150～180	60～66	当 SO_2 浓度低于 1 200 mg/m³ 时，加水制备成 20%～30%的 Ca(OH)₂ 浆液，进口浓度为 450 mg/m³
湿法脱硫技术	—	>95	对超高硫排放（标态）>2 000 mg/m³ 以上
喷雾干燥脱硫技术	—	90	增湿塔引入脱硫剂，该脱硫剂浆液中悬浮着很多微细 Ca(OH)₂ 颗粒（通常在 3～10 μm）
氨法脱硫技术	<200	>66	20%浓度氨水，进口浓度为 600 mg/m³

（3）氮氧化物

目前开发的 NO_x 控制技术有低氮燃烧器、分级燃烧、添加矿化剂、工艺优化控制（系统均衡稳定运行）等一次措施，选择性非催化还原技术（SNCR）、选择性催化还原技术（SCR）以及 SNCR-SCR 组合工艺等二次措施。

选择性催化还原（SCR）技术是在适当的温度（300～400℃）下，在水泥窑预热器出口处的催化反应器前，喷入还原剂（如氨水或尿素），在催化剂的作用下，将烟气中的氮氧化物还原成氮气和水。该技术还原效率可达 70%～90%，但一次性投资较大，运行成本主要取决于催化剂寿命。

NO_x 工艺最优控制水平见表 4-15。

表 4-15　NO_x 工艺最优控制水平

氮氧化物控制技术	出口浓度/(mg/m³)	去除效果/%	适用范围
低氮燃烧器	668.1	28.1	烟煤
分级燃烧	670.8	27.8	
SCR	150～400	45～95	熟料产能 3 000 t/d，氮氧化物初始浓度（标态）2 000 mg/m³，窑尾风量 2 300 m³/t 熟料
SNCR	260.5	72.0	低 NO_x 燃烧器+SNCR
	234.0	74.8	分级燃烧+SNCR
	292	86	低 NO_x 燃烧器+分级燃烧+SNCR
	300～500	30～90	熟料产能 3 000 t/d，氮氧化物初始浓度（标态）2 000 mg/m³，窑尾风量 2 300 m³/t 熟料
氧化吸收法（OA 法）	300～400	60	氨氮摩尔比控制在 1.0～1.2，氨逃逸浓度在 10 mg/m³ 以下
SNCR 法+OA 法	150～200	75～95	熟料产能 3 000 t/d，氮氧化物初始浓度（标态）2 000 mg/m³，窑尾风量 2 300 m³/t 熟料

4.3.4 平板玻璃行业

（1）烟尘最佳排放控制水平评估

粉尘是平板玻璃对大气排放的重要污染物，是污染治理的重点。平板玻璃工业的粉尘主要产生于物料的破碎、筛分及转运过程，不需进行调温调质处理，应根据工艺流程的特点选取集中或分散除尘系统，在工艺允许的条件下尽量回收可利用粉尘。目前在平板玻璃厂中主要采用中小型的脉冲喷吹类袋式除尘器和单机袋式除尘机组。

通过系统研究各类烟气除尘技术的技术原理、技术特性和适用条件、国内外技术的发展和应用现状、相关工艺参数及最佳可达除尘效果，总结了各类除尘技术的适用条件和最佳可行除尘效果（表 4-16）。

表 4-16   除尘工艺最优控制水平

设备名称	出口浓度/（mg/m³）	去除效果/%	备注
脉冲式布袋除尘器	—	＞95	500 g/m² 针刺毡/729 覆膜滤料，高压脉冲清灰，用于物料的破碎、筛分及转运过程中产生的粉尘
静电除尘器	46	＞85	电除尘器设计选型采用单室二电场，电场长度 3.5 m，流通面积达 140 m²，进口浓度（标态）大约为 300 mg/m³
	50 以下	＞85	烟尘浓度（标态）为 350 mg/m³，燃料为重油
	50 以下	＞70	烟尘浓度（标态）为 150 mg/m³，燃料为天然气
	10	＞93	采用板状静电除尘器进行废气除尘，烟尘浓度（标态）为 150 mg/m³，燃料为重油

（2）二氧化硫最佳排放控制水平评估

对于烟气 SO_2 控制，按脱硫吸收工艺的不同，可以分为湿法、干法和半干法等。湿法脱硫工艺的脱硫率和吸收剂利用率相对较高，但处理系统复杂，存在水污染问题。干法或半干法脱硫工艺的脱硫率和吸收剂利用率相对较低，但处理系统简单，投资较低。

通过系统研究各类烟气脱硫技术的技术原理、技术特性和适用条件、国内外技术的发展和应用现状、相关工艺参数及最佳可达控制效果，总结了各类烟气脱硫技术的适用条件和最佳可行控制效果（表 4-17）。

表 4-17　SO₂ 污染控制工艺最优控制水平

设备名称	出口浓度/（mg/m³）	去除效果/%	适用条件
湿法脱硫	242	＞90	进口浓度（标态）为 3 500 mg/m³，脱硫除尘一体化
干法/半干法脱硫	250	＞85.6	进口浓度（标态）为 2 400 mg/m³，后加静电除尘器
RSDA 半干法脱硫	50	＞95	进口浓度（标态）为 1 000 mg/m³

（3）氮氧化物最佳排放控制水平评估

玻璃熔窑废气中的 NOₓ 的治理措施大致可分为一次措施和二次措施。一次措施突出污染源控制，限制 NOₓ 的形成，常用措施包括氧助燃技术、分层燃烧技术、低的空气过剩系数和低氮喷枪。其中，氧助燃技术、低氮喷枪技术在欧洲国家玻璃生产过程中广泛使用。二次措施是指对熔窑废气中已经产生的 NOₓ 进行处理，主要措施包括：3R 技术、SCR 和 SNCR 脱硝技术。其中，SCR 技术脱硝效率可达 70%～80%。

表 4-18　NOₓ 污染控制工艺最优控制水平

氮氧化物控制技术	出口浓度/（mg/m³）	去除效果/%	适用范围
氧助燃技术	700	66	进口浓度（标态）为 2 200 mg/m³
3R 技术	300	86	700 t/d 浮法玻璃熔窑，进口浓度（标态）为 2 200 mg/m³
SCR	500 以下	85.7	进口浓度（标态）为 2 200 mg/m³，SCR 反应器采用垂直方式布置在电除尘器和余热锅炉进口之间

4.4　基于最佳可行技术的重点行业排放绩效标准

科学确定排放绩效是重点行业许可排放量核定的重要技术环节，它是在基于最佳可行技术的排放绩效标准的基础上综合考虑环境贡献、可削减空间（减排潜力等）等要素进行确定的。本节基于火电、钢铁、水泥、平板玻璃等行业的主要污染物排放控制最佳可行技术，研究我国重点行业主要大气污染物的排放绩效标准。

4.4.1　火电行业

（1）烟尘排放绩效标准

根据火力发电锅炉及燃气轮机组在不同类型的污染防治技术下的最优可达排放控制水平与单位产品基准烟气量研究制定火电行业的烟尘排放绩效值。其中，单位基准烟气

量主要是根据不同燃料类型的单位燃料烟气排放量、发电煤耗及各燃料热值等参数进行
确定。综合考虑各类除尘工艺的技术特点、适用性、经济性以及控制水平等因素，研究
确定基于最佳可达控制技术的烟尘排放绩效标准及可行技术组合（表 4-19）。

表 4-19　基于最优控制水平的烟尘排放绩效

燃料类型	区域及污染源类型	控制浓度/（mg/m³）	排放绩效/[g/（kW·h）]	可行技术	适用条件
煤	一般地区现有源	30	0.105	常规电除尘器	后面一般与湿法脱硫协同除尘
				分体式电袋除尘器	一般型滤料
				袋式除尘器	常规针刺毡，过滤风速小于 1 m/s
	一般地区新源	10	0.035	整体式电袋复合除尘器	
				袋式除尘器	高精过滤滤料，过滤风速小于 0.8 m/s
				超净电袋复合技术	超净电袋复合除尘器与湿法脱硫装置组合
	重点地区	5	0.017 5	蜂窝式湿式电除尘器	
				耦合增强电袋复合除尘技术	
油	一般地区现有源	30	0.069	常规电除尘器，后面一般与湿法脱硫协同除尘	
				分体式电袋除尘器	一般型滤料
				袋式除尘器	常规针刺毡，过滤风速小于 1 m/s
	一般地区新源	10	0.023	整体式电袋复合除尘器	
				袋式除尘器	高精过滤滤料，过滤风速小于 0.8 m/s
				超净电袋复合技术	超净电袋复合除尘器与湿法脱硫装置组合
	重点地区	5	0.011	蜂窝式湿式电除尘器	
				耦合增强电袋复合除尘技术	
天然气	全部	5	0.025		

（2）二氧化硫排放绩效标准

火电行业的二氧化硫排放绩效值是根据火力发电锅炉及燃气轮机组在不同类型的污
染防治技术下的最优可达排放控制水平与单位产品基准烟气量进行确定的。其中，单位

基准烟气量主要根据不同燃料类型的单位燃料烟气排放量、发电煤耗及各燃料热值等参数进行确定。综合考虑各类烟气脱硫工艺的技术特点、适用性、经济性以及去除效率等因素，按照 2015 年全国火电机组加权平均硫分 0.92%、高硫煤地区加权平均硫分 2.20%，分别测算不同地区各类型烟气脱硫技术的最佳可达排放浓度水平，进而确定基于最佳可达控制技术的二氧化硫排放绩效标准及可行技术组合（表 4-20）。

表 4-20　基于最优控制水平的二氧化硫排放绩效

燃料	区域	控制浓度/（mg/m³）	排放绩效/[g/（kW·h）]	可行技术	适用条件
煤	一般地区	96	0.34	石灰石-石膏法	
				循环流化床法	
				海水脱硫技术	
	高硫煤地区	230	0.8	石灰石-石膏法	
				循环流化床法	
				海水脱硫技术	
	重点地区	38	0.13	传统空塔喷淋石灰石-石膏法	入口浓度小于 1 000 mg/m³ 的低低硫煤
				双循环脱硫工艺	入口浓度 1 000～2 000 mg/m³ 的低硫煤、2 000～6 000 mg/m³ 的中硫煤、6 000 mg/m³ 以上的高硫煤
				复合塔脱硫技术	入口浓度 1 000～2 000 mg/m³ 的低硫煤、2 000～6 000 mg/m³ 的中硫煤
				单塔双区技术	入口浓度 1 000～2 000 mg/m³ 的低硫煤、2 000～6 000 mg/m³ 的中硫煤、6 000 mg/m³ 以上的高硫煤
				海水脱硫技术	入口浓度 2 000 mg/m³ 以下的较好海域扩散条件的滨海电厂可适用超低技术
油	一般地区	96	0.22	石灰石-石膏法	
				循环流化床法	
				海水脱硫技术	
	重点地区	40	0.09	传统空塔喷淋石灰石-石膏法	
				双循环脱硫工艺	
				复合塔脱硫技术	
				单塔双区技术	
				海水脱硫技术	
天然气		35	0.175		

（3）氮氧化物排放绩效标准

火电行业的氮氧化物排放绩效值是根据火力发电锅炉及燃气轮机组在不同类型的污染防治技术下的最优可达排放控制水平与单位产品基准烟气量进行确定。其中，单位基准烟气量主要根据不同燃料类型的单位燃料烟气排放量、发电煤耗及各燃料热值等参数进行确定。综合考虑各类烟气氮氧化物控制工艺的技术特点、适用性、经济性以及最佳可达控制水平等因素，确定基于最佳可达控制技术的二氧化硫排放绩效标准及可行技术组合（表 4-21）。

表 4-21　基于最优控制水平的氮氧化物排放绩效

燃料类型	区域及污染源类型	控制浓度/（mg/m³）	排放绩效/[g/（kW·h）]	可行技术	备注
煤	一般地区现有源	100	0.35	低氮改造+SCR	
				SNCR	用于循环流化床
				SNCR/SCR 联合烟气脱硝	
	一般地区新源	50	0.175	低氮改造+SCR（3+1）	
				SNCR+催化氧化吸收	用于循环流化床
				SNCR/SCR 联合烟气脱硝	用于循环流化床
	重点地区	50	0.175	低氮改造+SCR（3+1）	
				SNCR+催化氧化吸收	用于循环流化床
				SNCR/SCR 联合烟气脱硝	用于循环流化床
油	一般地区现有源	100	0.23	低氮改造+SCR	
				SNCR	用于循环流化床
				SNCR/SCR 联合烟气脱硝	
	一般地区新源	50	0.115	低氮改造+SCR（3+1）	
				SNCR+催化氧化吸收	用于循环流化床
				SNCR/SCR 联合烟气脱硝	用于循环流化床
	重点地区	50	0.115	低氮改造+SCR（3+1）	
				SNCR+催化氧化吸收	用于循环流化床
				SNCR/SCR 联合烟气脱硝	用于循环流化床
天然气	全部	50	0.25	低氮改造+SCR	

4.4.2　钢铁行业

（1）烟尘排放绩效标准

目前，钢铁工业应用的烟（粉）尘污染控制技术包括袋式除尘、电除尘、湿法除尘、机械式除尘、电袋复合除尘等技术。从除尘效果来看，袋式除尘是控制水平最佳的技术选择。

通过对比国内外先进钢铁联合企业的颗粒物控制技术应用及排放情况，分别按照烧结、球团、焦化、炼铁、炼钢、轧钢等主要排放工序进行分析，基于各工序、各污染源单位产品基准排气量测算最优排放绩效值（表 4-22）。

表 4-22　钢铁行业各污染源颗粒物最优控制技术及排放绩效

工序	污染源	最佳可行控制技术	最佳可达控制浓度/（mg/m³）	最优排放绩效	技术指标
烧结	烧结机、球团焙烧设备	四电场除尘+脱硫+袋式除尘/湿式电除尘	5	0.014 15 kg/t 烧结矿	断面风速小于 0.8 m/s，机头排气系统的粉尘排放浓度控制在 20 mg/m³ 以内
球团	烧结机机尾、带式焙烧机机尾	袋式除尘	10	0.027 kg/t 球团	高效滤膜；覆膜滤料，定期更换
焦化	干熄焦、筛贮焦	大型地面站干式净化除尘	10	0.007 06 kg/t 焦炭	除尘效率在 99%以上，烟气净化后含尘浓度低于 10 mg/m³
焦化	装煤、出焦	大型地面站干式净化除尘	10	0.003 417 kg/t 焦炭	
焦化	粗苯管式炉	燃用净化后的精制煤气	15	0.001 425 kg/t 焦炭	
焦化	机焦、半机焦炉	燃用净化后的精制煤气	15	0.021 kg/t 焦炭	
焦化	热回收焦炉	燃用净化后的精制煤气	15	0.061 44 kg/t 焦炭	
炼铁	热风炉	燃用净化后的精制煤气	15	0.019 5 kg/t 生铁	
炼钢	转炉烟气	LT 干法除尘+煤气回收	10	0.041 23 kg/t 碳钢	
炼钢	电炉烟气	第四孔排烟+大围罩+屋顶罩+布袋除尘器	10	0.012 kg/t 合金钢	废气捕集率>95%，除尘效率>99.5%，外排废气粉尘浓度≤10 mg/m³
轧钢	热轧精轧机、热轧火焰清理机等设备	塑烧板除尘	10	0.006 kg/t 钢材	除尘效率≥99%，出口粉尘浓度≤10 mg/m³，烟气温度≤200℃
轧钢	废酸再生、平整机、拉矫机、焊机、抛丸机、修磨机等设备的除尘	袋式除尘	10	0.006 kg/t 钢材	对粒径大于 0.1 μm 的微粒，去除率≥99%，出口粉尘浓度≤10 mg/m³

（2）二氧化硫、氮氧化物排放绩效标准

钢铁企业生产过程中烧结、球团、焦化、炼铁、连铸、轧钢和锅炉均会产生二氧化硫和氮氧化物。据初步测算，烧结工艺的二氧化硫和氮氧化物排放量约占钢铁行业排放总量的87%和50%。烧结和球团工序是钢铁行业二氧化硫和氮氧化物的重点排放工序。

通过对比国内外先进钢铁联合企业的二氧化硫、氮氧化物的控制技术应用及排放情况，分别按照烧结、球团、焦化、炼铁、轧钢等主要排放工序进行分析，基于各工序、各污染源单位产品基准排气量测算最优排放绩效值（表4-23）。

表4-23 钢铁行业各污染源二氧化硫、氮氧化物最优控制技术及排放绩效

工序	污染源	污染物	最佳可行技术	最佳可达控制浓度/(mg/m^3)	最佳可达控制绩效
烧结、球团	烧结机、球团焙烧设备	SO_2	湿法脱硫、干（半干）法脱硫技术、活性焦等多污染物协同处理技术	50	0.141 5 kg/t 烧结矿
		NO_x	选择性催化还原	100	0.283 kg/t 烧结矿
			活性炭吸附法加氨、活性焦等多污染物协同处理技术	150	0.424 5 kg/t 烧结矿
焦化	装煤、干熄焦	SO_2	—	100	0.071 kg/t 焦炭
	出焦	SO_2	—	50	0.033 kg/t 焦炭
	粗苯管式炉、半焦烘干和氨分解炉等燃用焦炉煤气的设施	SO_2	燃用净化后的精制煤气	30	0.003 kg/t 焦炭
		NO_x	—	200	0.019 kg/t 焦炭
	机焦、半机焦炉	SO_2	活性焦等多污染物协同处理技术	30	0.042 kg/t 焦炭
		NO_x	活性焦等多污染物协同处理技术	100	0.14 kg/t 焦炭
	热回收焦炉	SO_2	活性焦等多污染物协同处理技术	30	0.123 kg/t 焦炭
		NO_x	活性焦等多污染物协同处理技术	100	0.410 kg/t 焦炭
炼铁	热风炉	SO_2	燃用净化后的精制煤气	30	0.039 kg/t 生铁
		NO_x	—	100	0.13 kg/t 生铁
轧钢	热处理炉	SO_2	燃用净化后的精制煤气	30	0.018 kg/t 钢材
		NO_x	低氮燃烧	100	0.06 kg/t 钢材

4.4.3　水泥行业

（1）颗粒物排放绩效标准

在水泥制造过程中，原料进厂后需要经过原料破碎、原料烘干、生料粉磨、煤粉制备、生料预热/分解/烧结、熟料冷却、水泥粉磨及成品包装等多道工序，每道工序都存在不同程度的颗粒物排放，其中水泥窑系统集中了 70%的颗粒物有组织排放。

根据欧盟水泥行业最佳可行控制技术及参考文件，结合国内先进水泥企业的污染防治技术应用情况，总结新型干法窑在不同类型的污染防治技术下的最优可达排放控制水平。同时根据最优控制水平和水泥熟料生产线单位产品基准烟气量测算基于最佳可达控制技术的颗粒物排放绩效及可行技术组合（表 4-24）。

表 4-24　水泥行业基于最优控制水平的颗粒物排放绩效

最佳可行控制技术	平均控制浓度/（mg/m³）	最佳可达控制浓度/（mg/m³）	排放绩效/（kg/t 熟料）	技术指标
布袋除尘器	20	0.27（欧洲）	0.05	采用玻纤覆膜或 P84 覆膜滤料
静电除尘器	30	4.12	0.075	四级、五级电场；采用移动电极技术等
电袋复合除尘器	30		0.075	

对于原料处理、运输及其他无组织产尘点，通过将原材料堆场全部封闭，封闭皮带廊，在各转运点加装除尘设备，加强道路的清扫、洒水，经初步测算可实现无组织排放平均绩效控制在 12.6 g/t 水泥以内。

（2）氮氧化物排放绩效标准

因水泥窑内的烧结温度高、过剩空气量大，水泥生产中氮氧化物的形成机理以热力型排放为主。目前，广泛应用于水泥企业的氮氧化物控制技术有低氮燃烧器、分级燃烧、添加矿化剂、工艺优化控制（系统均衡稳定运行）等一次措施，以及选择性非催化还原技术、选择性催化还原技术等二次措施。欧洲认为综合使用这些技术措施后（SCR 技术除外），排放控制水平可达到 200～500 mg/m³，若使用 SCR 技术，则可进一步控制在 100～200 mg/m³。

根据欧盟水泥行业最佳可行控制技术及参考文件，结合国内外水泥行业环境表现最佳水泥企业的氮氧化物控制水平，按照国内水泥熟料生产线单位产品基准烟气量测算基于最佳可达控制技术的氮氧化物排放绩效及可行技术组合（表 4-25）。

表 4-25   水泥行业基于最优控制水平的氮氧化物排放绩效

最佳可行控制技术	平均控制浓度/（mg/m³）	最优控制浓度水平/（mg/m³）	排放绩效/（kg/t 熟料）	最优控制技术要求
一次措施+SNCR	200～500	234	0.585	综合使用低氮燃烧器、分级燃烧、添加矿化剂、工艺优化控制、SNCR 等措施
一次措施+SCR	100～200	145（欧洲）	0.3625	综合使用低氮燃烧器、分级燃烧、添加矿化剂、工艺优化控制、SCR 等措施

4.4.4　平板玻璃行业

目前平板玻璃生产主要分三种工艺：浮法工艺、平拉工艺、压延工艺。由于浮法工艺在我国平板玻璃生产线中占主流地位，本书重点针对浮法玻璃生产工艺最佳可行控制技术进行分析及排放绩效测算。浮法玻璃生产工艺主要包括配料制备、熔窑熔化、锡槽成型、退火窑退火和冷端成品库等。目前，我国 90%以上的平板玻璃工业熔窑采用重油作为燃料，存在较为严重的烟粉尘、二氧化硫、氮氧化物等主要大气污染物排放问题。

（1）颗粒物排放绩效标准

在贮存、搬运、混合工序中的原料飞散是平板玻璃企业粉尘排放的重要环节。平板玻璃企业烟尘主要是玻璃熔炉中化石燃料燃烧及易挥发物质（部分金属氧化物，如 Na_2O 等）高温挥发后冷凝产生。

综合国内外平板玻璃企业的最佳可达除尘效果，按照国内平板玻璃行业工艺排放中单位产品基准排气量测算最佳控制排放绩效（表 4-26）。

表 4-26   平板玻璃行业工艺过程粉尘最优控制水平及排放绩效

排放工序	最佳可行控制技术	最佳可达控制浓度/（mg/m³）	最佳可达控制绩效/（kg/重量箱）
工艺中粉尘排放（有原料破碎）	袋式除尘器	20	0.001 26
工艺中粉尘排放（无原料破碎）	袋式除尘器	20	0.000 63

适用于平板玻璃熔窑的烟尘控制工艺主要包括湿式除尘器、静电除尘器和袋式除尘器。根据欧盟平板玻璃最佳可行控制技术及参考文件，采用半干法-电除尘技术可使玻璃熔窑颗粒物排放浓度控制在 10～20 mg/m³。按照国内平板玻璃熔窑中单位产品基准排气量测算最佳控制排放绩效（表 4-27）。

表 4-27　平板玻璃熔窑烟尘最优控制水平及排放绩效

最佳可行技术	最佳可达控制浓度/（mg/m³）	最佳可达控制绩效/（kg/重量箱）
静电除尘、袋式除尘或结合干法、半干法脱硫系统	10~20	0.001 25~0.002 5

（2）二氧化硫排放绩效标准

平板玻璃熔炉多采用重油作为燃料且原料中的芒硝分解，导致烟气中有大量二氧化硫产生。

适用于平板玻璃熔炉的脱硫技术包括湿法、干法和半干法等脱硫工艺。其中，湿法脱硫工艺的脱硫率和吸收剂利用率相对较高，但处理系统复杂，存在水污染问题。干法或半干法脱硫工艺的脱硫率和吸收剂利用率相对较低，但处理系统简单，投资较低。根据欧盟平板玻璃最佳可行控制技术及参考文件，采用干法、半干法脱硫系统基本可将二氧化硫排放浓度控制在 500 mg/m³ 以内。具体不同燃料的玻璃熔炉二氧化硫最佳可行控制技术及控制绩效水平见表 4-28。

表 4-28　平板玻璃熔窑二氧化硫最优控制水平及排放绩效

燃料类型	最佳可行技术	最佳可达控制浓度/（mg/m³）	最佳可达控制绩效/（kg/重量箱）
天然气	静电除尘、袋式除尘或结合干法、半干法脱硫系统	200~500	0.025~0.062
燃料油		500~1 200	0.062~0.15

（3）氮氧化物排放绩效标准

玻璃熔炉中氮氧化物主要是热力型氮氧化物和玻璃原料中少量硝酸盐分解产生的氮氧化物。一般产生浓度高达 2 000 mg/m³ 以上。

玻璃熔窑中的氮氧化物治理措施可分为一次措施和二次措施。一次措施突出污染源控制，即在产生氮氧化物的源头进行严格控制，限制氮氧化物的形成，主要包括纯氧助燃技术和改进燃烧技术。二次措施是指对熔窑废气中已经产生的氮氧化物进行处理，降低废氮氧化物排放浓度，主要包括 3R 技术和 SCR、SNCR 脱硝技术。

根据欧盟平板玻璃最佳可行控制技术及参考文件，综合采用上述一次措施和二次措施，平板玻璃企业的氮氧化物排放浓度基本可控制在 500~700 mg/m³。按照此最佳可行控制水平进行测算，氮氧化物排放绩效可控制在 0.09~0.105 kg/重量箱的水平。如果采用 SCR 工艺作为末端脱硝技术，氮氧化物排放绩效可进一步控制在 0.075~0.1 kg/重量箱。

第5章　典型区域大气排污许可管理体系设计与试点研究

选择唐山市作为试点区域，以大气固定污染源排放企业为重点，根据区域空气环境质量模拟与大气污染物排放总量，在河北省生态环境厅、唐山市生态环境局等部门的支持下，将主要大气污染物排放总量、排放限值等分配落实到具体企业，对典型企业及所在地区的管理部门进行排污许可相关知识、能力和要求的培训，指导百家"一证式"企业完成应用示范。同时选取若干大气污染物排放重点行业，结合其他章节研究成果，组织部分示范企业进行大气排污指标的环境数据监测工作，系统采集企业正常工况下排污数据情况、核算实际污染排放数据与排污许可理论核算数据的数量逻辑关系，为"一证式"排污许可实施提供基础技术支撑。

5.1　河北省排污许可制度发展

5.1.1　排污许可管理历史沿革

从全国范围看，河北省属于较早开展排污许可管理的省份，早在1993年河北省针对涉水、涉气的排污企业明确提出了排污许可证的管理要求，并开展了全省第一批排污许可证发放工作。"十一五""十二五"期间，随着污染减排工作的不断深入，作为管理减排的重要手段——排污许可得到进一步强化。

1996年8月，河北省环保局印发了《河北省排放污染物许可证管理暂行规定》，首次提出在本省行政区域内所有直接或间接向环境排放废水、废气污染物的企事业单位应持证排污，通过核发简易排污许可证形式，初步构建了排污许可管理体系。

为完善重点排污单位排污许可管理，2005年1月，河北省环保局制定了《排污许可证审批管理程序》，提出省控重点排污单位、国家环保总局和省环保局负责审批的建设项目必须持证排污，同时明确规定了排污许可证的审批依据、审批对象、审批内容及申请条件。

2007年7月，河北省环保局印发了《河北省排放污染物许可证管理办法（试行）》，旨在有效促进污染减排、规范污染源排污行为。该办法中明确提出将排污许可证作为污染减排的重要手段，通过强化"管理减排"来有效保证"工程减排"和"结构减排"的污染控制成效。

2011 年 3 月，河北省环保厅印发了《关于进一步加强排污许可证管理工作的通知》，从提高排污许可证核发的行政审批效率、切实强化对持证单位日常监管等方面提出了新要求，扩大发证范围、强化证后监管是这一阶段的突出特点。

为贯彻落实《环境保护法》有关排污单位持证排污的规定，2014 年 12 月，河北省人民政府印发了《河北省达标排污许可管理办法（试行）》（以下简称管理办法），该管理办法的颁布实施标志着河北省排污许可管理达到了新高度。2015 年 10 月，河北省环保厅印发了《河北省达标排污许可管理办法实施细则》（以下简称实施细则），对许可证发放级别、发放对象、管理内容均做了详细的规定。明确责任主体、细化分级发证、强化技术支撑是管理办法和实施细则的新亮点。通过两年多的运行实施，县级层面排污许可证的核发工作得到了全面提升。据不完全统计，自管理办法实行以来全省已经重新核发了 2 万多份省级排污许可证，这对于强化排污许可管理，实行合法持证排污奠定了坚实的工作基础。

5.1.2　河北省地方原核定方法

5.1.2.1　法定要求

实施细则中明确提出申领排污许可证需要提交的材料，同时对在排污许可制度实施过程中最关键的技术环节（即确定企业的许可排放限值）明确了核算方法。

（1）材料要求

实施细则第八条要求排污单位申领、变更排污许可证，或延续排污许可证有效期的，应当提交以下材料。①排污许可证申请表原件；②营业执照及组织机构代码证正、副本；③所有涉及外排废水、废气污染物以及污染物种类、排放量变化的新建、改建、扩建项目环境影响评价文件批复及竣工环境保护验收文件，或者环境保护主管部门依照国家、本省政策规定出具的备案证明文件；④排污许可证到期前 1 年内合法有效的《河北省排污许可证监测报告》原件（有关法律、法规或标准中明确监测周期为 1 年以上的污染物，监测结果有效即可），应包含企业执行标准中所有需监测、检查或确认事项和根据监测结果推算的重点污染物的年排放量。新建项目竣工环境保护验收合格后申请排污许可证的，提交《建设项目竣工环境保护验收监测报告（表）》，不再提交《河北省排污许可证监测报告》；⑤按要求应当安装污染物排放自动监测设备的，提交其验收材料及验收意见，排污许可证到期前按照规定频次最后 1 次自动监测设备数据有效性审核报告、比对监测报告及合格证书，排污许可证到期前 1 年内自动监测设备联网证明；⑥《河北省排污许可技术报告》原件；⑦法律、法规及规章规定的其他材料。其中排污许可技术报告是申请、审查和发证的技术依据，明确了污染物申请排放量和限值标准的完整技术过程。

（2）排污许可量核定要求

实施细则第十二条明确了重点污染物许可排放量应参照以下依据确定：

一是已通过审批的建设项目环境影响评价文件或批复文件中按照排放标准或行业绩效值确定的建设项目总量控制指标；二是国家、本省已制定重点污染物排放绩效值，并按此计算的重点污染物绩效排放量；国家、本省未确定重点污染物排放绩效值的，依据重点污染物排放标准限值、企业生产设施及污染防治设施设计运行参数核定的排放量；三是污染物排污权管理机构依法对排污单位核定和分配的初始排污权，以及经过交易后变更的排污权；四是排污许可量的确定还应参考国家、本省在一定时期内实施控制的总量，已明确排污单位重点污染物的总量控制指标；五是重点污染物许可排放量不应超过排污单位通过有偿使用、排污交易获得的排污量；六是排污单位按照国家、本省政策规定，需要对重点污染物排放量控制严于上述核算结果的其他情形；七是选取环境影响评价文件审批总量控制指标、绩效值计算排放量、标准值测算排放量等总量指标时，应遵循依小取值、从严控制的原则确定排污单位许可排放量。

5.1.2.2　施行情况

河北省实施达标排污许可以来，省环境保护厅建立了网上审批平台，由省环境保护主管部门负责发放排污许可证的排污单位可通过行政许可网上审批平台提出排污许可证申请，但尚未建立起省、市、县三级平台体系，需要市、县级审核的项目还需走人工审核程序。自国家全面实施控制污染物排放许可制度以来，省级平台端口接入了全国排污许可证信息平台，所有需要发证的固定污染源均纳入一个平台进行申请、核发和管理。随着国家平台的使用，河北省15个重点行业项目全部为网上申请，其余列入名录范围内的行业企业，未通过国家平台走完整申请手续，而是依据实施细则及《排污许可证申请与核发技术规范总则》（以下简称《总则》）要求申请许可排放浓度和许可排放量，申请临时排污许可证，许可证证载内容尚不丰富，不能涵盖环境管理全过程要求。从发证时机看，目前，全省主要有三种发证方式，一是先验收后发证，二是先发证后验收，三是先发放临时证、再验收、再换正式许可证。项目竣工环保验收与环境影响评价共同组成了环境影响评价体系，是建设项目的环境准入门槛，排污许可制是企事业单位生产运营期排污的法律依据，从目前河北省的实施情况看，尚未做到两种制度的有机衔接，环保验收与排污许可证发放的顺序各地、各行业不统一，需要根据河北省实际，进一步研究两种制度的有效衔接方式，规范各行业、各地许可证发放时机，切实实现从污染预防到污染治理和排放控制的全过程监管。

15 个重点行业严格按照行业申请和核发规范进行排放许可量的核算，对比绩效法计算量、环评批复量，如果现有企业还需考虑上一持证周期的许可量，则从严取最小值。列入名录范围的其他企业按照排放标准法计算核准量。

5.1.3　排污许可管理最新进展

国务院办公厅印发了《控制污染物排放许可制实施方案》（国办发〔2016〕81 号）后，时任河北省省长张庆伟、常务副省长袁桐利均作出重要批示，要求省环保厅成立"河北省环保厅排污许可工作推进领导小组"，组织起草和编写了《河北省控制污染物排放许可制实施细则》，共同研究会商排污许可政策制度和工作方案等。

为确保 2017 年 6 月 30 日前圆满完成核发任务，河北省环保厅印发了《关于做好我省火电、造纸等行业排污许可证管理工作的通知》（冀环办发〔2017〕43 号）、《关于做好我省火电、造纸行业排污许可证发放工作的紧急通知》（冀环办字函〔2017〕288 号）、《关于对不具备发放排污许可证条件的企业依法加强环境管理通知》（冀环办字函〔2017〕324 号）等一系列通知。

2019 年，河北省被列为 8 个开展固定污染源排污许可清理整顿工作试点省份之一，共完成了 24 个重点行业固定污染源清理整顿工作。纳入清理整顿的企业共计 13 513 家，其中禁止类企业 133 家、关停类企业 837 家、发证类企业 2 874 家，其余 9 669 家进行了登记。自国家排污许可制改革以来，河北省累计核发新版排污许可证 12 254 张，位居全国第三。

5.2　试点地区选择研究

本研究从经济发展、产业结构、环境质量改善需求等方面选取可以代表河北省产业结构、环境污染特点的试点地区，在试点地区开展排污许可证"一证式"管理企业示范应用工作，为"一证式"排污许可的全面实施及排污许可制度的完善提供技术支撑。

5.2.1　试点地区选择原则

（1）经济发展水平以及产业结构具有代表性的原则

试点城市的选取要综合考虑经济发展水平、产业结构在省内的代表性，以充分体现试点研究成果对实际工作的指导作用。

（2）工业行业门类覆盖面广以及规模以上企业数量较多的原则

《排污许可管理办法（试行）》规定，"纳入固定污染源排污许可分类管理名录的企业事业单位和其他生产经营者应当按照规定的时限申请并取得排污许可证"。排放各类污染物的工业企业是主要发证对象。试点城市的选取，应尽量覆盖《国民经济行业分类》（GB/T 4754—2017）中的工业行业门类，且规模以上企业数量应处于省内较高水平，利于调查样本的优化选取，以提升试点研究的代表性。

（3）大气环境污染特征具有代表性的原则

京津冀区域大气环境质量改善任务紧迫，试点城市的选取，应充分考虑城市在京津冀区域内的地理位置，大气环境污染特征能充分代表区域特征，且试点城市大气环境质量改善对京津冀区域环境质量改善具有明显的贡献作用。

5.2.2　试点区域选择结果

通过对全省各地市环境经济情势分析结果，可以得出如下结论：

一是经济发展水平方面，2017 年河北省生产总值达到 3.6 万亿元，综合实力大幅提升，三次产业结构不断优化，由 2013 年的 11.9∶52.2∶36 调整到 9.8∶48.4∶41.8。各市经济发展水平方面，唐山市生产总值和第二产业增加值均位于全省第一，产业结构呈现明显的第二产业占主导优势的特点。

二是规模以上工业企业经济指标方面，唐山市覆盖工业大类情况位于全省前列，石家庄市规模以上企业个数占全省的 18.35%，其次为沧州、保定、唐山、邯郸等市。

三是大气污染水平方面，近五年来，全省和各市（邯郸除外）主要污染物浓度、空气质量综合指数均呈下降趋势。京津冀区域的中南太行山沿线及中东部平原地区两条污染传输通道，对京津冀区域环境空气质量起到明显的制约作用，其中位于中东部平原地区通道的唐山市工业污染特征显著，SO_2、NO_2、CO 年均浓度均高于全省其他城市。从区域减排潜力方面分析，河北省唐山市各项污染物的减排效益最大，从行业减排潜力方面，钢铁行业的减排潜力较大，其次为焦化行业，唐山市钢铁生产线占全省的 46.91%，炼焦、焦化生产线中占 30%，唐山市具有明显的减排优势。

从上述三条主要结论可知，唐山市在河北省经济发展水平较高，产业结构具有明显的工业特性，工业企业经济指标较为全面，钢铁、焦化等重要大气污染物减排行业均在唐山市有很重的布局，减排优势明显。唐山市大气环境质量的改善对京津冀区域总体改善至关重要，因此本研究选取唐山市作为排污许可证调查研究试点区域，选取企业进行调查分析，具有较强的区域和行业代表性，研究成果可为排污许可制度的进一步优化完善提供技术支持。

5.2.3 唐山市研究背景分析

5.2.3.1 区域自然与社会经济概况

唐山市位于河北省东部，地处华北通向东北的咽喉要道，东经 118°14′33″～118°49′45″，北纬 39°34′39″～39°58′25″；北依燕山，与承德地区接壤，南临渤海，毗邻京津，西南距天津 108 km，西北至北京 154 km。唐山市现辖 2 市 6 县 6 区及 6 个开发区，总面积 13 472 km²，其中市区面积 3 874 km²，建成区面积 245 km²。

唐山市地处燕山南麓，地势北高南低，自西、西北向东、东南方向趋于平缓。北部和东北部多山地和盆地，海拔为 300～600 m；中部为燕山山前平原，区内分布有人工地貌，海拔平均在 50 m 以下，地势相对平坦；南部和西部为滨海盐碱地和洼地草泊，海拔为 10～15 m。矿产资源品种较齐全。截至 2017 年年底已发现各类矿产 49 种，有近 30 种已被开发利用，主要矿种有煤、铁、金、石灰岩、冶金用白云岩、石油、天然气等。煤炭累计查明储量 68.39 亿 t、保有储量 51.55 亿 t、2017 年动用量 1 483 万 t，主要分布在古冶区、开平区、丰南区、路南区、路北区、玉田县；铁矿累计查明 81.81 亿 t、保有 68.37 亿 t、2017 年动用量 4 137.7 万 t，主要分布在迁西县、迁安市、遵化市、滦县、滦南县。

唐山市属于暖温带半湿润季风型大陆性气候。背山临海，地形复杂，气候多样，具有冬季干燥、夏季湿润、降水集中、季风明显、四季分明等特点。年日照平均小时数为 2 600～2 900 h，多年平均气温为 10～11.3℃。风向随季节变化具有较显著的规律性。冬季受西伯利亚地区的较强冷空气团控制，盛行西北风；夏季受渤海地区海洋暖湿气团影响，盛行偏南风；春、秋两季为过渡季节，风向多变。年平均降水量为 620～750 mm。降雨量随季节变化分布不均，主要集中在夏季，7—8 月降水量占全年总降水量的 60%左右，12 月至次年 2 月降水相对稀少。唐山市地表水资源量为 146 200 万 m³，辖有大中型水库 154 座，总库容 96 亿 m³，兴利库容 2.63 亿 m³。年可调节水量，保证率 50%时为 2.01 亿 m³，保证率 75%时为 1.15 亿 m³。唐山市地下水资源量为 136 900 万 m³，主要为平原区浅层淡水，可用量为 9.39 亿 m³；山丘区多年平均河川基流量为 4.01 亿 m³。

唐山市户籍总人口 735 万，其中市区人口 305.7 万。2013 年国内生产总值（GDP）为 6 121.21 亿元，2017 年增长至 7 106.1 亿元，比上年增长 6.5%。其中，第一产业增加值 600.7 亿元，增长 2.2%；第二产业增加值 4 081.4 亿元，增长 4.2%；第三产业增加值 2 424.0 亿元，增长 10.9%。按常住人口计算，全年人均地区生产总值 90 290 元（平均汇率折合 13 373 美元），增长 5.8%。沿海增长极、中心城市、县域经济三大经济板块地区生产总值分别为 665.9 亿元、2 641.9 亿元、3 798.3 亿元，分别增长 8.4%、6.8%、5.9%。2017 年唐山市能源消费总量 8 221.15 万 t 标准煤，比上年增长 0.71%。规模以上工业企业煤炭消费量 7 336.4 万 t，比上年减少 232.2 万 t。万元生产总值能耗 1.185 0 t 标准煤，下降 5.43%；万元工业增加值能耗下降 4.35%。

唐山市 2017 年环境空气质量二级及优于二级天数 205 天，比上年增加 5 天，较 2013 年增加 101 天；重度污染以上天数 30 天，比上年减少 7 天；细颗粒物（$PM_{2.5}$）浓度年均值下降 10.8%，可吸入颗粒物（PM_{10}）浓度年均值下降 6.3%。化学需氧量、氨氮、二氧化硫、氮氧化物排放总量分别为 14.33 万 t、1.142 9 万 t、20.01 万 t 和 23.06 万 t，化学需氧量和氨氮 2017 年较 2015 年分别减少 4.6% 和 5%，二氧化硫和氮氧化物 2017 年较 2016 年分别减少 8% 和 13.2%。2017 年唐山市空气质量综合指数为 7.97，较 2016 年的 8.27 下降 3.6%。

5.2.3.2　大气环境趋势分析

（1）主要污染物浓度年际变化

主要污染物浓度年际变化见图 5-1。

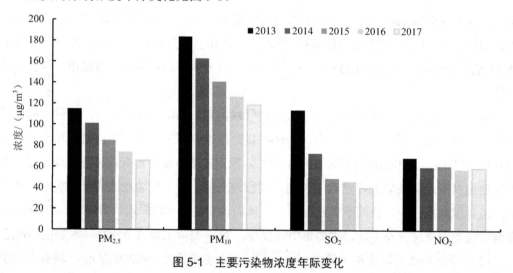

图 5-1　主要污染物浓度年际变化

唐山市 2017 年大气主要污染物 SO_2、$PM_{2.5}$ 和 PM_{10} 的平均浓度值分别为 40 μg/m³、66 μg/m³ 和 119 μg/m³，较 2013 年分别下降了 64.9%、42.6% 和 35.3%，下降趋势明显。2017 年 NO_2 平均浓度值为 59 μg/m³，较 2013 年下降 14.5%，五年来呈现缓慢下降趋势，且在 2015 年和 2017 年呈现小幅度上升，分别比上一年增加 1.7%。2013—2017 年 NO_2、$PM_{2.5}$ 和 PM_{10} 的年均浓度值均未达到国家标准，SO_2 年均浓度值在 2015—2017 年达到国家标准。

（2）未达标污染物的主要贡献行业

唐山市涉及火电行业、钢铁行业、焦化行业、水泥行业、石化行业、化工行业、有色金属行业、造纸行业、农副食品加工行业、铁矿采选行业、煤炭开采洗选行业、石灰开采行业、玻璃行业、金矿采选行业、石油开采行业、制革行业等行业，根据未达标污染物 SO_2、NO_2 和颗粒物的排放量计算各行业污染物的贡献率。其中，火电行业、钢铁行业和煤炭开采洗选行业对 SO_2 排放量贡献率最大，分别为 57.2%、20.5% 和 19.4%，占所有行业的 97.1%；火电行业、钢铁行业和煤炭开采洗选行业对 NO_2 排放量贡献率分别为 58.6%、15.8% 和 18.9%，占所有行业的 93.3%；火电行业、钢铁行业和煤炭开采洗选行业对颗粒物排放量贡献率分别为 54.7%、25.7% 和 17.7%，占所有行业的 98.1%。因此火电行业、钢铁行业和煤炭开采洗选行业为未达标污染物的主要贡献行业。

5.2.3.3　环境空气相关空间分布特点

（1）大气污染物空间排放特征

根据 2015 年唐山市工业企业排放数据，共统计了全市 1 110 家工业企业的大气污染物排放情况。2015 年唐山市二氧化硫、氮氧化物和颗粒物的总排放量分别为 20.14 万 t、22.33 万 t 和 45.11 万 t。分别统计唐山市各县（市、区）二氧化硫、氮氧化物和颗粒物的排放量，将数据导入 ArcGIS，将三种污染物的排放量数据进行分级处理，将数据分成五级，排放量分级区间分别为 0～10 000 t、10 000～20 000 t、20 000～30 000 t、30 000～40 000 t、>40 000 t。

SO_2 排放量超过 2 万 t 的县（市、区）共 3 个，分别为古冶区、丰南区和曹妃甸区，超过 3 万 t 的为迁安市；NO_x 排放量超过 2 万 t 的县（市、区）共 4 个，分别为古冶区、开平区、丰南区和曹妃甸区，超过 3 万 t 的为迁安市；颗粒物排放量超过 2 万 t 的县（市、区）共 3 个，分别为开平区、迁西县和曹妃甸区，超过 4 万 t 的县（市、区）共 4 个，分别为迁安市、古冶区、滦县和丰南区。3 种污染物排放量最大的县（市、区）均为迁安市，分别为 3.79 万 t、3.58 万 t 和 12.87 万 t。其他污染物排放量较大的区域均分布在唐山市南部区。

（2）环境敏感区分布

用唐山市生态保护红线分布区域总体描述唐山市环境敏感区的分布。唐山市生态保护红线面积共计 1 084.6 km²，占唐山市国土面积的 7.98%，占全省陆域生态保护红线面积的 2.68%。唐山市生态保护红线主要分布在迁西县和遵化市，分别占唐山市生态红线面积的 36.74% 和 25.76%，是唐山市环境敏感区域（表 5-1）。

唐山市生态保护红线的类型分为三类，一类是燕山水源涵养—生物多样性维护保护红线，主要集中分布于唐山市北部山区的遵化市、迁西县、玉田县、丰润区，该区域植被覆盖率高，河流水系发达，具有重要的水源涵养功能。保护重点：森林生态系统，以及珍稀野生动植物栖息地与集中分布区。第二类是河北平原河湖滨岸带生态保护红线，主要分布于唐山南部的曹妃甸区、丰南区、乐亭县和滦县，该区域以农田生态系统为主，分布有陡河、沙河和滦河三大河流，在曹妃甸区分布有唐海湿地省级自然保护区，具有重要的洪水调蓄、生物多样性维护功能。保护重点：主要保护内陆河流与淡水湿地生态系统，逐渐恢复流域内珍稀濒危野生动植物栖息地。

表 5-1　唐山市各县（市、区）生态保护红线面积

县（区、市）	生态红线面积/km²	占县域面积比例/%	占唐山市红线面积比例/%
路南区	0.17	0.28	0.02
古冶区	6.13	2.48	0.57
开平区	11.05	4.47	1.02
丰南区	5.4	0.39	0.50
丰润区	85.29	6.44	7.86
滦县	79.76	7.76	7.35
滦南县	5.68	0.48	0.52
乐亭县	10.09	0.74	0.93
遵化市	279.4	18.39	25.76
玉田县	16.29	1.39	1.50
迁西县	398.51	27.31	36.74
迁安市	93.23	7.59	8.60
合计	1 084.6	—	100

（3）排污许可证发放情况

唐山市作为钢铁行业发证试点市聚焦了河北省发证的重点区域及大气领域的重点核发行业。截至 2017 年年底，唐山市已通过国家平台发放排污许可证共计 203 家企业，省发证共计 8 家（火电行业），市发证共计 77 家，各分局发证共计 118 家。其中火电行业 13 家、钢铁（含独立轧钢、烧结、球团）96 家、水泥（含粉磨站）58 家、焦化 11 家、造纸 18 家、平板玻璃 2 家、氮肥制造 2 家、自备电厂企业 2 家、印染 1 家。2017 在全国排污许可证系统中变更审核排污许可证 5 家，补充申报审核排污许可证 4 家。

其中唐山市不予发证企业主要集中在钢铁和水泥行业，占不予发证总数的 81%。唐山市各行业 2017 年发证及不予发证对比情况见图 5-2。

截至 2017 年年底，唐山市对印染、氮肥制造、平板玻璃、造纸、焦化、水泥、钢铁、火电 8 个行业发证。其中，焦化行业发证比例低于 50%，钢铁、水泥、造纸行业约为 60%，火电行业接近 90%，其余 3 个行业发证比例均为 100%。

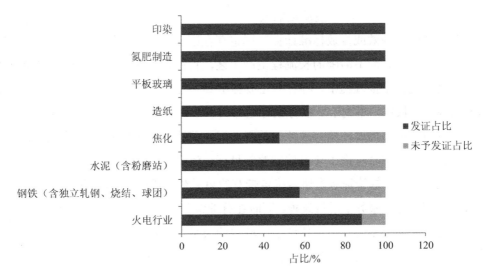

图 5-2　唐山市 2017 年重点行业发证及不予发证情况对比

存在未予发证情况的几个行业中，焦化行业未予发证的原因是企业未批先建；钢铁行业是未完成治理任务，达不到超低排放标准限值；水泥行业 30% 是因为未批先建、批建不符，60% 处于冬防应急停产状态；造纸行业主要是批建不符；火电行业未予发证的原因为企业停产。因此在后续核发及监管过程中，每个行业的关注重点有所不同：焦化行业关注各项环境管理手续的备案及审批情况，钢铁行业考虑污染防治技术是否达到超低排放标准，水泥行业排污许可证中需明确特殊时段的管理要求。

2018 年上半年，唐山市通过国家排污许可证核发系统平台，已核发重点行业申请审核排污许可证 144 家，其中市局新发证 34 家，各分局发证 110 家。2018 年在全国排污许可证系统中变更审核排污许可证 60 家，补充申报审核排污许可证 3 家。除 15 个重点行业外，唐山市已按照《固定污染源排污许可分类管理名录（2017 年版）》中的分级及时间要求，开展剩余行业的提前发证工作。

5.2.4　方法在试点地区适用的优势

目前企业许可量大多以行业绩效或者标准为依据进行计算，此种核算体系未能与环境质量改善有效衔接，如果全国均按照"一刀切"的排放标准进行核定，尽管在一定程度上体现了行业内的公平性和技术的可行性，但无法体现不同区域的环境质量的差异化，不能有效防止超标地区环境质量继续恶化。唐山市仅在分配排污权时采取自上而下的方法，与区域总量挂钩，但许可量作为排污权及总量减排工作的实际操作载体尚未与区域的总量控制制度挂钩，未能将总量值具体落实到固定污染源，尚未改变单纯以行政区域为单元分解污染物排放总量指标的方式和总量减排核算考核办法，难以保障总量减排工作发挥实效，进而影响区域环境质量的改善。

企业申请时的绩效或排放标准计算过程也存在诸多不足，例如一些产品复杂、排污环节繁多、排放现状尚不清晰的长流程生产工艺，目前缺乏充分的数据基础和绩效测算基础，还有一些在申报过程中，存在对主要排放口备注、许可备注不填报或不符合规定的情况缺少计算依据，不利于环境行政管理部门的核查以及公众的翻阅和理解。

许可排放限值是体现环境有效性的关键要素。前述章节构建的大气固定污染源许可限值核定技术体系综合考虑了环境质量改善目标、污染控制技术水平、行业污染物排放贡献、企业污染物排放特征等多要素确定带有约束系数的排放绩效/标准，确保企事业单位排污许可管理有效服务于质量改善。同时在行业绩效的基础上通过乘以空间约束系数，既体现了行业内的公平公正，又体现了区域内的公平性。也就是说，既对于生产同一种产品、相同规模、相同类型的生产工艺，应当采用统一的技术方法、基于相同的排放绩效控制标准，又对于同一区域内的同一类别的污染源应当按照相同的标准和控制要求确定排放绩效标准。

唐山地区地处京津冀中东部平原通道方向，唐山市工业污染特征显著，SO_2、NO_2 年均浓度均高于全省其他城市，特别是 NO_2 两项污染物对综合指数贡献率高，属于典型的工业污染排放。因此唐山市改善空气环境质量的任务非常艰巨和急迫，既有保障本市及京津环境空气质量的需求，又有作为近现代污染典型城市为全国提供改善样本的领跑者需求。基于环境质量改善的核定方法，在示范企业中进行许可量的重新核定，易于推行且可作为示范进行方法的试错、总结和推广，为核定方法的不断规范提供经验和数据支持。

5.3 唐山市大气排污许可管理体系试点原则和目标

5.3.1 基本原则

（1）统一规范

积极推进排污许可制试点，严格按照国家统一的技术规范、统一的审核标准、统一编码，实施排污许可证核发；一证式管理，即一个排污许可证上体现多环境要素、全过程的环境管理要求；统一落实企业主体责任，实现企业持证排污、自证守法、诚实守信。

（2）全过程管理

对试点区域从申请、审核、核发、监管、变更、延续、注销、撤销、遗失补办全过程进行调研和协助，了解和总结企业各环节存在的问题，及时反馈到管理层面；从空间上，从行业特点上，基本做到试点地区全覆盖发证管理，指导企业科学申领、持证排污、加强自身管理。

（3）精细化监管

随着分行业发证工作的推进，为证后监管工作提供科技支撑的需求越来越大。从企业角度，在实际排污过程中进行跟踪调研，规范实际排放量；从监管者角度，通过将企业问题及时反馈到管理层，为监管者对企业开展差别化、精细化管理，集中力量加大监管力度，提供有力的技术和案例支持。

5.3.2　工作目标

协助完成百家企业排污许可证发放工作。根据《控制污染物排放许可制实施方案》《大气污染防治行动计划》《水污染防治行动计划》中列出的重点行业及试点区域大气污染特色行业，环境质量改善关键行业，完成并规范火电、钢铁、水泥、平板玻璃、焦化、煤炭开采、铁矿开采等重点行业、百家企业排污许可证实际核发工作。研究基于试点地区环境质量的许可量修订系数，将核定方法实验应用到试点企业中，与河北省现行实际发证方法进行对比，分析方法的可行性及适用性，从源头不断提高核发的规范性和科学性。

跟踪企业实际排污情况，为后期监管工作及下一轮的核发工作提供技术支撑。收集、监测企业实际污染物排放浓度、污染物排放总量，对比分析企业许可排放浓度、排放量与实际排放浓度、排放量的关系，不断规范核发工作；分析百家企业达标、自行监测、建立台账记录、编写执行报告等情况，列出不达标企业及环境管理不规范企业，为后期监管提供案例；按照行业特点分类归总。统计 15 个重点行业中尚未发证的行业并分析原因，统计未予发证率较高的行业并分析原因，研究 15 个行业之外按照《总则》中发证的行业是否需要根据新政策规范变更许可证。

总结试点地区排污许可证发放、执行情况与区域空气质量改善等情况。总结试点地区许可证发放、企业持证排污存在的问题，为进一步修订完善《河北省排污许可证管理办法（试行）》积累实践经验。根据河北省大气污染防治动态评估管理系统，分析百家企业持证排污对试点区域空气质量改善的贡献情况，促进排污许可证发放及管理与环境质量改善挂钩。

5.4　唐山市大气排污许可管理体系设计

在"一证式"管理模式下，排污许可制度有了全新的内涵和要素，而实施机制作为制度的重要组成部分，也必然有巨大的转变，本研究主要针对排污许可制度的实施方式进行探讨，重点阐述"一证式"排污许可制度的监管机制、信息机制、处罚机制、公众参与机制。

5.4.1　监管机制

许可证制度属于典型的命令控制型手段，政府监管是其有效实施的关键。对环境保护行政主管部门而言，发放排污许可证既是权力，更是责任，应建立长期有效的监督检查制度，确保排污单位持证排污。

5.4.1.1　实行管理部门层级监督

建立行政督察制度，各级环境保护行政主管部门应定期向上级环境保护行政主管部门报告本辖区内排污许可证的核发情况和监督管理情况，并加强对下级环境保护行政主管部门排污许可证核发和管理工作的监督和指导，及时纠正其在实施排污许可过程中的违法违规行为。环境保护行政主管部门应当建立健全排污许可证的档案管理制度，每年将上一年度许可证的审批颁发、定期检验、撤销、吊销、注销等情况报上一级生态环境主管部门备案，加强排污许可证档案管理信息化建设，排污许可证相关信息在各级环保部门实现共享，并逐步扩大至相关职能部门。

5.4.1.2　现场检查与报告稽查相结合

对书面材料进行核查体现了行政监管由直接监管向间接监管转化的进步，是目前欧盟等国家环境监管的主要形式，如德国莱茵集团（RWE）火电厂每年由非政府机构计检局（GUV）对环境监测仪器校准、维修一次，当地环保主管部门对排放源的监测信息主要由企业报告上传。排污许可证监管量大面广，政府监管应充分利用排污单位自主申报材料，开展报告稽查监管，核实和督促书面报告材料的真实准确性。排污单位主动按要求提交排污许可证执行报告并在管理信息平台公示，主管部门依据许可证类别建立分类稽查机制，随机对报告符合性和合规性进行检查，相关检查结果在排污许可证副本或管理信息平台中记录。同时，环保部门可以采用"双随机"（人员随机、企业随机）等抽查模式，结合专项行动、举报查处等方式，不定期对排污许可证载明的主要事项进行现场实地检查，及时纠正违反排污许可证规定的行为，并依法对违规行为进行处罚，责令限期整改。排污者必须按照要求进行治理，按期向生态环境主管部门报告治理进度；完成治理任务后，必须经生态环境主管部门验收。现场检查的结果将记录在排污许可证副本或管理信息平台当中。对于情节严重或屡次违反相关规定的，可吊销排污许可证。

5.4.1.3　加强在线监控和监督性监测

监督监测是强化监督管理，确保排污许可制度顺利实施的重要手段。监督监测的关键是能及时准确地反映各污染源排污动态。然而，传统的监测方式耗费大量人力、物力和财力，却难以对排污企业实施有效监控。自动监测系统是指应用现代自动控制技术、现代分析手段、先进的通信手段和计算机软件技术，对环境指标监测实现从样品采集、处理、分析到数据传输全程序自动化的系统。目前污染源在线自动监测系统已成为我国重点污染源监管的重要技术手段，在许可证监管中需进一步扩大在线监控覆盖面，并在此基础上，可以推广刷卡排污总量监管手段，建立"一企一证一卡"的企业排污总量控制新模式。排污单位根据许可证中的污染物排放总量控制要求制订月度排放计划，将允许排放总量指标通过环保部门充值平台以 IC 卡形式存储，并在企业端总量控制器进行刷卡操作，将指标转存到总量控制器内；总量控制器依据排放计划实时监控企业污染物排放，对排放量接近或达到许可总量的企业进行预警、关阀等操作。在线监测和刷卡排污制度明确规定排污企业在达标排放的同时，不能超出排污许可证核定的允许排放量，从而为排污许可证总量监管提供一条可行途径，有效遏制排污单位超总量排污问题。然而现阶段在线监控尚不能实现排污许可证持证单位全覆盖，监督性监测仍是政府监管的必要手段。在企业自我监测的基础上，继续开展监督性监测以及不定期抽检监测等，一方面通过比对企业自我监测数据，可以进一步判断企业排污合法性及自我监则数据的可靠性，另一方面可以充实企业污染排放数据库，便于掌握企业实际排放情况。

5.4.1.4　实施分阶段管理

排污许可证的监管范围涉及排污单位生命周期的各个过程，包括建设期、生产运营期、停产关闭期。其中，生产运营期又可以分为若干个阶段，包括试生产、正常生产、临时停产等；此外，环保部门还可以视排污单位的违法违规情况，要求排污单位进行限期治理、停产整顿等。在不同的阶段，排污单位的生产运行情况、设备设施状态都可能有所不同，因此对排污单位的监管应当准确了解其所处的阶段，并针对性地实行有区别的阶段式管理方法。

明确排污单位的所处阶段是实施阶段式管理的基础，阶段信息由排污单位向环保部门主动申报，并在排污许可证上及时登载明确。排污单位建设施工完成后，需要试生产的企业，要事先向环保主管部门提交试生产计划，进行试生产备案，确定试生产期限。无法按时完成试生产计划的排污单位，在试生产期满前向环保主管部门申请延续（试生产阶段最长不得超过一年）。按时完成试生产计划或者未按时完成但未经环保主管部门同意延续试生产期限的排污单位，在试生产期限届满后即按正式投产状态管理。项目正式运营期间，排污单位也可以向环保主管部门申报因各种原因造成的临时停产和预期的停产时间，环保主管部门在排污许可证上登载临时停产的阶段信息。环保部门也可以根据排污单位的实际表现强制排污单位进入某些阶段。例如，排污单位超总量或者超浓度排放的，环保部门可责令其进入限期治理阶段。排污单位不按要求运转污染治理设施的，可强制其停产整顿等。

在不同的阶段，对排污单位的监管要求应当有所不同，这点尤其是体现在执法与处罚上。例如，在试生产阶段，排污单位因为调试设备出现超浓度或者总量排放的，应当责令其停产调整，但可以不处罚金。在限期治理阶段，环保部门应根据排污单位的限期治理目标，适当加强排污单位的跟踪检查，由于各个阶段的特点不尽相同，环保部门应当及时、准确、有效地把握和掌控排污单位的阶段变化，将其在排污许可证上进行登载，并以此为基础明确不同阶段的管理方法，从而实现对排污单位的阶段式管理。

5.4.1.5　公众监管机制

完善个人、组织举报投诉等监察方式，调动社会各方面力量来完善监管程序。建立公众投诉、检察、控告等制度，将排污者置于当地居民、社区和非政府组织等公众监督之下，将政府的部分环境管理权和责任转移给社会，弥补政府资源和能力的有限性。建立畅通的公众监督渠道，确定许可证管理机构及持证者与公众联系的方式和人员，确保公众可以接触到必要的排污资料和记录，并有机会向主管部门投诉，逐步完善诉讼制度，允许公众对许可证管理者或管理机构提起诉讼，增强执法威慑力。

5.4.2　信息机制

信息机制是排污许可制度运行中十分重要的一项内容，排污许可制度的运行和管理是一项信息结构复杂的系统工作，涉及内容多、技术性强，需建立一个良好的信息沟通和工作协调平台，并建立良好的信息维护和交互制度，来协助实现排污许可制度的有效实施，以及与其他各项环境管理制度的良好衔接。

5.4.2.1　建立排污许可证管理信息平台

（1）平台建设的主要目的

排污许可证管理信息平台的建立，一是为了实现排污许可制度实施的数据化、信息化操作，切实提高排污许可制度的管理效率；二是提供与其他环境管理相关信息集成的平台，更好地促进排污许可制度与其他污染源管理制度的衔接，真正发挥许可证在环境管理中的核心作用；三是便于制度涉及的三方主体更好地发挥相关作用，如推进政府管理部门的宏观统筹、企业遵循排污许可证相关要求、公众积极参与政府决策及企业排污行为监管等。

（2）平台建设的基本原则

①统筹规划，统一标准。为便于排污许可制度的良好实施，以及不同地区、不同管理层级对平台的使用，系统设计开发须统一化、标准化。②分层建设，分步实施。充分考虑排污许可制度实施的各项管理需求，统筹设计平台操作体系，并逐步实施；强化平台的分级应用，建立省、市、区县数据交互体系。③整合资源，协同管理。充分考虑与现有各项污染源管理制度的操作衔接、信息衔接，充分利用各地现有管理平台资源，发挥有限环境管理信息资源的最大效益，推进信息集成应用，实现各项制度的协同管理。④信息公开，强化监督。对信息平台实行对外公开，满足企业的办理、查询和公众监督的实际需求，保障企业和公众的合法权益。

（3）平台建设的主要内容

①排污许可证操作管理程序。具体包括排污许可证的申请、变更、延续、注销、暂扣、吊销等管理程序的操作。满足在具体操作中如企业申办、政府审核、公众参与等需求。②与其他环境管理制度信息资源的衔接。如环评审批信息、排污权交易信息、环境违法处罚信息等方面的交互，排污收费中对于实际排污量的核定操作、企业基本信息变更等。③平台内数据统计分析。主要是便于生态环境主管部门对排污许可制度执行情况的宏观把握，以及辅助环境政策的宏观决策导向。④对外交流媒介。具体包括平台信息的公开、企业或公众信息反馈渠道等。

5.4.2.2　注重管理平台的信息维护

（1）加强信息传输过程管理

排污许可证管理信息平台的信息来源是多方面的，有排污单位提供的信息、生态环境主管部门不同业务处室提供的信息、公众所提供的信息等。例如，排污单位提供的企业基本信息、企业自我检查情况等，生态环境主管部门提供的排污单位环评审核、试生产核准、限期治理、排污权交易、企业排污监测、环保处罚等一系列环境管理信息，公众可能对排污单位排污行为的信息揭露和其他反馈信息等。对于多渠道的信息来源需建立信息提供责任制度和信息处理相关规范，如信息定期报送、信息责任追究、数据选取规范等，确保信息传输过程的安全性及准确性。

（2）加强信息更新和存储

及时更新排污许可证管理信息平台相关数据，保持管理平台始终处于动态管控状态，为排污许可制度的实施提供有效支持；注重平台信息的存储，包括信息来源、信息内容等方面的数据存储，以便在后续管理中追源分析。

（3）加强信息整理和评估

信息整理是对信息进行分辨、分析和筛选，进一步确定信息的价值，明确或决定信息的存储形式，并使其及时参与到其他信息综合利用中，对环保决策提供帮助；信息评估主要是对信息质量进行控制，包括对不同来源数据的相互验证，分析推断信息的可靠性和真实性等，对平台信息进行质量控制。

5.4.2.3　建立管理平台信息交互制度

排污许可证管理信息平台的信息交互制度一定程度上体现了排污许可制度与其他污染源管理制度之间的相互衔接，体现了排污许可制度"一证式"管理的核心地位。

（1）与现有其他环境管理信息平台的信息交互

环境影响评价制度中对于企业基本信息、环保设施及环境管理相关要求，在排污许可证申报期间可直接采用相关信息；项目运营期间排污费收缴中对于实际排污量申报和审核的数据可作为排污许可制度中对于部分设计总量控制指标的实际排放总量核定依据；企业排污权交易、限期治理或环保违法惩罚等信息需及时反馈给许可证管理信息平台，以便在排污许可证中予以及时登载；同时，排污许可证相关信息也可作为上市企业环境信息披露提供形式、内容参考，为环保执法部门的现场电子化执法提供相关信息参考等。

（2）不同层级环境管理部门间的信息交互

按照排污许可制度分级管理的原则，省、市、县（区）三级环境管理部门将对各自管理职责内的排污单位按照排污许可制度的要求进行管理，但其具体管理信息进展须逐级上报，以便省级生态环境主管部门对全省环境保护工作的宏观调控。因此，排污许可证管理信息平台须实现上一级生态环境主管部门可查询获知下一级生态环境主管部门的排污许可制度执行情况。

（3）不同政府部门之间的信息交互

强化排污许可制度在生态环境主管部门内部重要地位的同时，也注重排污许可制度的外部应用，因而需推进建立排污许可证信息平台与工商、水利、住房和城乡建设、城市管理等行政主管部门的执法信息互通共享机制，及时通报相关行政许可、监督管理、行政处罚等情况，强化排污许可制度的外部应用。

5.4.3　处罚机制

处罚机制是排污许可制度中的重要环节，通过对已发生的环保违法违规行为进行惩罚，以此对潜在的违法行为造成威慑，促进环境守法。在对排污单位的监管上，环保部门要以排污许可证为执法依据。处罚机制包含两个方面的内容：一是上级生态环境主管部门对下级生态环境主管部门的监督和问责处罚，以及时纠正生态环境主管部门在实施排污许可过程中的违法违规行为，促进提高生态环境主管部门推进排污许可制度管理的工作绩效。二是生态环境主管部门对污染源环境行为的监督和处罚，对污染源违反排污许可证规定的所有行为进行惩处。排污许可制度的监管和处罚可以从建设项目获得环境影响评价批复之后开始持续至企业消亡，是对污染源建设期、运营期所有环境行为的监管，实际上其违法违规环境行为的惩处措施也分散于不同时期的环境管理制度中。对于排污许可制度执行情况的监管重点围绕《环境保护法》第四十五条规定"实行排污许可管理的企业事业单位和其他生产经营者应当按照排污许可证的要求排放污染物；未取得排污许可证的，不得排放污染物"。因此，在排污许可制度中需重点明确对于排污许可证的吊销和暂扣处罚。①排污许可证吊销，主要针对排污单位出现违法排污行为且在生态环境主管部门下达相关处罚指令后拒不改正等情节较为恶劣的情形，或者责令停业、关闭的情况；②排污许可证暂扣，主要用于排污单位需处于停产整治情况。虽然对于排污单位的违法违规处罚已分散于各项环境管理制度和法规中，但其依然共同作用于排污许可制度。完善的处罚机制对于促进排污许可制度的有效实施具有十分重要的作用。现就污染源环保违法的处罚机制建设提出以下建议。

（1）丰富监管及处罚手段

鉴于目前基层环保管理力量的不足，在对污染源的环境监管方面需进一步创新监管方式、拓展监管手段，加强监管中对于现代化信息技术的应用，如在线监测、监控，加强各项环境管理制度的信息资源共享，提高整体监管效率。进一步丰富处罚手段。2014 年修订的《环境保护法》在原有的罚款、限制生产、停产整治、责令停业、关闭等处罚措施的基础上，增设治安处罚项，对于无证排污拒不改正的行为，可给予治安拘留处罚，并赋予生态环境主管部门更多监管职权，如生态环境主管部门委托的环境监察机构现场检查权，赋予生态环境主管部门查封、扣押的行政强制权等。为贯彻落实《环境保护法》，环保部于2014 年 10 月同时推出《环境保护按日连续处罚暂行办法》《实施环境保护查封、扣押暂行办法》《环境保护限制生产、停产整治暂行办法》《企业事业单位环境信息公开暂行办法》四项环境监管办法，在排污许可证的监管处罚机制建设中，要与这些环境监管办法充分衔接。此外，排污许可制度要与企业工商执照申领、企业上市融资、信用贷款、引进外资、关税优惠等制度相结合，对于违反排污许可证管理要求的企业，除采取限期改正、经济处罚等相关处罚措施外，还应在工商管理、上市融资、银行贷款等方面加以约束。

（2）加大违法处罚力度

企业趋利本质与污染治理的外部性，决定了排污单位污染治理决策是建立在治污减排、违法排污等各种方案的成本收益分析之上的。违规罚则旨在通过对违规行为的惩罚，引导主体选择守法的行为方式，处罚力度轻则不足以起到威慑作用。为达到这一目的，罚则应确保当事人因违规受到惩罚带来的损失大于其违规获得的利益。《环境保护法》在环保处罚方面进行了加强，增设了按日计罚，规定企事业单位和其他生产经营者违法排污，受到罚款处罚，被责令改正而拒不改正的，按照原处罚数额按日连续处罚。进一步强化了对违证排污的制裁，采用多种科学的综合执法方式，对违法排污者加大处罚力度，如重惩故意犯、累犯加倍惩处等，同时没收违法所得经济利益。进一步强化执法刚性，增加吊销许可证甚至营业执照、按违法情节轻重给予适度的民事、刑事惩罚措施，使违法责任和处罚力度相当，彻底扭转排污企业"违法成本低、守法成本高"所造成的不利局面。

在核定违法企业的处罚水平时，可以参考国外的已有做法。美国的排污许可制度中，以企业的违法收益作为处罚基点。为了加强处罚依据，美国采用了专门的计算机程序 BEN 模型进行计算，以剥夺违法企业的违法收益，消除其由此获得的相对竞争优势。BEN 模型的设计主要基于两点考虑：①机会成本，即违法企业因未按时购买并运行维护环境保护设施而节省下的费用用于其他方面可获取的收益；②货币的时间价值，即货币的贴现。BEN 模型提供了处罚的明确依据和清晰的计算过程，实现了违法企业的收益量化，确保处罚水平得当。在此基础上，为了对违法企业造成进一步的威慑，美国法律规定了严厉的行政、民事及刑事的制裁。对违法企业实施的违法处罚额按日累加，并按违法性质（过失、故意）以及是否累犯处以不同水平的罚款甚至监禁。严格的处罚机制大大增加了企业的违法成本，为排污许可制度的顺利实施提供了保障。

（3）强化排污总量执法

新的《环境保护法》对排污总量执法提供了法律依据，明确排污单位须"持证排污"，要求排污单位严格按照排污许可证上的规定进行排污，对于超标或超总量排污的企事业单位，环保部门有权采取责令限制生产、停产整治等处罚措施，对于无证排污拒不改正的行为还可给予治安拘留处罚。因此在排污许可制度的处罚机制建设中，要进一步强化排污总量执法，对于排污单位超总量排污行为予以与超标准排污行为相当的处罚措施，同时强化对排污单位实际排污总量的核定。

美国的"酸雨计划"是成功实施总量控制的范例之一。参与"酸雨计划"的每个企业都被分配一个 SO_2 的年度许可排放总量，并要求安装连续监测系统（CEMS），以保证 SO_2 排放数据收集得及时、完整和精确。为强化企业遵守"酸雨计划"的减排动力，任何一个超许可总量排污的污染源企业将面临罚款和补扣许可的双重处罚。罚款的标准是每超排 1 t SO_2，罚款 2 000 美元（1990 年价格），每年根据通货膨胀情况进行调整。1997年的罚款标准为 2 525 美元/t；2000 年为 2 682 美元/t，而当年排污权交易市场每吨 SO_2 的价格还不到 200 美元；2007 年的罚金达到 3 273 美元/t，而市场价格还不到 500 美元，受到罚款的污染源还需在次年用同等吨数的排放量来抵消超出的排放量。此外，对于每例违规，美国国家环保局还可酌情处以低于或等于每天 25 000 美元的民事处罚。考虑通货膨胀，2006 年这项处罚的额度为每例违规每天 32 500 美元。巨大的违约成本使得企业主动依照许可总量进行排污，推进"酸雨计划"正常开展。

我国的总量执法也可以采用罚款作为处罚手段。应以排污单位超总量排污的严重程度为依据，明确每单位超排量的处罚额，计算最终的处罚额度。对于开展排污权交易的地区，每单位超排量的处罚额可以以历年排污权交易二级市场均价为参照，并适当高于市场价格，对最终处罚额度可不设置上限。除此之外，视实际情况还可采取停产、限产等其他处罚措施。同时，重视许可排污量的强制约束性，超排量还要在排污单位次年的许可量中扣减。由于排污单位依照许可排污量的限制进行排污是实施区域总量控制的基础，超总量排污会导致区域总量控制目标无法实现。因此，排污单位有义务补偿对环境资源造成的损害，在次年应削减排污量，削减量与上一年度超排量等同，从而使得企业在一个更长的时间跨度内，年均排放总量可以达标。同时，考虑到上一年度实施总量控制失败，故排污单位应在扣减许可量后制订并提交总量达标计划，明确详细的年度排放控制方案，以避免超排现象再次发生。

5.4.4　公众参与机制

排污许可制度围绕排污单位的排污行为进行管理，其与公众的环境利益直接相关，公众参与排污许可制度的管理过程是保护其自身环境利益的重要途径，同时也是增强排污许可证监管力量的有效措施。

2014 年修订的《环境保护法》特别加强了公众参与部分，规定"公民、法人和其他组织依法享有获取环境信息、参与和监督环境保护的权利"，同时还规定，环保部门和其他负有环保监管职责的部门"应当依法公开环境质量、环境监测、突发环境事件以及环境行政许可、行政处罚、排污费的征收和使用情况等信息""重点排污单位应当如实向社会公开其主要污染物的名称、排放方式、排放浓度和总量、超标排放情况，以及防治污染设施的建设和运行情况，接受社会监督""对破坏生态环境、损害社会公共利益的行为，符合相关条件的社会组织可以向人民法院提起诉讼"等。可见，《环境保护法》不仅将公众参与和获取信息作为一般民众的权利，同时也强化信息公开作为政府和排污单位的法律义务，大幅提升公众参与在环境管理中的地位。具体到排污许可制度公众参与的操作上，建议从以下几个方面来加强。

（1）强化排污许可证管理的信息公开制度

信息公开是公众参与制度的基础，是建立社会互信的必要前提，也是转变行政职能、实现环境公共管理转型的基本要求和重要推动力。环境问题的公共性和环境保护的公益性决定环境信息具有公共性，更需依法公开。一是明确排污许可证管理中信息公开的内容和重点，主要包括排污许可证审核发放等审批类信息、持证单位环境影响评价文件和排污许可证主要内容、企业排污监测信息、环境违法行为及处罚信息、排污权交易信息、重大突发环境事件信息等，除涉及国家安全、商业秘密等依法需要保密的内容之外均应逐步公开。二是规范信息公开方式，进一步明确不同信息公开的方式、途径和时间要求等，全面规范排污许可证信息公开的具体操作。以排污许可证管理平台作为信息公开的主渠道，并发挥政府网站、公报、报刊、广播、电视等主流媒体作用，积极探索网络、手机短信等新兴媒体作用，多渠道发布排污单位环境信息。三是完善信息公开的监督机制，建立健全排污许可证信息公开工作领导机制和推进机制，落实责任主体，明确任务分工，完善信息公开工作考核制度、社会评议制度和责任追究制度，对信息公开情况进行考核、评议。

在信息公开的具体实现形式上，可以借鉴国外的成熟经验。以美国为例，在排污许可证的申请、实施阶段都对信息公开有专门要求。在排污许可证申请过程中，申请者通过填报申请表的方式向管理机关提供大量信息，包括：申请者从事的活动；设施名称、地点和通信地址；反映设施的产品或服务的最佳标准工业代码；营运者的姓名、地址、电话号码、所有权状况；依照其他法律所获得的许可证或建设批准书；污染源及其周围的地形图；产业性质简单说明等。这些申请材料的复印件都应该向公众公开。在排污许可证实施阶段，持证者必须依照许可证的要求进行排放活动，严格执行排污监测和报告要求，让管理机关和公众了解排污者执行许可证的情况。持证者的监测记录、设备运维记录、排污报告等信息，除了因为保护商业秘密而不能公开的，其他所有数据都应向公众公开。

（2）拓展排污许可制度的公众参与渠道

加强公众对排污许可制度审批等行政决策的参与，通过主要政府网站或者新用媒体向社会公布排污许可证审批等决策的完整信息，促进公众了解详情并有效参与：采取公告公示、听证、问卷调查、专家咨询、民主恳谈等形式，广泛听取专家和公众对于排污许可证宏观决策的相关意见，促进公众参与的途径多样、渠道畅通。加强公众对排污单位排污许可证执行情况的监管，基于排污许可证信息公开制度的建设，将排污单位相关环境行为信息公开，便于公众咨询监督。并在管理信息平台设立公众意见及监督反馈渠道，方便公众及时、有效地反映问题、表达意见和建议。建立社区环保监督员制度，鼓励对各种违法排污行为进行监督和举报。建立完善的环保公益诉讼制度，鼓励公众有效运用法律力量，对环境违法行为提出法律诉讼，以此达到对环保行政管理的有益补充，促进环境监管行政和法律相结合。此外，应该支持环保 NGO 的发展，作为非政府的、非营利性的、志愿从事环境保护的公益性社会团体，充分发挥其连接政府与公众的桥梁和纽带作用。

在公众参与渠道方面，同样可以参考国外的做法。美国的排污许可制度就对公众参与形式作了具体而详细的规定。在排污许可证核发过程中，发证机关在完成申请材料审查后，需要先做出同意或不同意发证的暂时性决定。如果不同意发证，那么须发布一项否决意向通告，并接受公开评论；如果同意发证，则开始编制许可证草案，并在草案编写完成后向公众公示。公众参与的主要形式包括：公告、征询意见以及公众听证会。公告是将许可证草案或许可证修订信息向利益相关团体和个人进行公布，其基本原则是保证受到污染源影响的所有相关团体和个人都有平等的机会对许可证草案提出质疑和发表意见。公告的内容应包括许可证草案、许可证的相关论据、公众听证会计划以及其他法律规定的内容和信息。公告至少要提供 30 天的征询意见时间。当排污许可证的提议涉及相当大的公众利益时，发证机关应召开公众听证会。召开听证会的信息要提前告知公众，利益相关者应该有至少 30 天的准备期。在听证会召开过程中，许可证撰写者需要负责提供支撑许可证草案的所有依据和论证信息。利益相关个人或者团体都可以在听证会上提交口头或者书面的质询，各类文字记录和资料必须对利益相关者公开。听证会后，发证机关根据公众意见，对许可证发放做出最终决定。如果最终决定与先前的暂时性决定没有实质性改变，发证机关应向每位提交书面意见的人递交一份最终决定的复印件。如果最终决定对暂时性决定和许可证草案有实质性改变，发证机关必须发布公告。在公告的30 天内，任何利益相关者可以要求召开证据听证会或通过司法审查来重新考察这个决定。完成了所有这些程序后，排污许可证才正式生效。

（3）完善对排污许可证相关意见的反馈机制

强化排污许可制度公众参与及监督的响应机制。对于收集到的公众意见，必须对其进行认真考虑，并将合理的意见切实纳入排污许可制度执行和改进过程中；对于公众反映的环境违法行为，要根据情节轻重、责任大小切实追究相关人员的法律责任，确保环境责任追究制度落实；对部分公众反映强烈的环境污染案件，可邀请公众共同参与处理。进一步完善环保部门对于公众意见反馈的责任机制，使所有的公众意见都能得到反馈，包括意见是否被采纳，以怎样的方式被采纳，或是由于什么原因未被采纳等，对于公众举报的违证排污行为的处理结果需及时反馈，从而切实提高公众对参与排污许可管理的积极性。建立健全环境保护有奖举报制度，对及时有效的环境保护举报视情况给予一定奖励，以此激励公众积极参与环保监督，逐步形成社会监督长效机制。

针对公众意见的采纳和反馈，美国的实践做法也值得关注和借鉴。在排污许可证核发中，需要根据公众意见对许可证进行全面完善。如果利益相关者认为许可证草案的规定存在问题，则可以在征询意见期间提交反对的理由以及相关的论证资料，许可证的管理机构必须在许可证正式签署之前给予明确的答复，包括许可证草案的修改、修改的理由、对质疑和意见的综合阐释。如果在征询意见期间发现的潜在问题导致许可证草案的修改，则需要进行新一轮的公告和征询意见。在排污许可证执行过程中，公众意见和监督也至关重要。其中，公民诉讼制度的作用最为显著。美国法律规定，任何人都可以以个人的名义提起民事诉讼，控告任何没有取得许可而进行或准备进行新排放设施的建设或主要排放设施的改建的行为，或被认为是违反了或正在违反许可证要求的行为。强大的社会监督能够给予排污者巨大的震慑力，迫使其持证排污、依证排污。

5.5 唐山市"一证式"示范企业筛选

5.5.1 筛选要素

5.5.1.1 唐山市大气污染特征行业

唐山市是典型的工业城市，第二产业占主导地位，支柱产业为钢铁、装备、化工、能源、建材，重工业化特征明显。唐山市主要工业行业中，普遍存在产能布局相对集中、总体装备水平不高、污染物排放量较大等问题，部分行业尤为典型。本研究借鉴唐山市典型行业雾霾贡献分析报告，选取工业增加值占比较大、大气污染物排放量较高且能源消耗较高的行业作为唐山市大气污染特征行业。

由表5-2可以看出，黑色金属冶炼和加工业（钢铁行业）、电力热力生产供应业（含火电）、炼焦、水泥制造四个行业工业增加值占唐山市全部工业增加值的占比为50%，颗粒物、二氧化硫、氮氧化物、VOCs四种主要大气污染物排放量占比分别为80%、83%、70%、85%，能源占全社会能源消耗总量的65%。由此可见，上述四种行业具备高工业增加值占比、高污染、高能耗等特征，因此界定为唐山市大气污染特征行业。

表5-2 唐山市大气污染特征行业分析

行业名称	工业增加值占比较高行业/%	主要污染物排放量较大行业				能耗较高行业/%
		颗粒物排放量占比/%	二氧化硫排放量占比/%	氮氧化物排放量占比/%	VOCs排放量占比/%	
黑色金属冶炼和加工业（钢铁行业）	38.2	72.02	64.95	30.14	13.60	
黑色金属采选	31.0					
煤炭开采洗选	4.6					
电力、热力生产和供应业（包括火电）	4.3	0.02	15.37	30.54		
炼焦	4.2	1.71	1.88	2.43	66.38	
水泥制造		5.62	0.68	7.18	5.20	
合计占比	82	80	83	70	85	65

注：每列占比累计为65%以上的重点行业给出占比值，能源统计由于统计数据限制，只能给出累计占比65%的行业总占比；以上数据是2013年的统计数据。

5.5.1.2　其他行业

"十三五"乃至今后一段时期我国环境管理的核心是改善环境质量，对环境质量达标限制因子影响大的行业及主要污染物排放量较大的行业，均是改善环境质量需要先行减排、先行治理的行业。唐山市是典型的工业城市，除上述黑色金属冶炼和加工、电力、热力生产和供应、炼焦、水泥制造等大气污染特征行业外，还有一些行业对环境质量改善起到至关重要的作用。

"十三五"期间，国家总量控制的范围由 4 种主要污染物扩大到 7 种，要求河北省新增 VOCs 及总氮，并且鼓励地方根据当地改善环境质量的需求增加地方特征污染物。国家要求河北省实施总量控制的六项主要污染物分别是二氧化硫、氮氧化物、VOCs、化学需氧量、氨氮、总氮，具备一定的统计基础，是改善全省环境质量的普适因子。

从唐山市近 10 年的主要污染物排放量统计数据来看，环境空气中颗粒物排放量始终居首位，由于 VOCs 尚未完全纳入统计范畴，因此不能看到 VOCs 排放量随时间的变化趋势，但根据河北省环境科学研究院编制的《河北省工业行业大气污染物排放水平分析报告》，唐山市工业污染特征显著，SO_2、NO_2、CO 年均浓度均高于全省其他城市，属典型的工业和机动车污染排放，VOCs 排放量较大，因此 VOCs 属于影响唐山市环境空气质量较大的污染物之一。唐山市于 2013 年开始按照《环境空气质量标准》（GB 3095—2012）要求，对城市环境空气质量实施自动监测，监测项目为二氧化硫（SO_2）、二氧化氮（NO_2）、可吸入颗粒物（PM_{10}）、细颗粒物（$PM_{2.5}$）、臭氧（O_3）和一氧化碳（CO），市区设有供销社、雷达站、物资局、十二中、陶瓷公司和小山六个监测点位。从近五年的空气质量数据来看，NO_2 五年来呈现缓慢下降趋势，且在 2015 年和 2017 年呈现小幅度上升，SO_2、$PM_{2.5}$、PM_{10} 等其他 3 项污染物均有大幅度下降。新标准实施以来，NO_2、$PM_{2.5}$ 和 PM_{10} 的年均浓度值未曾达标。综合考虑河北省的普适因子，影响唐山市环境空气质量的大气污染物主要是 NO_2、PM_{10}、$PM_{2.5}$、VOCs。

根据未达标污染物的主要贡献行业分析可知，火电、钢铁和煤炭开采洗选行业为 NO_2、PM_{10}、$PM_{2.5}$ 的主要贡献行业，占工业行业整体污染物排放量的 90% 以上。同时，化工行业既是唐山市的支柱产业又是对 VOCs 排放贡献大的行业。上述行业扣除大气污染特征行业，得到唐山市改善环境质量至关重要的行业，包括煤炭开采洗选、化工行业。

5.5.2　重点行业（领域）的确定

重点行业的确定应遵循全面考虑、重点突出的原则，把国家要求推进的与本省、试点地区特征行业结合起来，全面考虑，行业中企业的筛选应体现重点突出的原则，不做正态分布。

从任务要求看，排污许可证管理政策与支撑技术研究项目，性质是应用研究型，主要任务是把国家推行控制污染物排放许可制工作在省级层面加以推进、研究和优化，并将国家层面新出台的排污许可管理政策与省级已有政策及实施效果进行比对，为省级政策的调整、对国家政策进行试点反馈提供技术支撑，因此重点行业选择原则必须与国家层面推行排污许可制工作的要求相符。《控制污染物排放许可制实施方案》要求，按行业分步实现对固定污染源的全覆盖、要求环境保护部依法制定并公布排污许可分类管理名录，名录以《国民经济行业分类》为基础，按照污染物产生量、排放量以及环境危害程度的大小，明确哪些行业实施排污许可，以及这些行业中的哪些类型企业可实施简化管理。对于国家暂不统一推动的行业，地方可依据改善环境质量的要求，优先纳入排污许可管理的行业。因此可以看出，试点地区确定的重点行业必须全面，既有配合国家步骤率先推进的行业，也有考虑目标年固定污染源全覆盖、需要后续研究跟进的行业，同时对这两类行业中企业的筛选要有侧重，保障样本空间中先行推进行业的企业占大多数，后续研究行业的企业作为补充，既体现出样本的典型性，又保障样本的可操作性，为目标任务的完成，乃至全国推进排污许可工作，提供科学合理且具有一定前瞻性的试点示范。

从改善环境质量的角度看，既要包括国家、省级层面改善环境质量的普适行业，又要包括试点地区的特征行业；既要以大气污染严重的行业为主，也要补充具有综合排放特征的行业；既要突出常规污染因子行业，也要有重点治理特征污染物排放行业。目前我国正处于工业化中后期，第二产业仍占据主导优势。这种大的发展背景，决定了全国开展环境质量改善工作具有相对的一致性，需要治理的重点行业具有一定的普适性；同时，由于每个地区的资源禀赋和产业生态多种多样，各个地区行业的污染物排放特性不同，因此改善环境质量需要综合考虑普适行业和特征行业，突出治理的全面性。

根据上述原则，全面考虑国家推进工作要求及试点地区大气污染特征行业，改善环境质量至关重要行业，确定重点行业（领域）为农林牧渔业，采矿业，农副食品加工业，电力、热力生产和供应业，纺织业，木材加工和木、竹、藤、棕、草制品业，家具制造业，石油、煤炭及其他燃料加工业，有机化学原料制造业，医药制造业，玻璃制造和玻璃制品制造业，橡胶制品业，水泥、石灰和石膏制造业，黑色金属冶炼和压延加工业。示范企业从这些重点行业中选取，以国家先行推进的行业为主、其他行业为辅进行企业数量的选择。

5.5.3 重点企业筛选要素及结果

重点企业的选择应该能够代表该行业的总体情况，具有代表性，通过对这些企业的研究总结，可将经验推广复制到整个行业。首先是污染物排放量要素，应保障所选取企业是所在行业的重点企业，污染物排放量占整个行业排放量的 65%以上，这些企业执行排污许可制度，持证排污、按证排污，可对整个行业的优化升级、治污减排起到引领作用。其次是空间要素，必须做到空间均衡，所选企业应覆盖唐山市全域，且优选环境敏感区域（遵化、迁西）和污染物排放量较大区域（古冶、丰南、曹妃甸等南部区域）的企业，通过这些企业的治污减排能够对重点区域及全域的环境质量改善起到积极作用。最后是清洁生产水平及产品种类要素，考虑企业不同的清洁生产水平、考虑特殊产品生产企业，针对不同水平、不同产品的企业，采集数据、分析结果，规范总量核算技术、优化管理措施，对全行业起到示范作用。运用三个要素分别对重点行业的企业进行分析，筛选出 113 家重点企业（其中农林牧渔业 3 家，采矿业 3 家，农副食品加工业 8 家，电力、热力生产和供应业 21 家，纺织业 3 家，木材加工和木、竹、藤、棕、草制品业 8 家，家具制造业 10 家，石油、煤炭及其他燃料加工业 10 家，有机化学原料制造业 3 家，医药制造业 2 家，玻璃制造和玻璃制品制造业 10 家，橡胶制品业 1 家，水泥、石灰和石膏制造业 12 家，黑色金属冶炼和压延加工业 19 家）（图 5-3），先行核发许可证，实施"一证式"管理。

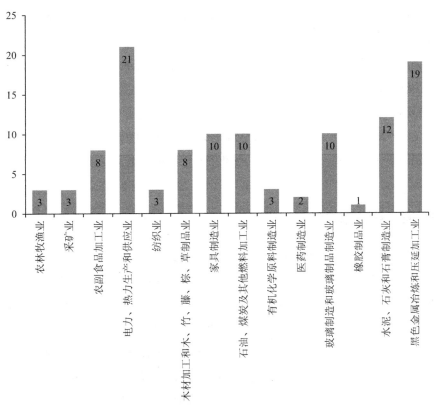

图 5-3　唐山市"一证式"示范企业行业分布

5.6 唐山市大气排污许可管理体系试点研究分析

5.6.1 许可证发放工作

做好百家企业的清查工作。由于113家企业是在唐山市2015年的环境统计数据中筛选得出的，近两年全省大气污染防治力度非常大，部分企业的生产状态、生产工艺等发生一定变化，因此需要结合唐山市污染源普查工作，做好百家企业的清查工作，最终确定企业名单。分行业推进许可证发放工作。分析15个重点行业中尚未发证的行业并总结原因，根据全省其他地市经验，分行业找出企业申报过程中存在的易错报、漏报问题，对企业加以培训，推动重点行业排污许可证的顺利发放；统计排污许可名录中其他行业的发证情况，按照总则及河北省达标排污许可细则要求，协助企业开展排污许可证申请工作，并动态关注政策及规范的更新，分析这些行业是否需要变更许可证。

研究基于试点地区环境质量的许可量修订系数，将核定方法实验应用到试点企业中，与河北省现行实际发证方法进行对比，分析方法在数据上、经济上的可行性及适用性，从管理者角度是否易于管理，从企业角度是否易于理解并能自行填报计算，在申请核发环节研究将环境质量与总量控制制度挂钩再具体落实到固定污染源的方法，加强排污许可证与区域总量控制、环境质量的关系。

分析示范企业填报内容，存在一些共性问题。如副本信息和执行报告完成度较高，监督执法、重污染天气和达标规划要求则普遍没有登载内容（图 5-4）。此外，同区域同行业的企业，也存在执行标准和主要污染控制因子的差异。这都是需要查明原因并予以解决的。

5.6.2 追踪持证排污情况

分析持证企业执行情况，根据行业特点总结经验问题，为进一步规范许可证管理工作及为下一轮核发提供支撑，分行业推进许可证证后核查以及按期更换工作。水泥、玻璃行业关注增扩产能的问题；钢铁行业考虑煤改气工作完成情况及污染防治技术达到超低排放限值的可行性；检查焦化和水泥行业在特殊时段是否满足应急保障等相关要求。关注持证排污过程中存在的共性问题：一是污染治理设施是否缺失、在线监控设施及排污口是否规范；二是台账记录，排污许可执行报告完成度和完整度；三是监测方案及监测计划的科学性，是否能够证明污染物连续稳定达标、是否包括所有主要及一般排污口、监测因子是否全面。

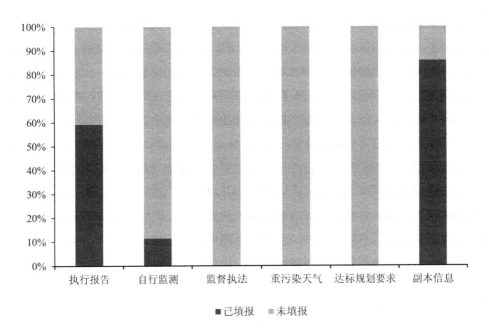

图 5-4　唐山市"一证式"示范企业填报情况分析

5.6.3　排污许可制度对试点区域环境管理的支撑分析

依据河北省试点区域排污许可管理信息平台，分析 113 家企业持证排污对试点区域空气质量改善的贡献情况，促进排污许可证发放及管理与环境质量改善挂钩。

（1）生态环境主管部门逐行业摸清了所发证行业的污染底数。通过开展排污许可发证前行业调查摸底，全面掌握本辖区内企业污染源底数，并通过审核企业提交的排污许可申请，翔实掌握每个企业的污染源治理现状及存在问题，建立辖区内污染企业行业管理台账，为生态环境主管部门开展污染防治攻坚、下达行业污染治理任务、改善区域环境质量奠定坚实基础。

（2）督促企业摸清自身污染底数，促进深度污染治理。生态环境部颁布实施一系列排污许可证申请与核发技术规范，企业依据行业技术规范所明确的一系列环境管理要求进行申报，企业申请填报的过程，就是对自身污染源及环境管理现状大排查、大摸底的过程，对照技术规范，查找并明确自身存在环境污染治理及环境管理的问题。积极促进已核发排污许可证行业深化污染防治攻坚。尤其是实施排污许可总量控制，对唐山市钢铁、焦化、水泥、电力等重点行业促进深度治理成效十分明显。

（3）明确了企业按证排污的所有依据及遵循的原则。对照行业排污许可证申请与核发技术规范，企业申请填报的过程本身就是一次今后如何持证排污、按证排污的学习过程，通过生态环境主管部门依据技术规范严格审核企业申请，通过指导企业反复多次的修改完善企业提交的申请表，最后通过申请审核形成的排污许可证副本，明确详细地规定了企业持证后的各工艺污染点源（包括有组织、无组织污染源）、排放去向、污染防治可行技术、每个污染点源的污染物种类、污染物应执行的排放标准、自行监测要求及监测频次，固废危废管理、环境管理台账等一系列环境管理内容，系统、明确地规定了企业今后持证排污、按证排污的所有依据及遵循的原则。便于企业持证排污、依证排污，便于生态环境主管部门依证执法监管。

（4）按照发一个行业清一个行业的排污许可管理要求清理了一批无证排污企业。为逐行业完成核发任务，组织各县（市）区生态环境分局，按行业开展全面调查摸底，通过将日常执法档案资料、企业环评资料、环境统计数据、污染源普查、企业现有排污许可证持有资料等进行汇总梳理，按行业形成全面调查摸底清单。在此基础上，对存在问题企业是否具备发证条件开展重点现场核查，确保排污许可证的核发依法合规，对不具备核发条件、未持证排污企业，责令停产关闭，基本做到核发一个行业清理一个行业。

（5）持证企业污染防治及环境管理水平明显提升。通过审核企业提交的排污许可证申请，对企业存在的问题列入排污许可改正规定内容，明确整改期限；对企业核发排污许可证后，按行业开展证后核查，并对发现的污染防治及日常环境管理存在的问题，分期向全市进行通报并限期整改。通过证后督察，企业按证排污、污染防治及精细化环境管理水平明显提升。

第6章 重点行业排污许可管理体系设计与试点研究

本章根据《控制污染物排放许可制实施方案》以及《排污许可证管理办法（试行）》等文件确定了排污许可制改革思路及排污许可证管理要求，并选取钢铁、水泥、火电行业作为重点大气污染控制试点行业，分析了国内外三个重点行业排污许可制改革进展，制定试点行业排污许可制试点实施方案及实施路线。明确试点行业排污许可证的基本内容、许可排放浓度确定原则、许可排放量的核算方法和环境管理要求，设计了试点行业许可证表格，探讨许可与环评的衔接思路，并进行了试点评估。

6.1 重点大气污染控制行业排污许可实施背景

6.1.1 我国大气污染源分布及火电、钢铁、水泥行业概况

6.1.1.1 大气污染源分布

当前我国正处于快速城市化与工业化进程中，据统计表明截至 2015 年年底，中国城镇化率已达到 56.1%。在中国城镇化工业快速发展的进程中，在全国范围内普遍存在的大气污染问题，引起了人们的广泛关注。近年来，大气污染物的类型也发生了一些新的变化，传统的污染物二氧化硫（SO_2）、悬浮物（TSP）、可吸入颗粒物（PM_{10}）等污染问题尚未有效解决，细颗粒物（$PM_{2.5}$）、氮氧化物（NO_x）、挥发性有机物（VOCs）、氨氮（NH_3-N）等排放又开始显著上升，大气污染呈现复合型污染形势。当前我国处于经济增长放缓和环境污染的双重压力之下，如何实现经济转型升级和环境保护，改善大气污染状况，是我们要面对的重大议题。

SO_2、NO_x 及烟（粉）尘排放是我国大气污染物的重要组成部分。2012—2015 年，我国密集出台了工业污染治理政策，SO_2、NO_x 排放呈现下降趋势。目前，我国大气污染治理虽已有成效，但由于污染基数十分巨大，污染变化状况存在一定的不确定性，仍然需要长期加强大气污染治理工作。根据《2015 年环境统计年报》，最主要的大气污染物来源依然是工业源。工业污染源相对集中，与生活源、机动车等其他污染源相比，政

策管控效果明显，并且综合治理的社会效益大，因此工业污染源治理是我国大气污染治理的关键环节。电力、热力生产和供应业，黑色金属冶炼及压延加工业，非金属矿物制品业是工业污染源的主要来源。

6.1.1.2　火电行业概况

作为国家重要能源支撑的火电行业，"十二五"以来，火电行业发展迅速，呈现出新的特点。火电装机容量稳步增长，已突破 10 亿 kW，但占比呈逐年下降趋势；空间布局集中于华东地区、华北地区，约占全国火电装机一半；发电量出现了历史性拐点，2015 年火电发电量同比下降 1.68%，是改革开放以来首次年度负增长；发电利用小时数 4 186 h，为 1964 年以来年度最低值；火电的煤炭消费量同比继续下降，单位国土面积煤炭消费水平存在差异，苏浙沪约为全国平均水平的 6.8 倍。

我国火电行业废气污染物排放绩效已低于美国水平（2014 年），并逐年下降，特别是在超低排放政策的推动下，其减排环境效益显著。废气排放强度低于美国水平，排放量再创新低。2016 年全国火电行业烟尘排放量由 2015 年的 40 万 t 下降至约 35 万 t，同比下降 14%；平均排放强度由 2015 年的 0.09 g/（kW·h）下降至 0.08 g/（kW·h），已低于美国 2014 年的 0.10 g/（kW·h）（统计口径按 PM_{10}）。2016 年，全国火电行业二氧化硫排放量由 2015 年的 200 万 t 下降至约 170 万 t，下降了 18%；平均排放强度由 2015 年的 0.47 g/（kW·h）下降至约 0.39 g/（kW·h），低于美国 2014 年的 1.16 g/（kW·h）。2016 年，全国火电行业氮氧化物排放量由 2015 年的 180 万 t 下降至约 155 万 t，下降了 16%；平均排放强度约由 2015 年的 0.43 g/（kW·h）下降至 0.36 g/（kW·h），已低于美国 2014 年的 0.65 g/（kW·h）。

6.1.1.3　钢铁行业概况

"十五""十一五"时期，我国钢铁工业高速发展，粗钢产量屡创新高，连续多年位居世界首位，2001—2010 年年均增速高达 19.3%。"十二五"以来，我国粗钢产量增速明显回落，2015 年我国粗钢产量 8.04 亿 t，同比下降 2.3%。虽然我国钢铁工业快速扩张的时期已经结束，但高速增长带来的巨大钢铁产能已经形成，全国钢铁产能利用率还不足 70%，产能过剩问题十分突出，严重制约了我国钢铁工业健康发展。在化解过剩产能的同时，钢铁工业的结构调整和产业升级步伐也将不断加快。一方面，市场将在品种、质量、服务方面对钢铁企业提出更高的要求；另一方面，随着资源环境"瓶颈"制约的进一步加强，新修订的《环境保护法》的实施，要求钢铁企业必须进一步加大节能减排工作力度，全面实施环保技术改造，实现钢铁工业新标准的达标排放，减少 SO_2、烟（粉）尘等主要污染物排放总量，打造清洁生态钢厂。

钢铁工业是物质密集型、能源密集型产业，一方面对国民经济建设的发展起到巨大的推动作用，另一方面又排放出大量的污染物。钢铁企业最终的产品是棒材、线材、管材、板材、型材等不同种类的钢材，在钢材的生产过程中将消耗大量的原辅材料和能源。包括铁矿石在内的各种钢铁生产原辅料，大多为无机矿物，成分相对简单，这类物质的大量使用，将会产生大量的烟（粉）尘和固体废物，而大量使用的铁矿石、煤等含硫原燃料，成了钢铁工业二氧化硫排放的主要来源。因此，从原辅、燃料的简单分析可以初步判断，钢铁工业的污染特征表现为大气污染为主，固体废物数量较大。钢铁生产工序复杂，每个生产车间都会产生污染物，特别是烧结、球团、炼铁等工序，是污染物产生的重点工序，其污染物排放量可占到钢铁企业的 70%以上。按长流程钢铁企业各工序分析，钢铁企业废气中排放的主要污染物为二氧化硫、氮氧化物、烟（粉）尘。其中钢铁企业 60%～80%的二氧化硫来自烧结（球团）工序；各工序都产生一定的氮氧化物，污染源分布较广；烟（粉）尘主要集中在烧结、球团、炼铁、炼钢等工序。

6.1.1.4　水泥行业概况

我国水泥产量自 1985 年以来一直稳居世界第一，2013 年、2014 年、2015 年、2016 年全国水泥产量分别达到 24.14 亿 t、24.76 亿 t、23.48 亿 t、24.03 亿 t，总体趋于稳定，其中 2016 年水泥产量占世界水泥产量的 60%以上。水泥行业作为国家重点调控的六大产能严重过剩行业之一，多年来产能过剩成为制约水泥行业健康持续发展的"瓶颈"。目前，我国除西藏以外其他省份水泥行业都面临或多或少的产能过剩问题。

我国水泥企业遍布全国 31 个省（自治区、直辖市）及新疆生产建设兵团。熟料方面，2016 年全国熟料产能 20.2 亿 t、产量 13.76 亿 t，安徽、山东、四川、河南、河北五省熟料产能过亿吨。2016 年新增熟料产能主要集中在湖北、广东、云南等省，合计产能占全国的 2/3。水泥方面，2016 年水泥产量过亿的省份有 12 个，分别为江苏、山东、河南、广东、四川、安徽、湖南、广西、湖北、云南、浙江和贵州，产量合计 13.94 亿 t，占全国水泥产量的 58.01%。总体上看，华东地区、中南地区、西南地区占据了全国 76%以上的水泥产量，呈现出南强北弱的态势。

水泥行业是大气污染控制重点污染行业之一，所有生产工序中基本都有颗粒物的有组织和无组织排放，产尘点遍布全厂，除尘设施和排气筒可达上百个之多。根据 2017 年环境统计数据，水泥行业 SO_2、NO_x、烟（粉）尘排放量分别为 19.90 万 t、105.76 万 t 和 80.92 万 t，分别占全国重点工业企业污染物排放量的 6.2%、24.3%、22.7%。我国水泥行业除尘技术已经很成熟，达到了国际较先进的控制水平，目前除尘技术有静电除尘技术、电袋复合除尘技术、袋除尘技术，目前水泥企业窑头、窑尾颗粒物的治理设施主要为静电除尘器、袋式除尘器和电袋复合除尘器，其他排放口主要采用的是袋式除尘器。

NO_x 控制技术包括低 NO_x 燃烧器、分级燃烧、添加矿化剂、工艺优先控制等一次措施以及选择性非催化还原技术（SNCR）和选择性催化还原技术（SCR）等二次措施。

6.1.2　火电、钢铁、水泥等行业排污许可国际经验

6.1.2.1　美国大气排污许可制度体系

早在 20 世纪 70 年代，美国就开始实施水污染物排放许可管理。1990 年《清洁空气法》修正案开启了大气污染物排放许可管理的进程。排污许可制度是美国污染排放管理体系的核心制度。此外，联邦行政许可法等规定了许可程序等要求，也是排污许可法律体系的重要组成部分。

建设许可证包含以下主要内容：通用条款，是所有建设许可证都适用的内容；特别条款，是针对该项目适用的许可条款；各个排放源各类污染物的允许最大小时及年排放速率。其中通用条款包含以下内容：许可授权条款；许可失效条款；项目建设进度要求条款；开始生产的通知条款；采样要求条款；等效方法条款；记录保存条款；排放控制设施的维护条款；合规性要求条款；项目其他一些基本内容介绍和要求条款。特别条款记载了持证企业所有大气排放源的排放限量和排放条件，并根据不同工艺、设备、控制技术的排放特征、法律要求和技术规范，结合源头管理、过程控制、末端治理等手段，规定了企业为有效管控大气排放行为需要遵守的各种要求。不同行业有不同的许可证载明内容，但是基本上都会包含以下要素：所需遵循的排放标准；法规适用性；各个设备或污染源的设计、运行、采样、监测要求；无组织排放的监测；各个污染物排放控制设施的最大允许排放限值、浓度和监测要求；初始和连续的合规证明要求；记录和保存要求；计划设备维护、启动和停机活动的排放要求。

大气运营许可证包含以下主要内容：基础声明；适用的全部排放限值与标准；关于监测、记录与申报的相关要求；合规执行计划（可包括一份合规执行日程）；关于年度合规认证的要求；关于申报许可证条目执行偏差的要求。

（1）火电行业

以燃煤电厂为例，火电行业大气项目建设许可证载明内容通常包括锅炉、燃料形态、操作限制、性能标准、建设细节、氨储存、冷却塔、排放控制（如 SCR）系统、材料处理操作限制和标准等。以材料处理操作限制和标准为例，许可证载明条款通常包括以下内容：①煤的运输采用部分密闭的轨道车；②如果煤存放堆发生自燃，工厂人员应尽快灭火，除非存在过度危害人员和设备的安全，或火势已经蔓延等情况，可让存放堆燃尽；③使用洒水车和（或）煤场洒水系统以稳定扬尘，使用表面结痂剂或类似的化学品稳定扬尘；④厂内道路用凝聚的硬表面铺设，能够清扫或冲洗，或未铺设的但使用必要

的洒水和（或）结痂剂以符合法规要求；⑤材料开放式储存区占地面积要求；⑥传送带应当覆盖、密闭、部分覆盖或部分密闭，如许可证申请中所述，以减少颗粒物逸散排放。如果视觉可见的问题发生，应采取额外措施。覆盖和密封视为对减排设备进行保管和维护；⑦源自输送点如传送带、任何材料处理、堆场活动的逸散排放不能造成厂外的滋扰影响；⑧由受过训练的环保部门的观察员使用 40 CFR Part60 附件 A 中参考方法 9 或相对应的方法，来确定单个材料处理布袋除尘器出口排放透明度 6 分钟平均值不超过 5%等。

《清洁空气法》要求针对火电排放源采用最佳示范技术，由国家统一制定新污染源排放标准对新建燃煤电厂进行控制，各州制定现有源排放标准对现有燃煤电厂进行控制。在该法案的指导下，EPA 于 1970 年颁布首个燃煤电厂新污染源大气污染物排放标准，该标准对功率大于 73MW 的新建发电机组的 SO_2、NO_x 和颗粒物 3 类污染物设置了排放限值。此后先后于 1977 年、1997 年、2005 年和 2011 年进行修订。2011 年 3 项指标的排放限值均约为 1970 年首部法案相应限值的 1/10。

（2）钢铁行业

以明尼苏达州某钢铁厂为例，许可证中载明内容包括针对所有设施的运行要求、功能考核要求、监测要求、记录要求、报告要求、噪声要求、能见度防护要求、测试和设施要求、应急发电测试要求、特定污染源要求，以及针对特定设施的污染物限制要求、控制设备监控要求、功能考核要求、记录报告要求等内容。

美国钢铁工业大气污染物排放国家标准汇总于美国联邦法规（CFR）。钢铁工业大气污染物排放标准涉及其中 12 个子部分的文件，这些文件涉及冶炼过程中的工序、设备等。与我国标准体系不同的是，美国标准体系主要是针对钢铁冶炼过程中部分重点工序设备提出了颗粒物排放浓度限值以及详细的相关管理、操作、运行维护、监测方法等标准。

（3）水泥行业

水泥工业 NSPS 标准控制的常规污染物包括 PM、SO_2 和 NO_x，NESHAP 标准控制的有毒污染物包括 PM、二噁英、汞、总碳氢化合物（THC）和 HCl，两者合计有 7 项污染物。虽然 NSPS 标准和 NESHAP 标准中都规定了颗粒物（PM）项目，但出发点并不同，NSPS 标准是为了控制水泥粉尘的排放，NESHAP 标准则是为了控制凝聚在水泥尘中的重金属，由于控制措施相同，所以限值相同。值得注意的是，对于一般性的颗粒物排放源（如磨机、料仓等），美国标准采用了简化的"不透光率"指标，该指标测量简便易行（光学法，测量仅需 6 min），代替了操作复杂的颗粒物浓度测定。利用水泥窑焚烧处置危险废物执行 40 CFR 63Subpart EEE 危险废物焚烧的 NESHAP 标准。

以伊利诺伊州的通用水泥为例，许可证内容包括污染源摘要、污染源运行条款、设施运行条款、一般许可条款、附件（包括许可年排放限值汇总表、许可排放源和排放限值清单、标准许可条件）。

污染源摘要即关于污染源的一般信息，包括联系人信息、地址、污染源描述、许可证日期、合规认证等内容。污染源运行条款适用于整个企业，包括关于尘的限值（设施需要有一个尘控制计划，并以此作为许可证的附件 A）、测试要求、记录保存和报告要求等内容。设施运行条款适用于专门设备或者设施的一部分，包括水泥窑炉、熟料冷却机，水泥磨，原料系统，燃料系统，运输系统，道路扬尘等内容。

许可证对运输、装卸、转运、储存等无组织颗粒物控制措施，设备运行维护计划等均按法规提出相应要求，有关排放源应满足最低可达排放率（LAER）技术和最佳可用控制技术（BACT）等许可排放限值。许可证对监测、记录、报告的方法、频次等也有相应的要求。在项目建成投产一年内，可对水泥窑炉、熟料冷却的排放进行调试，并申请运营许可证。

许可证记录了水泥生产的简单工艺说明，对窑炉污染物 NO_x、颗粒物、SO_2、CO、温室气体等的产生和排放过程提出控制措施，并列明排放限值。联邦和州的一些排放标准对窑炉正常工况和启停工况的二噁英/呋喃、汞、THC、HAPs 以及其他粉磨等生产过程的污染物也有相应的排放要求。设施运行、启停、故障等全过程均应采取相应的污染控制措施。在发生故障时，持证人须在切实可行的范围内尽快降低回转窑的运转率，采取应急措施或停窑降低超标排放，应在两小时内恢复达标。

6.1.2.2 欧盟大气排污许可制度体系

1996 年 9 月，欧盟委员会发布了污染综合防治指令（IPPC），提出建立最佳可行技术（BAT）体系，该体系从 1999 年开始用于新建设施，2002 年基本建成，到 2007 年所有现有设施均达到要求。2014 年 1 月，欧盟正式实施《工业排放指令》（IED），强化了 BAT 在环境管理和许可证管理中的作用和地位。

欧盟 BAT 体系是基于综合污染防治指令（IPPC）建立并实施的，涵盖废气、废水、固体废物等各环境要素。BAT 文件包括两个部分：一个是《最佳可行技术参考文件》（BREFs），主要描述最佳可行技术文件的编制过程及部分数据依据；另一个是最佳可行技术总结文件（BATC），包含了 BREFs 中界定最佳可行技术的结论部分，还包含了这些技术的描述、可行性评估信息，这些技术导致的排放水平和相关的检测和消耗水平，以及相关场地修复措施（若适用）。

（1）大型燃烧企业 BAT

1987 年欧共体出台首部《大型燃烧企业大气污染物排放限制指令》（88/609/EEC），根据燃料性质和热功率的不同给出分类排放限值，控制新建燃煤电厂的 SO_2、NO_x 和颗粒物排放量，要求总额定热输入越大的机组，其污染物排放限值越低，并且欧共体各国现有燃煤电厂以 1980 年的排放量为基准，到 1993 年削减 10%，1998 年削减 30%。2002 年欧盟修订《大型燃烧企业大气污染物排放限制指令》（2001/80/EC）。2017 年欧盟各国为进一步加强对大气污染物排放量的控制，就 300 MW 以上的大型煤电厂污染物排放达成新的标准协议，自 2021 年起以《最佳可行技术参考文件》替代现有标准。

通用 BAT 结论中提出了建立环境管理体系、监测、焚烧性能、能源效率、水耗、废水排放、废物利用、噪声排放等方面的总体要求；第 2 章至第 7 章是不同类型的燃料或燃烧设备的最佳可行技术结论，其中给出了特定的运行管理要求和污染物排放标准，包括 NO_x、NO_2、CO、SO_x、HCl、HF、颗粒物、重金属、汞、二噁英等污染物；第 8 章是技术的描述，包括提高能源效率的技术、减少废气污染物排放的技术和减少废水排放的技术等。

（2）钢铁行业 BAT

欧盟钢铁行业的污染物排放标准由《工业排放指令》（2010/75/EU）给出。钢铁行业 BAT 最新文件发布于 2012 年 3 月。以欧盟发布的 BAT 评估结论和建议的排放控制水平为依据，各成员国结合本国的法律传统以及工业污染控制实践，将其转化为本国的标准。

在《钢铁行业最佳可行技术结论》中，涉及指令 2010/75/EU 附件 I 中规定的以下活动，即，

——活动 1.3：焦炭生产；

——活动 2.1：金属矿石（包括硫化矿石）焙烧和烧结；

——活动 2.2：每小时产能超过 2.5 t 的生铁或钢（一次或二次熔合）生产，包括连续铸造。

最佳可得技术结论涵盖以下过程：

——散装原材料的装载、卸载和处理；

——原料的混合和输送；

——铁矿石的烧结、球团；

——焦煤生产焦炭；

——通过高炉生产铁水，包括渣处理；

——使用碱性氧气工艺生产和精炼钢材，包括上游钢包脱硫、下游钢包冶金和渣处理；

——电弧炉生产钢材，包括下游钢包冶金和渣处理；

——连续铸造［薄板坯/薄带和直接板材铸造（近似形状）］。

在通用 BAT 结论中，给出了环境管理体系，能源管理，材料管理，副产品、废物等废渣处理，材料储存、处理、运输原材料和（中间）产品产生的颗粒物排放，水和废水的管理、监测，关闭过程噪声控制等环节的最佳可行技术，并针对烧结（球团）、焦化、炼铁、炼钢等工序的不同产污环节，提出不同的最佳可行技术和相应的建议排放值：对于烧结工序颗粒物去除 BAT 技术包括布袋除尘、静电除尘等除尘技术；对于球团工序还

包括湿式除尘技术。

（3）水泥行业 BAT

水泥行业 BAT 文件最初发布于 2001 年 12 月，最新的文件是 2013 年 4 月发布的《关于生产水泥、石灰和氧化镁的最佳可行技术结论》，这些最佳可行技术结论涉及指令 2010/75/EU 附件 I 第 3.1 节中规定的以下工业活动，即，

3.1 生产水泥、石灰和氧化镁，包括：

①在每天生产能力超过 500 t 的回转窑或其他每天生产能力超过 50 t 的窑中生产水泥熟料；

②在每天生产能力超过 50 t 的窑炉中生产石灰；

③在窑炉中生产氧化镁，生产能力超过每天 50 t。

关于上述活动，这些最佳可行技术结论包括以下内容：

——生产水泥，石灰和氧化镁（干法工艺路线）；

——原材料的储存和准备；

——燃料的储存和准备；

——使用废物作为原料和（或）燃料的质量要求、控制和准备；

——产品的储存和准备；

——包装和发货。

通用 BAT 结论中给出了环境管理体系的建立要求和控制噪声排放的最佳可行技术，水泥行业的最佳可行技术要求中，给出了监测、能耗和工艺选择、废物协同处置、颗粒物排放、气态污染物（NO_x、SO_x、CO、TOC、HCl、HF）排放、二噁英排放、重金属排放、固体废物减量化的最佳可行技术。

在水泥行业 BAT 文件中，对颗粒物评估确定的 BAT 技术包括布袋除尘技术、静电除尘技术以及电袋复合除尘技术，相应的排放控制水平为 10～20 mg/m³（日均值），如采用布袋除尘器或新建、改造静电除尘器时，要求达到建议的下限值。对 NO_x 评估确定的 BAT 技术包括一次措施（低 NO_x 燃烧器、分解炉分级燃烧、工艺优化控制、添加矿化剂等）和二次措施（选择性非催化还原技术 SNCR、选择性催化还原技术 SCR），相应的排放控制水平为 200～450 mg/m³（日均值），如窑况良好可控制在 350 mg/m³ 以下。其他污染物如原料、燃料品质控制得当，一般不需采取额外措施。根据排放源和污染物项目的不同，执行的监测要求也不同。

对于水泥窑的 PM、SO_2 和 NO_x 排放，要求连续监测获得日均值，如果采用 SNCR 脱硝技术，还需要连续监测 NH_3 逃逸浓度（日均值）；重金属和 PCDD/F 要求定期监测（重金属监测至少 0.5 h、PCDD/F 监测 6～8 h）；HCl 和 HF 则既可以连续监测获得日均值，也可以定期监测取平均值（现场测量至少 0.5 h）。除水泥窑外的其他污染源，监测颗粒物

排放，既可以连续监测获得日均值，也可以定期监测取平均值（现场测量至少 0.5 h）。

6.1.2.3　澳大利亚大气排污许可制度体系

澳大利亚在 20 世纪 90 年代末实施排污许可证管理。与美国不同，澳大利亚各州都有自己的环保法规，其中以新南威尔士州和维多利亚州最具代表性，其排污许可制度较为完善，已取得良好效果。澳大利亚采用各州"分而治之"方式对排污许可证进行管理，各州制定各自的法律和程序对排污许可证作相应的规定。该方式有助于各州根据自己的环境经济状况制定适合本州的方式和程序，但也带来了执行尺度不一、管理要求不同等问题。

核发对象包括固定污染源和移动源。新南威尔士州《环境保护操作法案》规定，列入清单中的项目须申领许可证，包括农业、冶金、水泥、化工、电力、矿山、污染土壤治理等固定污染源建设项目，以及固体废物运输等移动源，对不同项目规定了规模限制及豁免特例。

许可证除载明法定需要遵守的污染物排放标准、排放量等信息外，通常还对污染物排放条件作出要求，如相应的监测与记录、年度申报、环境审计以及相应的资金保障等要求，也就是说，排污许可证除常规的"硬"要求外，对环境管理以及日常合规管理亦提出了"软"要求。以新南威尔士州于 2015 年 9 月 24 日对联邦钢铁有限公司发放的排污许可证为例，许可证内容包括许可证信息、行政条件、排放至空气、水和土壤的申请、限制条件、运行条件、监测和记录条件、报告条件、一般条件、特殊条件、名词解释等部分。

6.1.2.4　国外排污许可经验总结

（1）与环评衔接

借鉴美国、欧盟、澳大利亚的经验，在我国排污许可与环评制度衔接过程中，应采用一以贯之的管理要求。应在建设项目环评阶段，全面提出达标排放、总量控制、污染防治、风险控制、质量管理等各项管理要求；排污许可应以项目环评为前提，并将环评对建设项目的工艺、装备、污染防治措施、污染物排放、环境管理与监测等要求在许可证中逐条载明，作为后续监督管理的重要依据；在运营阶段，企业须依法依证排污，环保部门依证开展监督监测、监察执法等事中事后监管工作。

我国排污许可可通过环评实现与环境质量挂钩。现阶段，我国项目环评正处在改革过程中，通过不断完善，促进环评工作更加科学、有效。环评对大气、水、噪声等各环境要素进行环境影响预测，提出的保护环境质量的对策措施，可作为核发排污许可证的重要依据。

（2）我国适宜采用综合许可证

与美国实施要素许可证时已经完成工业化不同，我国正处在工业化发展的中后期，应实行涵盖各类环境要素和污染因子的综合许可。借鉴欧盟、澳大利亚经验，我国排污许可管理除应涵盖对各类环境要素的管控要求之外，还应增加监测、记录、年度报告等环境管理内容，以便于企业依证进行自我管理，并规范环保部门执法行为，提高监督和管理效率。

（3）建立基于最佳可行技术和环境质量的许可排放体系

借鉴国外经验，建议我国最佳可行技术与环境影响评价、排污许可、排放标准、环境监测等充分衔接，一是以 BAT 为重点，重构环境影响评价导则技术体系，着重支撑环评源强核算及污染防治措施技术经济论证等内容。二是将 BAT 作为排污许可证申请与核发，以及实际排放量核算的重要技术依据。三是全面支撑污染物排放标准，将 BAT 排放水平与排放标准限值挂钩。四是指导制定污染源监测技术要求。

（4）钢铁行业经验借鉴

1）提高电炉炼钢比例，大幅减少铁前污染物排放。相比以铁水为原料的长流程转炉炼钢，以废钢为原料的短流程电炉炼钢节能减排优势明显。德国通过提高电炉钢比例（占全德钢产量的1/3），大大减少行业污染物排放量。借鉴德国经验，采用电炉工艺替代转炉工艺是大幅减少我国钢铁行业污染物排放量的最有效手段。2015 年，我国电炉钢占比仅为 6%，该比例每提高一个百分点，将分别减少二氧化硫、氮氧化物约 1.8 万 t 和 0.6 万 t。

2）提高产品附加值，增加环保资金来源。我国大量中小型钢铁企业生产的钢材以低附加值产品为主，大量的重复生产导致企业之间无序竞争，直接降低了钢铁企业竞争力，普遍出现负利或微利情况。在这种生存状况堪忧的情况下，企业主观上不愿为环保过多投入。借鉴德国经验，应引导企业通过引进先进生产技术、开发新产品等手段，提高产品附加值，增加产品利润，进而为钢铁企业环境保护资金来源提供保障。

3）转变环保管理思路，落实企业主体责任。引导钢铁企业将环保投入用到关键点上。当前钢铁企业的环保投入，主要用于不断升级料场无组织排放控制措施、不断增加车间内无组织排放收集点位、不断提高除尘效果等方面，该做法不但增加了企业负担，对于某些控制点位的层层加码不甚合理。德国环境保护主管部门以环境质量为主要关注点，只要环境质量达标，不会对企业提出额外的污染物减排要求。借鉴德国经验，我国应逐步改变环保管理思路，从关注企业排放改为关注环境质量。对于环境质量达标或持续改善地区的钢铁企业，不再提出层层加码的管理要求，减轻企业负担；对于未实现环境质量改善的地区，应通过研究分析确定关键污染源，将整改要求纳入企业排污许可证，通过排污许可制度落实企业主体责任，使企业自主削减污染物的排放量。

　　4）分类推动最佳可行技术应用，实现综合防治效果。德国对最佳可行技术的应用因环境质量状况而不同。借鉴德国经验，对于车间无组织排放，我国应提高对车间整体无组织控制的要求，在确保厂界无组织和周边环境质量持续改善的前提下，对车间内污染物排放控制要求逐步改为推荐性要求，尽可能地让企业根据各厂具体情况，自主安排环保投资的具体去向（可用于提高车间收集效果，也可提高车间封闭效果，或者提高有组织处理措施效果）。对于有组织排放控制要求，通过引进高效除尘技术（静电除尘技术可达到 20 mg/m³ 以下，布袋除尘技术达到 1 mg/m³ 以下）烧结烟气循环技术等德国先进治理技术，减少污染物排放量。其中，仅烧结烟气循环一项技术，可减少该工序污染物排放量 10%～30%。

　　（5）水泥行业经验借鉴

　　1）以规范管理为前提，鼓励发展水泥窑协同处置固废。德国水泥工业协同处置固废发展成熟度高、环境管理规范。联邦层面单独制定了条例，加强对协同处置的管控。在条例之外，《环境空气质量技术规定》（TA Luft）也明确了相关技术要求，对条例进行有益补充。我国仅仅出台了《水泥窑协同处置固体废物污染物排放标准》（GB 30485—2013）、《水泥窑协同处置固体废物环境保护技术规范》（HJ 662—2013），另外出台了《水泥窑协同处置固体废物污染防治技术政策》，法律约束力明显不足。

　　德国环保部门单独为协同处置固废颁发排污许可证，强化对协同处置的许可管理。一是强化源头控制。以垃圾衍生燃料（RDF）为例，对入窑的 RDF 质量提出 20 多项管控要求，包括规格、含水率、有毒有害物质及重金属含量等，并明确了质量抽检要求，如：企业每天检测 1 个样品（每个月共 30 个样品），环保部门先抽检 10 个样品，看在 50% 保证率情况下是否能满足限值要求，否则对 30 个样品全部检查，看在 80% 保证率下所有样品是否满足限值要求，严格控制入窑有毒有害物质的含量。而我国《水泥窑协同处置固体废物污染物排放标准》（GB 30485—2013）、《水泥窑协同处置固体废物环境保护技术规范》（HJ 662—2013）中虽然明确了入窑物质含量要求，但实际生产过程中，企业难以操作或者疏于管理，环保部门也缺乏监管能力，难以做到有效的源头控制。二是注重过程控制。窑磨一体机运行对有毒有害物质具有很好的控制效果，当生料磨停运时，德国要求企业采取喷活性炭等方式控制挥发性有机物、重金属排放。我国对于生料磨停运的管理未提出细化的要求，污染物排放量大大增加。三是实施末端管控。窑尾烟气中氨、汞、TOC、CO 等均要求安装在线监测，有效管控了特征污染物的排放。

　　据不完全统计，我国已建成的水泥窑协同处置固体废物生产线近 60 条，拟建和在建项目至少 40 条，在水泥行业产能过剩的背景下，水泥窑协同处置项目成为水泥企业转型的突破口，我国应该借鉴德国水泥行业协同处置发展的管理思路，从法律法规和技术层面严格把关，降低环境风险。

2）完善最佳可行技术体系，规范排放标准制（修）订。德国以最佳可行技术为基础制定了适用于德国水泥企业的许可证排放限值。我国在国家层面制定了《水泥工业污染防治可行技术指南（试行）》，《水泥工业大气污染物排放标准》（GB 4915—2013）确定的排放限值基本上也考虑了可行技术所能达到的限值，对于氮氧化物排放限值（一般地区为 400 mg/m^3、重点地区为 320 mg/m^3），现有的 SNCR 技术也基本能达到。建议一是完善水泥行业最佳可行技术体系，以可行技术为基础，规范地方排放标准的制定，合理确定污染物排放限值，尤其是氮氧化物。二是强化对氨的管控，推动安装氨逃逸在线监测，在脱硝和氨逃逸同时管控的情况下，综合确定氨的合理排放浓度限值。三是尽量做到水泥窑协同处置排放标准与独立焚烧厂排放标准的统一，避免出现污染向水泥厂转移。如尽量统一协同处置与焚烧厂氮氧化物排放限值，水泥窑协同处置标准中增加 CO 排放控制要求等。四是对协同处置固体废物的排污单位要强化 TOC、CO、Hg 的管控，推动开展在线监测技术研发。

3）综合考虑氮氧化物与氨的控制，适时推动水泥行业 SCR 脱硝试点。德国在水泥行业 SCR 脱硝技术应用方面已经取得了成功，积累了丰富的经验，高尘 SCR 技术和末端 SCR 技术能够应用于水泥窑脱硝，氮氧化物排放浓度不超过 200 mg/m^3（日均值、10%氧含量）、氨逃逸浓度不超过 30 mg/m^3（日均值），2019 年起，德国水泥企业将控制在 200 mg/m^3（日均值）。从目前的情况看，脱硝装置一次性投资较高，运行成本也较高，以 Mergelstetten 水泥厂为例，一次性投资 800 万欧元（已较实验初期降低 300 万欧元），运行成本为 0.5～1.12 欧元/t 熟料。

我国于 2013 年发布《水泥工业大气污染物排放标准》后，1 600 多条生产线进行了 SNCR 脱硝改造，全行业投入近百亿元，脱硝一次性投资 300 万～500 万元/条生产线，运行成本 3～4 元/t 熟料，投资及运行成本相对较低。

从排放标准角度来看，我国 GB 4915—2013 提出的氮氧化物排放限值与德国 2019 年所要求达到的 30 min 均值 400 mg/m^3 基本相当，与德国 2019 年日均值 200 mg/m^3 相比还有差距。但是，我们应综合考虑氮氧化物控制与氨排放控制之间的关系，氨也是雾霾的主要元凶，是否有必要一味加严控制氮氧化物，而不考虑氨逃逸、不考虑生产氨的环境成本，那样可能会适得其反。

从技术角度考虑，德国水泥的生产工艺、管理要求与我国不完全相同，SCR 技术在我国需要进一步研究、试验、论证，需要一定的时间。

从经济角度考虑，SCR 技术成本高，如果在全行业刚刚经历过 SNCR 脱硝改造就推动 SCR 脱硝，将使全行业投入上千亿元，企业脱硝运行成本将翻一番，所以需要考虑行业和企业的负担与承受能力。

因此，建议在我国水泥行业适时推动水泥行业 SCR 脱硝试点，进一步研究论证技术、经济可行性，再行研究决定是否大幅推广。

6.2　重点大气污染控制行业排污许可试点实施路径

6.2.1　试点工作目的

　　我国于 20 世纪 80 年代就开始探索建立排污许可制度，先后在多个地区开展了排污许可的试点工作，取得了宝贵的经验，但也发现了企业责任和监管方面的短板和不足。2015 年 9 月发布的《生态文明体制改革总体方案》明确要求："完善污染物排放许可制。尽快在全国范围建立统一公平、覆盖所有固定污染源的企业排放许可制，依法核发排污许可证，排污者必须持证排污，禁止无证排污或不按许可证规定排污。"为充分落实该方案要求，本节拟通过在重点行业进行排污许可试点，探索建立试点行业排污许可实施体系和"一证式"管理模式，推动企业全面持证排污，促进环境质量有效改善，形成可推广、可复制的行业排污许可管理经验。

6.2.2　试点原则

　　（1）精简高效原则。要建立排污许可"一证式"管理模式，涉及的各行业排污许可管理体系要能衔接环境影响评价管理制度、融合总量控制制度，并建立一套统一的污染物排放数据，可同时满足环保税、环境统计、排污权交易等归口部门的需要，一方面减轻企业负担，另一方面避免"数出多门"的乱象，提高管理效能。因此设计排污许可管理体系的首要原则应为"精简高效"。

　　（2）科学公正原则。由于以前国家没有统一的许可排放量核算方法，不同地区核算许可量的方法不尽相同，包括绩效值法、标准法、排污系数法以及实测法等，相同类型、规模的企业许可排放量相差较大。本节应本着科学公正的原则制定一套统一的许可排放限值的核算方法，使其能适用不同规模、不同生产工艺企业的许可排放量的核算，尽量减少计算偏差。

　　（3）与环境质量联动原则。我国地域辽阔，不同区域的地理、气象、水文地质等条件不同，开发程度也不同，导致不同区域的环境质量现状千差万别。因此，本节在研究建立统一的许可排放量核算方法的同时，还应考虑不同区域的环境质量改善需求，环境容量小的地区可以通过加严要求，限制企业的污染物排放，通过精细化管理，实现排污许可与环境质量联动。

6.2.3　实施范围

按照《重点大气污染控制行业排污许可管理体系设计与试点实施方案》要求，本节拟选取重点行业中约 100 家典型企业作为许可证核发及管理试点。按行业来划分，选取 33 家典型钢铁企业和 33 家典型水泥企业进行试点，选取 34 家典型火电企业进行试点，并明确选取原则及选取企业的代表性。

试点企业领取试点排污许可证后，要按试点许可证要求运行和管理，并及时按要求将运行效果反馈。通过对试点许可证的运行效果进行整理分析，对不足之处进行补充完善，并形成一套科学合理的排污许可证管理体系，然后在全国范围内予以推广实施。

（1）钢铁行业排放许可证实施范围

按行业范围划分，排污许可证实施范围包括含有烧结、球团、炼铁、炼钢、轧钢等工序的钢铁企业，包括长流程和短流程钢铁企业。

钢铁行业试点企业选取的原则为：①重点区域选取原则。根据国家统计局资料，2016年全国粗钢产量排名前三的省份分别为河北省、江苏省和山东省，粗钢产量分别为 19 260 万 t、11 080 万 t 和 7 167 万 t，分别占全国粗钢总产量的 23.8%、13.7% 和 8.9%，是钢铁生产的重点区域，具有行业代表性。因此，为便于试点钢铁企业排污许可证的发放和监管，试点企业重点考虑河北省、江苏省、山东省域内的钢铁企业，同时兼顾其他省市的钢铁企业。②生产规模试点原则。根据中国钢铁工业协会统计数据，按照炼钢产能大小，钢铁企业可分为大型、中型和小型三类。其中大型钢铁企业是指炼钢产能在 1 000 万 t 及以上的钢铁企业；中型钢铁企业是指炼钢产能在 300 万（含）～1 000 万 t 的钢铁企业；小型钢铁企业是指炼钢产能在 300 万 t 以下的钢铁企业。试点企业主要考虑中型钢铁企业，同时兼顾大型和小型钢铁企业。③企业类型全覆盖原则。钢铁行业生产工序较多，包括烧结工序、球团工序、炼铁工序、炼钢工序以及轧钢工序等。根据包含的生产单元，钢铁企业一般可分为钢铁联合企业和非钢铁联合企业。其中钢铁联合企业是指至少包含炼铁、炼钢和轧钢等生产工序的钢铁企业；非钢铁联合企业是指除钢铁联合企业外，含一个或二个以上钢铁工业生产单元的钢铁企业，一般以独立轧钢企业、独立球团企业和电炉炼钢企业形式存在。选取的试点企业包括钢铁联合企业和非钢铁联合企业。

（2）水泥行业排污许可证实施范围

水泥行业排污许可试点实施范围为执行《水泥工业大气污染物排放标准》（GB 4915—2013）的水泥（熟料）生产企业和独立粉磨站企业，以及执行《水泥窑协同处置固体废物污染控制标准》（GB 30485—2013）的水泥窑协同处置固体废物企业。

水泥行业试点企业选取原则为：①区域分布试点原则。从地区分布情况来看，全国水泥企业主要分布于华东、华南和华北地区，约占 70%。熟料方面，2016 年全国熟料产能 20.2 亿 t、产量 13.76 亿 t，安徽、山东、四川、河南、河北五省熟料产能过亿吨。水泥方面，2016 年水泥产量过亿的省份有 12 个，分别为江苏、山东、河南、广东、四川、安徽、湖南、广西、湖北、云南、浙江和贵州，产量合计 13.94 亿 t，占全国水泥产量的 58.01%。因此，为便于试点水泥企业排污许可证的发放和监管，试点企业重点考虑熟料产能或水泥产量较大的省内的水泥企业，同时兼顾其他省市。②企业类型试点原则。水泥企业类型主要包括水泥熟料企业、水泥窑协同处置固体废物企业、独立粉磨站三种。本次分别选取三种类型的企业作为试点。③生产规模试点原则。水泥熟料生产线单线规模为 1 000~12 000 t/d，其中 60% 的熟料产能来自日产 4 000~6 000 t 及以上生产线，本次试点兼顾规模大小，拟分别选取 1 000~2 500 t/d、4 000~6 000 t/d、>6 000 t/d 生产线。选取的独立粉磨站规模为 165 万~400 万 t/a。④生产工艺试点原则。对于水泥熟料企业来说，目前主要采用的是新型干法回转窑工艺，占比约为 97%，此外还有极少部分 JT 窑和中空窑。本次试点选取综合考虑工艺因素，以新型干法回转窑为主，兼顾 JT 窑和中空窑。

（3）火电行业排污许可证实施范围

火电行业排污许可证实施范围为执行《火电厂大气污染物排放标准》（GB 13223—2011）的锅炉、机组所在企业，包括火力发电企业、热电联产企业、自备电厂所在企业等。

火电行业试点企业选取原则为：①地域分布试点原则。从地区分布情况来看，全国火电企业主要分布于华东和华北地区，分别占总装机容量的 34.1% 和 20.0%，其次是华中、西北、华南、西南和东北地区。从省域分布来看，主要分布于东部经济发达地区和北方煤炭资源丰富地区，其中排名前 10 位的省份依次为江苏、山东、广东、内蒙古、浙江、河南、山西、安徽、河北和新疆，合计占到了全国总装机容量的 62.4%，最少的省份依次为西藏、青海和海南。试点企业主要考虑华东和华北区域内的火电企业，同时适当兼顾华中、西北、华南、西南和东北地区的企业。②装机容量试点原则。初步统计，2013 年度全国 300 MW 及以上的火电机组容量占比约 76.3%，2014 年底提高至 77.7%。2011—2014 年，300 MW 以下火电机组呈逐年下降趋势，300~600 MW 火电机组在"十二五"前三年有略微下降趋势，但 2014 年占比明显增加，600 MW 及以上火电机组在"十二五"后期得到持续增长。试点企业主要考虑 300 MW 及以上的火电机组所在企业，同时适当考虑 300 MW 以下火电机组所在企业。③污染防治措施试点原则。根据中电联发布的《2015 年度火电厂环保产业信息》，截至 2015 年年底，已投运火电企业安装脱硝设施的占全国火电机组容量的 85.9%；100% 的火电企业安装除尘设施，其中静电除尘器、袋除尘器和电袋复合除尘器分别占 68.6%、8.8% 和 22.6%；安装烟气脱硫设施的占 82.8%。试点企业主要考虑已安装除尘、脱硫和脱硝设施的火电机组所在企业，重点考虑河北、山东等执行地方排放标准即超低排放的企业，同时适当考虑部分未安装脱硫和脱硝设施的企业。

6.2.4   试点实施流程

目前试点企业均已按国家要求申领了排污许可证，且正在按许可证要求执行。考虑到核发的试点企业排污许可证主要用于研究使用，为减轻试点企业负担，本着精简高效的原则制定了一套试点企业排污许可证核发流程。本节将对原有排污许可证中的内容进一步优化，以期优化填报内容，实现有效监管。

具体如下：

（1）研究制定行业排污许可试点实施管理办法和排污许可证样本；

（2）根据排污许可试点实施管理办法和排污许可样本，并结合企业实际情况，协助企业填报试点排污许可证样本；

（3）试点企业按发放的试点排污许可证的要求进行管理，并反馈执行情况。

6.3   重点行业排污许可管理体系

6.3.1   试点许可管理内容

试点排污许可证中载明事项包括基本信息（正本/副本）、登记事项（副本）和许可事项（副本）。

（1）许可证基本信息

基本信息主要包括企业名称、地址、法定代表人、行业类别、统一社会信用代码等内容。

（2）许可证登记事项

许可证登记事项包括三方面内容：一是生产设施、技术负责人、主要产品及产能、主要原辅材料信息等；二是产排污环节、污染防治设施等；三是环境影响评价审批意见、依法分解落实到本单位的重点污染物排放总量控制指标、排污权有偿使用和交易记录等；同时要明确环评制度执行情况及违规项目认定备案情况、是否属于重点控制区等。

（3）许可证许可事项

许可事项是指排污许可的范围，属于排污许可证中的核心记载内容。排污许可事项具体包括排放口位置和数量、污染物排放方式和排放去向等，大气污染物无组织排放源的位置和数量；排放口和排放源排放污染物的种类、许可排放浓度、许可排放限值；取得排污许可证后应当遵守的环境管理要求；法律法规规定的其他许可项目等。

6.3.2　许可排放浓度的确定

（1）钢铁行业许可排放浓度

按照污染物排放标准确定许可排放浓度时，钢铁工业排污单位废气污染物执行《钢铁烧结、球团工业大气污染物排放标准》（GB 28662—2012）、《炼铁工业大气污染物排放标准》（GB 28663—2012）、《炼钢工业大气污染物排放标准》（GB 28664—2012）、《轧钢工业大气污染物排放标准》（GB 28665—2012）及《锅炉大气污染物排放标准》（GB 13271—2014）限值要求。有地方排放标准要求的，按照地方排放标准确定。

（2）水泥行业许可排放浓度

结合水泥工业排污单位生产工艺特点，按照五大单元分别确定产污环节，同时根据《水泥工业大气污染物排放标准》（GB 4915—2013）、《水泥窑协同处置固体废物污染控制标准》（GB 30485—2013）、《恶臭污染物排放标准》（GB 14554—1993）等标准及《水泥窑协同处置危险废物经营许可证审查指南（试行）》（环境保护部公告　2017 年　第 22 号）确定各废气产污环节污染物的限值要求。地方有更严格的排放标准要求的，按照地方排放标准确定。

（3）火电行业许可排放浓度

根据《火电厂大气污染物排放标准》（GB 13223—2011），以产排污节点对应的生产设施或排放口为单位，明确各台发电锅炉、燃气轮机组的烟尘、二氧化硫、氮氧化物、汞及其化合物许可排放浓度。地方有更严格的排放标准要求的，按照地方排放标准确定。

（4）其他情况许可排放浓度

若执行不同许可排放浓度的多台设施采用混合方式排放烟气，且选择的监控位置只能监测混合烟气中的大气污染物浓度，则应执行各限值要求中最严格的许可排放浓度。

按照国家和地方要求实施超低排放改造的，仍按照现行有效的排放标准确定企业的许可排放浓度，并且还应填报超低排放浓度限值，作为企业能否享受国家和地方的超低排放各类经济补贴和政策优惠的判定依据。

6.3.3　许可排放量的核算

核算许可排放量的废气因子为颗粒物、二氧化硫和氮氧化物，按许可证取得日起，滚动 12 个月为周期许可污染因子排放总量。

6.3.3.1　钢铁行业许可排放量的核算

（1）年许可排放量核算方法

钢铁工业排污单位年许可排放量为有组织排放年许可排放量和无组织排放年许可排

放量之和。有组织排放年许可排放量为主要排放口和一般排放口年许可排放量之和。通过对主要排放口和一般排放口年许可排放量核算方法及参数选取进行补充完善，以增强其科学性和适用性。

1）主要排放口年许可排放量

钢铁工业排污单位废气主要排放口污染物年许可排放量由基准排气量、许可排放浓度和产品产量相乘确定。

废气主要排放口基准排气量依据污染源普查数据、钢铁环评报告、设计院提供的设计资料和相关研究成果综合确定。对于燃煤、燃油、燃气锅炉烟气量按照《动力工程师手册》计算得出。

由于近些年钢铁工业受经济形势影响，整体发展低迷，钢铁工业排污单位产能利用率平均为 68%，因此选用排污单位近三年实际产量均值，而不采用设计产能计算其许可排放量，以解决采用排放标准限值计算而导致许可排放量过大的问题。同时，为避免非正常生产年份造成产量均值偏低的问题，对于近三年实际产量均值小于设计产能 75%的，按设计产能 75%取值。

2）一般排放口年许可排放量

除主要排放口外，钢铁企业一般排放口多为原、燃料和产品的破碎、筛分、转运等产尘点所对应的排放口。烧结整粒筛分废气、热风炉烟气等一般排放口烟气排放量相对较大，将以上两个一般排放口许可排放量核算参照主要排放口公式核算，并将各排放口许可排放量分别录入许可证中。其他一般排放口与无组织排放之间往往可以相互转换，如原料场或烧结车间破碎系统，先进钢铁企业破碎系统产尘点一般会配置除尘装置，将粉尘收集净化后以有组织形式排放，而落后钢铁企业在上述产尘点无任何污染治理设施，粉尘则以无组织形式排放。因此，对一般排放口和无组织排放采用相同的许可量计算方法，即绩效法。分别给出执行特排限值排污单位和其他排污单位的各生产单元一般排放口排放绩效值，绩效值由基准排气量与许可排放浓度相乘得出，其中基准排气量取值原则同主要排放口，许可排放浓度依据钢铁系列排放标准确定。

3）无组织年许可排放量

目前我国钢铁企业无组织排放环节控制水平与美国差距仍较大，无组织排放量不容忽视。我国 2012 年发布的钢铁系列排放标准中对各主要生产车间无组织排放提出浓度限值要求。2014 年环保部下发的《钢铁企业大气污染物排放量核算细则》（环监发〔2014〕27 号），给出了颗粒物无组织排放计算公式和相关参数，钢铁行业无组织排放已纳入排污收费中，但企业普遍反映该方法计算结果偏大。自 2015 年起将钢铁行业无组织排放纳入环境统计，环境统计数据显示，我国钢铁企业颗粒物无组织排放占全厂总排放量的 55%。我国目前实际上已经开始对钢铁行业颗粒物无组织排放实施量化管理。

考虑到工作基础和管理需要，排污许可拟对原料堆存转运、烧结（球团）、炼铁、炼钢等四大环节的无组织颗粒物实施量化管理，这样还可兼顾重金属以及大部分特征污染物的管控。颗粒物无组织许可排放量的确定，以评估中心 2015 年开展的《唐山市钢铁行业大气污染物减排潜力分析研究报告》（以下简称"减排潜力研究"）为基础，结合专家咨询和其他数据校核，按排放绩效法计算烧结、球团、炼铁、炼钢工序颗粒物无组织排放量。

"减排潜力研究"选取极具代表性的唐山市为研究对象，在全面梳理唐山市钢铁行业企业数量、规模、工艺装备水平、环保设施及环境管理水平的基础上，以装备水平和主要污染防治措施为依据，将唐山市各钢铁企业主要生产装备进行了分档（高、中、低），并分别选取了五家典型企业的高、中、低档设备开展了有组织排放口和厂界无组织现场监测工作。其中颗粒物无组织排放强度研究采用多种方法，分别为颗粒物无组织排放浓度监测法、降尘罐法和经验公式估算法。

对于京津冀及周边等实施特别排放限值的区域，按研究中全封闭或高效捕集除尘措施对应的排放绩效进行许可；其他区域按照中档无组织控制措施对应的排放绩效进行许可，即实施特别排放限值的区域，钢铁颗粒物无组织必须采取最严格的全封闭控制措施。

（2）基于环境质量的许可排放限值核定

根据《基于环境质量和 BAT 的许可排放限值核定技术方法研究》，各地可根据自身环境空气质量污染物因子水平，确定辖区内重点行业企业的一种或多种主要污染物执行环境质量许可排放量。

6.3.3.2　水泥行业许可排放量的核算

（1）年许可排放量

水泥工业排污单位废气主要排放口污染物年许可排放量由基准排气量、许可排放浓度和产品产能相乘确定。

1）窑尾基准排气量的确定

根据《水泥工业除尘工程技术规范》（HJ 434），窑尾的风量为 1 400～2 500 m^3/t 熟料；《建设项目主要污染物排放总量指标审核及管理暂行办法》（环发〔2014〕197 号）明确了水泥工业排污单位 NO_x 排放绩效值为 1 kg/t 熟料，结合 GB 4915—2013 标准中 NO_x 的排放限值倒推出的排气量，拟定窑尾基准排气量为 2 500 m^3/t 熟料。通过对 30 个水泥熟料生产线（规模：2 000～10 000 t/d）窑尾热工标定数据进行统计和分析，窑尾排气量平均值为 2 351 m^3/t 熟料（1 706～2 688 m^3/t 熟料），76.67%熟料生产线满足拟定的基准排气量。

针对特种水泥和协同处置固体废物生产线的工艺特点，给出这两种窑型窑尾基准排气量 1.1 的系数。这里要说明的是，对于协同处置固体废物的水泥（熟料）制造排污单位，因旁路放风的排气筒的废气引自窑尾烟室，因此该基准排气量包括旁路放风设施的排气量。

2）窑头基准排气量的确定

根据《水泥工业除尘工程技术规范》（HJ 434），窑头冷却机的风量为 1 200～2 500 m^3/t 熟料。根据《第一次全国污染源普查工业污染源产排污系数手册》中产能大于或等于 4 000 t/d 的熟料生产线（不含余热发电项目）窑炉风量，并结合带余热发电时风量调整系数以及窑尾拟定的基准排气量，拟定窑头基准排气量为 1 800 m^3/t 熟料。通过对 10 个水泥熟料生产线窑头热工标定数据进行了统计、分析，窑头平均排气量为 1 598 m^3/t 熟料（1 392～1 927 m^3/t 熟料），80%熟料生产线满足拟定的基准排气量。

3）一般排放口年许可排放量

水泥工业排污单位废气一般排放口污染物年许可排放量由基准排气量、许可排放浓度和产品产能相乘确定，其中基准排气量主要分煤磨、水泥磨、熟料库前其他一般排放口、熟料库后其他一般排放口四类。

①煤磨基准排气量的确定。根据《水泥行业清洁生产评价指标体系》国内清洁生产先进水平吨熟料耗标煤为 108 kg，结合《水泥工业除尘工程技术规范》（HJ 434）以及标煤和实物煤的折算系数，煤磨的排气量折算为 453.6 m^3/t 熟料，拟定煤磨基准排气量为 460 m^3/t 熟料。为配合试点方案的制定，通过对 25 个煤磨实际排气量进行了统计、分析，70%煤磨满足拟定的基准排气量。

②水泥磨基准排气量的确定。考虑到目前水泥行业圈流粉磨工艺占到 90%以上，确定了圈流磨工艺风量。根据《水泥工业除尘工程技术规范》（HJ 434），按照直径 3.8 m、产能为 80 t/h 的水泥磨机核算出磨内通风废气排放量为 541.5 m^3/t 水泥；选粉机的设计风量为 900～1 500 m^3/t 水泥，考虑到选粉机的循环用风，确定选粉机的风量为 1 000 m^3/t 水泥，拟定水泥磨基准排气量为 1 550 m^3/t 水泥。通过对 6 个水泥磨的风量标定数据进行统计、分析，近 83%水泥磨满足拟定的基准排气量。

③熟料库前其他一般排放口基准排气量的确定。在熟料库前的所有工序都是为生产熟料而设置，根据此特点，为兼顾独立熟料线项目，把熟料库前的一般废气排放口归为一类，给定基准排气量，以便排污单位进行排污量的申报。熟料库前是自破碎到熟料出库之间的所有工序（除煤磨），排放口包括原辅料、燃料、生料输送设备、料仓、储库以及生料磨等废气排放口。因熟料库前排放口较多且废气排放量较小，拟定基准排气量 600 m^3/t 熟料。因缺少熟料库前所有排气筒的排气量的实测数据，通过随机抽取 7 家公司的项目环评进行排气量统计、分析，熟料库前设计排气量平均值为 571.29 m^3/t 熟料，

71.43%的项目满足拟定的基准排气量。

④熟料库后其他一般排放口基准排气量的确定。熟料库后的所有工序皆为生产水泥而设置，根据此特点，把熟料库后的一般废气排放口归为一类，给定基准排气量，以便排污单位进行排污量的申报。熟料库后排放口是自辅材破碎工序至水泥出库所有一般废气排放口（除水泥磨），包括熟料、水泥、混合材、石膏等输送设备、料仓、储库以及破碎机、包装机等废气排放口。因熟料库后排放口较多且废气排放量较小，拟定基准排气量为 600 m^3/t 水泥。因缺少熟料库后所有排气筒排气量的实测数据，通过随机抽取 7 家公司的环评进行排气量统计、分析，熟料库后的设计排气量平均值为 489.11 m^3/t 水泥，71.43%的项目满足拟定的基准排气量。

⑤所有一般排放口基准排气量的科学性分析。根据上述拟定的基准烟气排放量，一般排放口的基准排气总量为煤磨、水泥磨、熟料库前、熟料库后基准排气量之和。对熟料库前和煤磨的基准排气量折算为 m^3/t 水泥后（折算系数取 0.57，由 2015 年已公布的熟料和水泥产量得出），得出所有一般排放口的风量为 2 761.31 m^3/t 水泥，较《第一次全国污染源普查工业污染源产排污系数手册》中水泥生产线（参考≥4 000 t/d 熟料水泥生产线）对应的工艺风量 1 280 m^3/t 水泥高。具体有以下原因：

a）随着环保管理的趋严，环境保护主管部门加大对无组织排放的管控力度，将无组织排放逐步改造成有组织排放，导致有组织排放风量较以前增大。

b）为更好地控制水泥粉磨的质量，选粉机在直径大于 3.8 m 的磨机上大量使用，风量较以前的开路磨风量大。

c）为了提高集尘效率，减少无组织排放量，水泥排污单位对前期集气量小、集尘效率低的袋除尘进行了技改，增大了除尘风量。

综上所述，本次一般排放口风量的上调是综合考虑了水泥工业的技术进步和无组织管理要求加严确定的。

⑥所有排放口单位产品基准排气量之和的科学性分析。根据上述拟定的基准烟气排放量，所有排放口的基准排气总量为窑头、窑尾、煤磨、水泥磨、熟料库前、熟料库后排气口基准排气量之和。经核算，所有排放口的风量总计为 5 221.31 m^3/t 水泥。通过对 7 个水泥项目的环评设计风量进行统计、分析，平均风量为 4 897.09 m^3/t 水泥，71.43%的项目满足拟定的总基准排气量。

（2）基于环境质量的许可排放限值核定

根据《基于环境质量和 BAT 的许可排放限值核定技术方法研究》，各地可根据自身环境空气质量污染物因子水平，确定辖区内重点行业企业一种或多种主要污染物执行环境质量许可排放量。

6.3.3.3　火电行业许可排放量的核算

明确各台发电锅炉、燃气轮机组烟尘、二氧化硫、氮氧化物许可排放量，包括年许可排放量和特殊时段许可排放量。其中，年许可排放量的有效周期应以许可证核发时间起算，滚动 12 个月。排污许可证许可排放量为各台锅炉和燃气轮机组许可排放量之和。

备用机组不再单独许可排放量，按照企业全厂许可排放量管理。存在锅炉和机组不对应情况的企业，对于纯发电机组，按照发电机数量分别计算许可排放量；对于热电机组，根据发电机额定功率比例计算各自的供热能力，再按照发电机数量分别计算许可排放量。

有环境影响评价批复的新增火电机组还要依据环境影响评价文件及批复从严确定许可排放量。地方有更严格的环境管理要求的，按照地方要求核定。

总量控制要求包括地方政府或生态环境主管部门发文确定的企业总量控制指标、环评文件及其批复中确定的总量控制指标、现有排污许可证中载明的总量控制指标、通过排污权有偿使用和交易确定的总量控制指标等地方政府或生态环境主管部门与排污许可证申领企业以一定形式确认的总量控制指标。

根据《关于执行大气污染物特别排放限值的公告》（环境保护部公告 2013 年 第 14 号）和《关于执行大气污染物特别排放限值有关问题的复函》（环办大气函〔2016〕1087 号）的要求应当执行特别排放限值的企业，按照特别排放限值确定许可排放量。

（1）年许可排放量核算方法

火电企业年许可排放量包括各主要排放口年许可排放量之和。对重污染天气应急预警期间日排放量以及京津冀等重点区域冬防阶段月排放量有明确规定的，还应计算特殊时段许可排放量。

发电锅炉、燃气轮机组 SO_2、NO_x、烟尘的许可排放量采用排放绩效法测算。绩效法是根据等效发电量和单位发电量污染物绩效值（即污染物排放强度）核定某污染物排放量。

采用绩效法计算火电机组污染物排放总量最早见于《建设项目主要污染物总量指标审核及管理暂行办法》（环发〔2014〕197 号），在该办法发布前，环境影响评价中污染物排放总量计算主要采用物料衡算法，根据物质质量守恒定律对生产过程中使用的物料变化情况进行定量分析。

本节推荐的绩效法在环发〔2014〕197 号的基础上，绩效取值更加细化，考虑了新建锅炉与现有锅炉，机组规模以 750MW 为分界，分别给出不同的绩效值。

（2）基于环境质量的许可排放限值核定

根据《基于环境质量和 BAT 的许可排放限值核定技术方法研究》，各地可根据自身环境空气质量污染物因子水平，确定辖区内重点行业企业的一种或多种主要污染物执行环境质量许可排放量。

6.3.4　实际排放量核算

6.3.4.1　钢铁行业实际排放量核算方法

本节给出了钢铁工业排污单位废气污染物实际排放量核算方法，其中主要排放口实际排放量核算采用自动监测实测法，对于要求采用自动监测的排放口或污染因子而未采用的，采用物料衡算法和产排污系数法核算实际排放量，且按直排进行核算。一般排放口实际排放量核算可采用自动监测实测法或手工监测实测法。无组织颗粒物实际排放量核算采用排污系数法。

（1）主要排放口

主要排放口颗粒物、二氧化硫和氮氧化物排放量约占全厂有组织排放量的 70%，是钢铁工业排污单位重点监控污染源，监测数据较为完善，采用自动监测实测法。自动监测实测法是指根据符合监测规范的有效自动监测污染物的小时平均排放浓度、平均烟气量、运行时间核算污染物年排放量。要求采用自动监测的排放口或污染因子而未采用的，采用物料衡算法核算二氧化硫排放量，根据原辅燃料消耗量、含硫率，按直排进行核算；采用产排污系数法核算颗粒物、氮氧化物排放量，根据单位产品污染物的产生量，按直排进行核算。

另外，对于因自动监控设施发生故障以及其他情况导致数据缺失的按照 HJ/T 75 进行补遗。缺失时段超过 25%的，自动监测数据不能作为核算实际排放量的依据，实际排放量按照"要求采用自动监测的排放口或污染因子而未采用"的相关规定进行核算。

（2）一般排放口

与主要排放口相比，一般排放口有组织排放量相对较少，且未要求一般排放口安装自动监测设施，因此一般排放口实际排放量既可采用自动监测实测法又可采用手工监测实测法。手工监测实测法是指根据每次手工监测时段内污染物的小时平均排放浓度、平均烟气量、核算时段内累计运行时间核算污染物实际排放量。

（3）无组织排放

因钢铁工业排污单位生产流程长，无组织排放环节较多，监管起来难度较大，为此拟采取排污系数法计算各工序无组织排放颗粒物实际排放量。排污系数根据不同的污染控制措施分四档给出，其中第一档、第三档污染控制措施分别与《关于发布〈钢铁烧结、球团工业大气污染物排放标准〉等 20 项国家污染物排放标准修改单的公告》中重点地区、一般地区无组织控制措施相对应，即认为满足措施要求时，排污系数取值满足许可绩效值，反之取值高于许可绩效值。为了体现不同控制措施实际排放量之间的差别，增加第二档和第 4 档污染控制措施情形下的排污系数。通过上述方式，可倒逼钢铁企业提升环保治理设施和环保管理水平，减少污染物排放。

6.3.4.2　水泥行业实际排放量核算方法

水泥工业排污单位应核算废气污染物有组织实际排放量，不核算废气污染物无组织实际排放量。核算方法包括实测法、物料衡算法、产排污系数法等。

对于排污许可证中载明应当采用自动监测的排放口和污染物，根据符合监测规范的有效自动监测数据采用实测法核算实际排放量。对于排污许可证中载明要求采用自动监测的排放口或污染物而未采用的，采用物料衡算法核算二氧化硫排放量，核算时根据原辅燃料消耗量、含硫率，并可考虑水泥窑本身的脱硫效率；采用产污系数法核算颗粒物、氮氧化物排放量，根据单位产品污染物的产生量，按直排进行核算。

对于排污许可证未要求采用自动监测的排放口或污染物，按照优先顺序依次选取自动监测数据、执法和手工监测数据、产排污系数法（或物料衡算法）进行核算。监测数据应符合国家环境监测相关标准技术规范要求。

（1）有组织污染物实际排放量核算

有组织废气污染物实际排放量包括主要排放口和一般排放口各类污染物之和，对于水泥窑协同处置固体废物排污单位设置单独旁路放风排放口的，还应核算旁路排气筒污染物实际排放量。

（2）主要排放口实际排放量核算

主要排放口主要以自动监测实测法核算实际排放量。本节同时分情况给出了在线监测装置发生故障时的处理意见。对于因其他情况导致季度数据缺失时段、数据异常累计时段低于季度运行小时数的 10%的，该时段污染物实际排放量按照缺失前 720 个有效小时均值最大值确定；在 10%～25%的，该时段污染物实际排放量按照缺失前 2 160 个有效小时均值最大值确定；超过 25%的，自动监测数据不能作为核算实际排放量的依据，按照"要求采用自动监测的排放口或污染物而未采用"的情况来核算实际排放量。

（3）一般排放口实际排放量

一般排放口主要以手工监测实测法核算污染物实际排放量。

手工监测实测法是指根据每次手工监测时段内每小时污染物的平均排放实测浓度、平均标态干基烟气量、运行时间核算污染物排放量。

水泥工业排污单位一般排放口目前一般采用手工监测方法，为降低水泥排污单位核算一般排放口颗粒物实际排放量的工作量，建议将废气排放量大、运转率高的污染源纳入季度监测，根据监测数据核算该类污染源实际排放量，然后根据概算算出全厂的一般排放口季度颗粒物排放量，进而求得半年、全年排放量。

6.3.4.3 火电行业实际排放量核算方法

火电企业污染物的排放总量指企业中有许可排放量要求的主要排放口的主要污染物实际排放量。

火电企业 SO_2、NO_x 和烟尘实际排放量的核算方法包括实测法、物料衡算法和产排污系数法等。

（1）实测法

实测法是指根据监测数据测算实际排放量的方法，分为自动监测实测法和手工监测实测法。其中，自动监测实测法是指根据 DCS 历史存储的 CEMS 数据中的每小时污染物的平均排放浓度、平均烟气量、运行时间核算污染物年排放量。

手工监测实测法是指根据每次手工监测时段内每小时污染物的平均排放浓度、平均烟气量、运行时间核算污染物年排放量。

（2）物料衡算法

按照《关于发布计算污染物排放量的排污系数和物料衡算方法的公告》（环境保护部公告 2017 年 第 81 号）中规定的方法计算。采用物料衡算法核算二氧化硫排放量的，根据燃料消耗量、含硫率进行核算。

（3）产排污系数法

按照《关于发布计算污染物排放量的排污系数和物料衡算方法的公告》（环境保护部公告 2017 年 第 81 号）中规定的方法计算。采用产排污系数法核算氮氧化物、烟尘排放量的，根据燃料消耗量、产污强度进行核算。

6.3.5 环境管理要求

排污许可制度的核心是企业发挥环保主体责任，依法按证排污，推动企业主动承担环保责任。因此，企业必须有义务和能力说清楚自己排放了什么污染物、排放了多少以及排放去向等，即企业需要提供足够的证据来证明。为防止部分不守法企业弄虚作假、瞒报漏报等行为，本节拟在排污许可证中增加相关的环境管理要求，从日常的污染防治设施运行与维护、无组织排放控制水平、自行监测的实施、环境管理台账的建立以及定期上交执行报告等方面提出详细的要求，形成一整套证据链，来佐证企业提供的排放情况是否符合实际。

（1）污染防治设施运行和维护要求

污染防治设施运行和维护要求是指排污单位应建立污染防治设施运行和维护制度，记录污染防治设施运行，确保其与主体生产设施同步运行。一是保证污染防治设施正常运行，使其保持稳定的污染物去除效率；二是确保污染防治设施与主体生产设施同步运行，避免出现污染物直接排放造成的环境影响。

（2）无组织排放控制要求

无组织排放控制要求是指对企业的各主要无组织产生点的控制措施提出了具体的要求，企业需按照相关要求完善无组织控制措施，减少无组织污染物的产生和排放。

（3）自行监测要求

企业制定自行监测管理要求的目的是自我证明排污许可证中许可限值落实情况。通过结合排污特点，并依据《固定污染源烟气排放连续监测系统技术要求及检测方法（试行）》（HJ/T 76）、《固定污染源废气监测技术规范》（HJ/T 397）、《排污口规范化整治技术要求（试行）》（环监〔1996〕470 号）和《地表水和污水监测技术规范》（HJ/T 91）等监测技术规范和方法，对排污单位自行监测管理要求做出了规定。

对于废气主要排放口，要求采用自动监测，实施精细化管理，监测的废气污染因子为颗粒物、二氧化硫、氮氧化物。考虑到不同时间的生产负荷不同，易对手工监测结果造成影响，从而导致单次监测结果不能真实反映排污单位正常排污情况，规定手工监测时生产负荷应不低于本次监测与上一次监测周期内的平均生产负荷。排污单位在申请排污许可证时，制定自行监测方案并在排污许可证申请表中明确。

（4）环境管理台账要求及执行报告要求

企业开展环境管理台账记录、编制执行报告的目的是自我证明企业的持证排污情况。通过结合行业特点，研究排污单位环境管理台账记录和执行报告填报内容及要求，规范企业的日常环境管理，倒逼企业建立精细化的环境管理制度。

6.4　试点行业排污许可证样本设计及填报要求

6.4.1　许可证样本设计

本节设计了一套排污许可证样本，用于试点企业填报。许可证样本主要包括排污单位基本信息（排污单位基本信息表、主要产品及产能、主要原辅材料及燃料、产排污节点、污染物及污染治理设施、企业总量控制指标等）、大气污染物排放（排放口内容、有组织排放许可限值、特殊情况下许可限值、无组织排放许可条件和排污单位大气排放总许可量等）、环境管理要求（自行监测要求、环境管理台账记录要求等）等内容。

包含两个分册：第一册作为试点排污许可证的主要内容，包含排污单位基本信息、大气污染物排放（含许可排放量、许可排放浓度及自行监测信息、无组织排放控制要求）、环境管理要求（环境管理台账记录、执行报告、信息公开及其他控制及管理要求）以及附图和附件。第二册主要是排污单位登记信息，含主要产品及产能、主要原辅材料及燃料。

第一册主要包含下列表格：表 1　排污单位基本信息表；表 2　大气排放总许可量；

表 3　大气排放口及自行监测信息（含污染治理设施、排放口信息、自行监测信息）；表 4　无组织排放信息表；表 5　环境管理台账记录表；表 6　执行报告；表 7　信息公开。

第二册主要包含下列表格：表 8　主要产品及产能；表 9　主要原辅材料及燃料。

各重点行业许可证样本的设计思路基本一致，考虑到火电的排放口较少，而水泥和钢铁行业排放口较多，火电、水泥、钢铁的样本在表 3 中的表现形式略有差别，具体见表 6-1、表 6-2。

表 6-1　大气排放口及自行监测信息（火电）

大气排放口基本情况							
有组织排放口编号		排放口类型		排放形式		排放口设置是否符合要求	
排放口地理坐标	经度		排气筒高度/m		排气筒出口内径/m		
	纬度		其他信息				
执行的排放标准							
许可排放浓度							
承诺更加严格排放浓度限值							

废气产排污节点、污染物及污染治理设施								
对应产污环节名称（2）	生产设施名称	生产设施编号	污染物种类（3）	污染治理设施名称	污染治理设施编号	污染治理设施工艺	是否为可行技术	污染治理设施其他信息

自行监测及记录								
污染物名称	监测设施	自动监测是否联网	自动监测仪器名称	自动监测设施安装位置	自动监测设施是否符合安装、运行、维护等管理要求	手工监测采样方法及个数	手工监测频次	手工测定方法

表6-2　大气排放口及自行监测信息（钢铁/水泥）

主要生产单元名称	生产设施名称	产污设施编号	对应产污环节名称	污染防治设施				排放形式或去向	排放口编号	污染物名称	许可排放浓度（标态）限值(mg/m³)	承诺更加严格排放浓度（标态）限值(mg/m³)	许可排放速率限值(kg/h)	排放口设置是否符合要求	排放口类型	排放口高度	排气筒出口内径	排放口地理坐标	监测方法	自动监测是否联网	自动监测仪器名称	自动监测设施安装位置	自动监测设施是否符合安装、运行、维护管理等要求	手工监测采样方法及个数	手工监测频次	手工测定方法	其他信息
				污染防治设施编号	污染防治设施名称	污染防治设施工艺	是否为可行技术																				

6.4.2　样本填报要求

试点排污许可证样本中各个表格均备注了具体的填报要求，应严格按照试点实施管理办法和许可证样本中的填报要求进行填报，保证填报内容的完整性、真实性和准确性。

6.4.2.1　试点排污许可证申报材料的准备

为落实"自证守法"，企业要确保填报内容的全面、合理、真实、有效。企业在排污许可证申报过程中需要提前准备好相关材料，梳理产污设施、污染防治设施、排放口等信息。

各申请表所需参考资料见表 6-3。

表 6-3　各申请表所需资料/数据清单

序号	申报表名称	需要资料/数据名称
1	排污单位基本信息	公司经营许可证；全部项目环评报告书及其批复文件；地方政府对违规项目的认定或备案文件（若有）；主要污染物总量分配计划文件
2	大气排放总许可量	环评文件、总量控制指标文件，申请年许可排放量核算文件
3	大气排放口及自行监测信息	国家及地方排放标准；环评文件、设计文件、内部设备编码表（优先使用）、《固定污染源（水、大气）编码规则》、有组织排放口编号（优先使用环保部门已核定的编号）、滤袋采购合同、环保管理台账、技术规范、排气筒位置高度等信息；环保管理台账；监测相关技术规范、行业自行监测指南等
4	无组织排放控制措施	现场无组织源管控的措施梳理统计表
5	环境管理台账记录要求	行业技术规范、环保管理台账等
6	主要产品及产能	各生产设施设计文件；项目环评报告书、产能确定文件、内部设备编码表（优先使用）、《固定污染源（水、大气）编码规则》；各环保设备、主机设备的说明书等
7	主要原辅材料及燃料	设计文件；生产统计报表；生产工艺流程图；生产厂区总平面布置图；原辅燃料购买合同

6.4.2.2　填报要求

试点排污许可证主要有企业基本信息，主要生产装置、产品及产能信息，主要原辅材料及燃料信息，生产工艺流程图，厂区总平面布置图，废气产排污环节，排放污染物种类及污染治理设施信息，执行的排放标准，许可排放浓度和排放量，自行监测及记录信息，环境管理台账记录等。

表1　排污单位基本信息

是否属于重点控制区，应结合生态环境部（原环境保护部）相关公告进行确定。对属于重点控制区的，是否执行特别排放限值应根据环评文件取得时间和地方政府发文进行确定。对于京津冀"2+26"城市是否执行特排限值按照《关于京津冀大气污染传输通道城市执行大气污染物特别排放限值的公告》（环境保护部公告　2018年　第9号）的要求执行。

表2　大气排放总许可量

计算许可量时产能应与环评批复产能或备案产能相一致。申请的许可排放量应与计算过程保持一致。

表3　大气排放口及自行监测信息（含污染治理设施、排放口信息、自行监测信息）

将产排污环节填写完整；根据试点管理办法要求识别主要排放口和一般排放口，各排放口污染物种类填报齐全。关于选择执行标准时，应先确定所在地有无地方标准，并根据"排放浓度限值从严确定"选择执行标准名称。对于目前填报的排气筒高度不满足标准要求或排放口不规范的，应提出限期整改要求。

主要排放口对应的主要污染物一定选择自动监测，地方要求其他排放口安装在线监测的也应选择自动监测，其余为手工监测，监测频次应满足试点管理办法要求。采用自动监测的，应在手工监测处补充填写手工监测的采样频次和方法，并备注"在线监测设备发生故障时"。重点审查是否漏填报厂界无组织监测。

表4　无组织排放控制措施

企业"公司无组织管控现状"应结合企业实际情况填报，执行特别排放限值和地标严于国标时，均要按照执行特别排放限值的重点区域来填报。企业选填的内容要与企业实际建设一致，不可漏填报公用单元的"其他"管控要求。

表5　环境管理台账记录要求

根据试点管理办法要求完善台账记录，填报时应根据记录频次要求分类填报，填报的记录内容和频次不得低于要求。记录形式为电子台账/纸质台账。

表6　主要产品及产能

以企业实际情况填报，主要生产单元、生产工艺及生产设施按技术规范填报，不应混填；企业的产能和年运行时间应填报环境影响评价文件及其批复、地方政府对违规项目的认定或备案文件确定的合法产能。

表7　主要原辅材料及燃料

原辅料的种类按照企业实际情况填报，年最大使用量为全厂同类型原辅料的总计，可以根据设计文件或环评文件来确定。所有含硫元素的原辅料的硫占比都应填报数据。

附图——工艺流程图与总平面布置图

要清晰可见、图例明确，且不存在上下左右颠倒的情况。

6.4.3　试点排污许可证样本创新点

（1）与环境执法相衔接，展现形式更方便监管

现发布的火电、钢铁、水泥行业排污许可技术规范中明确规定了基本情况填报要求，包括排放口类型、污染因子、许可排放限值等许可事项，提出了实际排放量核算和合规判定方法、自行监测、环境管理台账和执行报告等环境管理要求等。排污许可证申请表填报包括 14 份主表，分别为：①排污单位基本情况；②主要产品及产能；③主要燃料及原辅材料；④产排污节点、污染物及污染治理设施；⑤大气污染物排放信息——排放口；⑥大气污染物排放信息——有组织排放信息；⑦大气污染物排放信息——无组织排放信息；⑧大气污染物排放信息——企业大气排放总许可量；⑨水污染物排放信息——排放口；⑩水污染物排放信息——申请排放信息；⑪环境管理要求——自行监测要求；⑫环境管理要求——环境管理台账记录要求；⑬地方环保部门依法增加的内容；⑭相关附件。排污许可证内容全面，但因各表格之间存在关联，在执法时需前后查找对应，给地方的执法监管造成了一定的难度。

此次试点排污许可证从排放口着手，以排放口前导明确污染防治设施和相应的工艺环节，以排放口后导明确相应的污染物、许可排放浓度、自行监测管理要求，将所有信息展现到一个表格中，从同一表中找出工艺、污染防治设施、排放口、污染物及许可排放浓度、自行监测的一一对应关系，使执法监管人员更能对应现场实际情况厘清关系，方便后续的执法监管。

（2）体现精细化要求，核算方法更符合实际

一方面，在钢铁行业核算年许可排放量时采用近三年产量平均值为基数进行核算，另一方面，对于有的企业因经营状况差、检修等原因存在部分年份产量远小于产能的情况，对许可排放量核算基数的确定方法进行了调整，虽仍采用近三年产量平均值，但增加了一条数据应用要求，即"在生产负荷低于 75% 的年份，该年的产量按产能的 75% 计算"。

钢铁行业一般排放口年许可排放量的核算方法以生产单元划分，统一采用绩效法核算，但考虑到一般排放口中的烧结整粒筛分废气和热风炉烟气排放量相对较大，故将这两类一般排放口污染物年许可排放量的核算方法由绩效法改为由基准排气量、许可排放浓度和产品产量相乘确定，核算结果更加精确。

6.4.4　试点排污许可证与环境影响评价的衔接

对排污许可制度实施时间较长的国家开展调研发现，美国、德国的环境影响评价与排污许可制度完全融合，污染类项目的环境影响评价是排污许可证的要件；澳大利亚的环境影响评价是排污许可的重要参考，排污许可证中关于保护目标、环境影响、污染控

制、环境质量本底等内容，与环境影响评价一致。借鉴其他国家的经验，我国提出环境影响评价制度是建设项目的环境准入门槛，是申请排污许可证的前提和重要依据，排污许可制是企事业单位生产运营期排污的法律依据，是确保环境影响评价提出的污染防治设施和措施落地的重要保障。2017 年 11 月，环境保护部发布了《关于做好环境影响评价制度与排污许可制衔接相关工作的通知》（环办环评〔2017〕84 号），以推动落实固定污染源类建设项目全过程管理。

结合此次试点排污许可管理办法及试点排污许可证样本，核定建设项目产排污环节、污染物种类及污染防治设施和措施等基本信息；依据国家或地方污染物排放标准、环境质量标准和总量控制要求等管理规定，按照环境影响评价要素导则等技术文件，严格核定排放口数量、位置以及每个排放口的污染物种类、允许排放浓度和允许排放量、排放方式、排放去向等信息；结合自行监测技术指南，核定自行监测计划等；同时，将环境影响评价文件中的环境管理要求纳入排污许可证。

6.5 试点行业排污许可实施的效果评估

本次试点结合钢铁、水泥、火电三个行业的特点，确定评价指标体系进行试点排污许可实施效果评估。

6.5.1 试点评估流程和评估方法

试点评估流程见图 6-1。

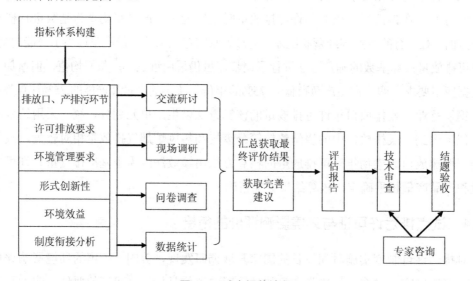

图 6-1 试点评估流程

1）运用环境政策评估的理论和方法，结合排污许可制度设计特点，构建各行业的排污许可试点实施效果评价指标体系。

2）运用评价指标体系，通过问卷调查、数据获取、调研座谈等多种方法，分析试点评估效果，编写试点评估报告。

3）试点评估报告通过技术审查，通过专家验收。

6.5.2　试点评估指标体系

考虑试点的实际效果和侧重点，根据可行性、科学性、全面性和重点性相结合，定量指标与定性指标相结合等原则构建指标体系，更加能够反映出客观事实，提高评价的准确性。从排放口和产排污环节、许可排放要求、环境管理要求、形式创新、环境效益等方面建立评价体系，确定能反映实施效果的 10 个定性指标和定量指标，具体指标见表 6-4。此外，还分析了目前的管理办法和企业实际试点过程中如何与环评、总量控制的衔接。

表 6-4　指标体系

一级指标	二级指标	三级指标	指标性质	指标来源
试点行业排污许可管理体系评价	排放口、产排污环节	产排污环节设置合理性	定性	梳理废气产排污环节点和排放口，分析目前产排污环节是否有遗漏
		排放口分类及填报要求合理性	定性	主要排放口、一般排放口设置是否合理
	许可排放要求	许可排放量核算方法科学性	定量	通过企业实际排放量，测算分析绩效法的科学性（钢铁无组织量除外）
		实际排放量核算方法科学性	定性	与污染源源强核算技术指南等进行对比分析，同时分析实际工作过程中存在的问题
		合规判定方法科学性	定量	根据自动监测数据和企业实际填报执行报告数据，分析小时均值浓度达标情况
	环境管理要求	自行监测设置合理性	定性	根据企业实际情况分析自行监测点位、频次要求是否合理
		执行报告和台账记录填报内容合理性	定性	针对是否体现行业特点，是否作为执法支撑进行分析
	形式创新性	企业填报简便性	定性	从方便企业填报角度分析形式创新的作用
		执法人员可用性	定性	从方便执法人员角度分析形式创新的作用
	环境效益	企业环境管理水平	定性	从提升企业管理水平（污染治理、自行监测、制度建设）定性分析

6.5.3 试点评估结果

排污许可制是生态文明体制改革的重要环节之一，是推动环境治理基础制度改革、改善环境质量的重要制度，是固定污染源环境管理的核心制度。此次试点实施增强了企业依法排污意识，对后续的环保部门监管执法起到了支撑作用，提升了企业管理水平。

1）将所有行业管理要求都在一张许可证上体现，可初步实现制度改革、打破制度之间壁垒的目标，统一环保系统内部各业务部门对火电、钢铁、水泥三个行业的监管要求，落实了以建立排污许可制为核心的固定污染源管理体制构想，有助于企业明确环保部门监管要求并有针对性地采取措施，从而减轻环保部门、企业的环保管理负担，提高管理效能。

2）在产排污环节识别、排放限值、自行监测等部分均提出了详细的技术要求，实现了排污环节的全覆盖，有效促进了火电、钢铁、水泥行业环境管理的精细化，对提高企业自行监测水平、规范台账记录，提升环境管理水平具有重要的推动作用。

3）对于目前试点排污许可证的展现形式，在同一表中将找出工艺、污染防治设施、排放口、污染物及许可排放浓度、自行监测的一一对应关系，可更加方便执法监管审查和企业梳理填报。

但试点方案在具体实践过程中也存在部分细则操作性不强等问题，目前的试点管理办法仍有一些待完善的地方，主要集中在排放口分类及填报、许可排放量核算、合规判定、自行监测等方面，比如火电行业"一般排放口"仅提及输煤转运站和采样间排气筒，导致执行情况较为混乱，而且企业在填报时容易遗漏污染因子，相比来说钢铁和水泥两个行业这种情况就基本不存在。三行业许可排放量虽然满足大部分企业的要求，但仍有企业反映环评计算值偏小或火电绩效值法计算值偏大等问题，需在后续的制度修订中加以完善。

第7章 大气排污许可管理信息平台开发技术

本章根据国务院办公厅印发《控制污染物排放许可制实施方案》以及生态环境部（原环境保护部）《排污许可证管理暂行规定》《排污许可证管理办法（试行）》等文件对于排污许可制改革及排污许可证管理信息平台建设的要求，分析了排污许可制信息化建设的实际需求。针对国家级排污许可数据共享、数据应用及各地建设排污许可管理应用系统的需求，着重分析国家大气排污许可管理信息平台总体框架建设思路以及采用的关键技术。为在国家层面的排污许可数据共享与大数据分析应用提供信息化支撑，辅助管理人员进行科学决策；为区域的许可证申请、审核、制证、发证、信息公开和许可监管等许可证全生命周期的许可管理提供信息化支撑。充分运用互联网、物联网、大数据、云计算等现代信息技术手段，基于排污许可制度，规范固定污染源环境管理，整合固定污染源排污数据，为大气污染物排放许可制度的实施提供信息化保障。

7.1 平台建设背景

为贯彻落实《控制污染物排放许可制实施方案》，规范排污许可证申请、审核、发放、管理等程序，环境保护部于 2016 年 12 月 23 日印发了《排污许可证管理暂行规定》。规定中对排污许可证的申请、核发、实施、监管等行为进行了规范，明确应当实行排污许可管理的排污单位、排污许可证内容、申请材料、审核程序等，并提出建设、运行、维护、管理国家级排污许可证管理信息平台，各地现有的排污许可证管理信息平台应实现数据逐步接入。在统一社会信用代码的基础上，通过国家排污许可证管理信息平台对全国的排污许可证实行统一编码。排污许可证申请、受理、审核、发放、变更、延续、注销、撤销、遗失补办应当在国家排污许可证管理信息平台上进行。排污许可证的执行、监管执法、社会监督等信息应当在国家排污许可证管理信息平台上记录。

环境保护部于 2018 年 1 月 10 日印发了《排污许可管理办法（试行）》（以下简称《管理办法》），规定了排污许可证核发程序等内容，细化了环保部门、排污单位和第三方机构的法律责任，为改革完善排污许可制迈出了坚实的一步。作为落实《控制污染物排放许可制实施方案》，实施排污许可制度的重要基础性文件，《管理办法》明确了排污者责任，强调守法激励、违法惩戒。为强化落实排污者责任《管理办法》规定了企业承诺、自行监测、台账记录、执行报告、信息公开五项制度。

《管理办法》是对《排污许可证管理暂行规定》的延续、深化和完善。它在结构和思路上与《排污许可证管理暂行规定》保持一致，内容上进一步细化和强化。同时根据部门规章的立法权限，结合火电、造纸行业排污许可制实施中的突出问题，对排污许可证申请、核发、执行、监管全过程的相关规定进行完善，并进一步提高可操作性。

《管理办法》规定了排污许可证核发程序，明确排污许可证申请、审核、发放的完整周期以及变更、延续、撤销、注销、遗失补办等各种情形，规范企业需要提供的材料、应当公开的信息，环保部门受理的程序、审核的要求、发证的规定以及可行技术在申请与核发中的应用等内容。

《管理办法》明确环境保护部负责制定排污许可证申请与核发技术规范、环境管理台账及排污许可证执行报告技术规范、排污单位自行监测技术指南、污染防治可行技术指南等相关技术规范。

《管理办法》明确环境保护部负责建设、运行、维护、管理全国排污许可证管理信息平台。排污许可证的申请、受理、审核、发放、变更、延续、注销、撤销、遗失补办应当在全国排污许可证管理信息平台上进行。排污单位自行监测、执行报告及环境保护主管部门监管执法信息应当在全国排污许可证管理信息平台上记载，并按照本办法规定在全国排污许可证管理信息平台上公开。

全国排污许可证管理信息平台中记录的排污许可证相关电子信息与排污许可证正本、副本依法具有同等效力。

基于以上排污许可制度改革要求，建设国家级统一的排污许可证管理信息平台是落实排污许可制改革内容的关键步骤与必然要求。在此基础上，研究国家大气排污许可管理信息平台总体框架和关键技术，提出平台总体设计思路、技术路线方法、实施策略与测试验证机制等内容，在充分运用互联网、物联网、大数据、云计算等现代信息技术手段的基础上，基于排污许可制度，规范固定污染源环境管理，整合固定污染源排污数据，为污染物排放许可制度的实施提供信息化保障。

7.2   平台建设需求分析

建设全国统一的排污许可管理信息平台是本次排污许可制改革的一项重点工作，该平台既是审批系统又是数据管理和信息公开系统，排污单位在申领许可证前和在许可证执行过程中均应按要求公开排污信息，核发机关核发许可证后应进行公告，并及时公开排污许可监督检查信息。同时鼓励社会公众、新闻媒体等对排污单位的排污行为进行监督。通过建立统一平台，至少有以下三个方面的作用。

第一，规范排污许可证的核发。全国排污单位向同一个平台提交排污许可证申请和执行材料，并全过程留下记录和数据，可有效规范排污许可的实施。

第二，统一的许可证信息平台建设可实现固定污染源污染物排放数据的统一管理：①为每个企业的排污许可证实现唯一编码；②将每个企业内部的各主要污染物排放设施和排放口进行唯一编码；③为实现排污收费、环境统计、排污权交易等工作污染物排放数据的统一创造条件。

第三，统一平台可及时掌握全国污染物排放的时间和空间分布情况，有利于区域流域调控，为改善环境质量打好基础。

此外，为了减少投资和重复建设，允许地方现有的排污许可信息管理平台接入系统。

7.2.1　国家大气排污许可管理信息平台建设需求

国家大气排污许可管理信息平台应包括以下建设内容。

（1）建立统一的排污许可污染源大数据库

对许可证采集的过程数据和结果数据入库，建立全国统一的排污许可污染源大数据库，并实现动态更新，掌握许可证全生命周期采集、审核及管理数据，支持许可数据、管理数据等的灵活查询。

（2）汇集衔接多管理窗口的污染源数据

基于排污许可污染源大数据库，汇集衔接环境统计、环境影响评价、环境执法、排污收费等污染源数据，最终实现"一证式"数据库建立和各污染源数据的协调集中统一，为基于排污许可的各项环境管理制度提供数据支持。

（3）实现"一证式"污染源数据统计分析

基于可分行业、分行政区、分流域的全国排污许可证的发放情况、全国排污许可证的正本、副本信息和污染物的种类、浓度，以及许可排放量信息等结构化核心数据，对各污染源数据进行统计分析，掌握排污许可证的实施情况，评估排污许可证实施绩效，分析污染源结构和布局的合理性等，为环境管理决策提供数据支撑（图7-1）。

（4）开发排污许可大数据分析功能

基于本项目其他章节的研究成果，开发排污许可与环境质量改善评估大数据分析功能。采用数据采集—数据清理—数据分析—模型搭建—可视化设计的研发路线，得到排污许可、污染物排放与环境质量之间的响应关系。结合总量指标分配情况，以区域环境质量标准为上限，辅助管理人员制定最优许可分配方案（图7-2）。

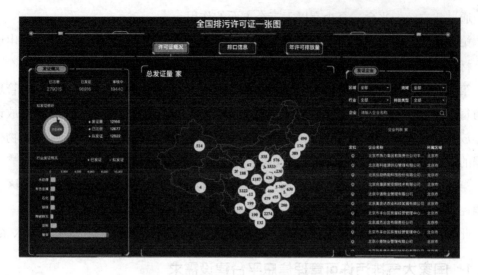

图 7-1 "一证式"污染源大屏统计展现

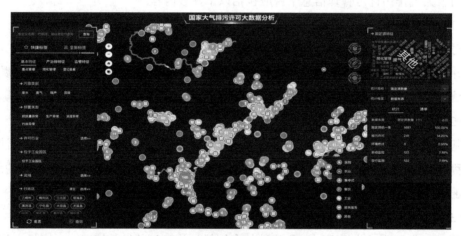

图 7-2 "一证式"大数据分析

（5）全国排污许可信息公开系统开发

强化信息公开和公众参与，开发便于公众查询固定点源污染物排放信息的窗口，公开许可证受理信息、许可证审核发放结果、许可内容信息，以及许可执行情况检查结果、处罚信息等监督管理内容，公开企业定期申报的污染物排放量等许可证实际执行情况。开发公众意见反馈功能，收集社会、公众对固定污染源排放的反馈意见。开发支持电脑浏览器、排污许可微信公众号、手机扫描二维码查询许可相关信息的功能。移动开发平台基于 SQLite 离线存储技术，支持组件化开发，提供良好的可扩展性和容错性，系统提供基于 JSON 的数据交换接口，支持与第三方软件及其他部门业务系统的数据集成。

7.2.2　试点区域排污许可管理信息平台建设需求

试点区域排污许可管理信息平台应包括以下建设内容。

（1）企业排污许可申报与数据管理系统

依据本项目研究成果：许可排放限值核定技术指南、重点源主要大气污染物排放总量核算及数据校验技术手册、排污许可制度管理技术规范、大气排污许可证实施监督监测技术指南、大气排污许可证实施公众参与指南、河北省排污许可证试点实施方案、河北省达标排污许可管理办法（试行）修订稿、行业排污许可证试点实施方案、重点行业排污许可试点实施管理办法等，结合试点省市功能需求，开发企业排污许可申报与数据管理系统（图 7-3），主要包括以下功能。

图 7-3　国家大气排污许可管理信息平台——申报系统

1）企业注册：用于排污企业注册许可证申报账户，并作为固定点源企业信息库，统一管理注册申报企业。

2）业务申请：包括许可证办证申请、许可证变更申请、许可证延续申请、许可证补办申请。企业可针对不同的办理业务进行业务在线申报，查看办理进度及意见反馈等。

3）许可证报告上传：用于企业在线上传守法报告、非常规报告、停产整治报告等各类许可证相关报告。

4）环境管理台账记录：用于企业在线管理生产运行台账、环境管理台账，系统对接在线监测、监督性监测等数据，辅助企业进行生产运行数据管理与上报。

5）环境执法记录查询：用于企业在线查询本企业的相关环境执法记录，及时了解违规信息等。

6）企业信息公开与查询：用于企业自行公开排污许可、环境管理等相关信息，并能实时查询公众对本企业公开信息的反馈内容，及时进行信息答复等。

7）信息提醒与维护：用于提醒企业相关申请业务的办理进度，许可证到期延续时间，维护登录密码等。辅助企业进行在线注册及业务申请，记录自身环境管理台账，对外公开数据信息，查询公众对企业的反馈意见等。

（2）环保部门排污许可管理系统

依据本项目研究成果，开发环保部门排污许可管理系统（图 7-4），主要功能包括以下几方面。

图 7-4　国家大气排污许可管理信息平台——管理系统

1）待办提醒：用于提醒管理人员按权限审批办理事项，此模块可辅助管理人员进行快速业务办理。

2）业务审核：包括许可证办证审核、许可证变更审核、许可证延续审核、许可证补办审核、许可证撤销审核、许可证注销审核。有审核权限的人员可针对不同的业务申请进行在线审核，查看办理流程与进度，上级权限可查看下级权限的办理事项，系统可根据各行业许可核定算法自动核算初始核定量，审核通过后相关信息自动公告到公众信息查询系统，供公众查询。

3）许可证报告审核：审核企业按规定上传各类报告，包括守法报告、非常规报告、停产整治报告等。

4）许可证执法记录登记：录入、管理与许可证相关的各类执法信息，录入后企业可在线查询。

5）许可证管理档案检索：许可证管理档案包括各级的排污许可证档案库，各级权限用户可查看自己权限范围内的排污企业许可证档案信息，以企业为核心，每条档案包括企业许可证审批信息、企业许可内容信息、企业许可证正副本信息、企业许可报告信息、企业执法记录信息、公众反馈信息、企业在线监测数据、企业监督性监测数据、排污收费数据等。

6）统计分析：包括按照区域、行业、流域统计许可量与业务办理量；对企业达标排放情况进行总体评估与跟踪评价；以在线监测数据、监督性监测数据、排污收费数据等为基础，分不同维度统计企业排放量，并能做到异常数据校验分析；根据企业上传的生产运行年报，汇总统计生产运行情况等。

7）信息公开管理：向公众信息查询系统发布相关内容信息以及许可证资讯信息等。

8）后台信息维护：维护系统运行中的各类辅助功能，包括污染物字典设置，审批时限设置、许可证审核逻辑校验规则设置、初始核定量核算规则设置、初始核定量分配规则设置等。系统实现省、市、县三级管理部门联动审批与管理。

（3）公众信息查询系统

依据本项目研究成果，开发公众信息查询系统（图7-5），主要功能包括以下几方面。

图7-5　国家大气排污许可管理信息平台——信息公开系统

1）许可证受理信息查询：实现公众查询许可证受理信息，并可进行在线反馈。

2）审核发放结果查询：实现公众查询许可证审核发放结果信息，并可进行在线反馈。

3）许可内容信息查询：实现公众在 GIS 地图中查询固定点源许可内容、排放情况等信息，并可进行在线反馈。

4）许可执行与检查结果查询：实现公众查询许可执法与监测结果信息，并可进行在线反馈。

5）处罚记录查询：实现公众查询固定点源处罚记录信息，并可进行在线反馈。

6）资讯信息查询：实现公众查询许可证相关资讯信息。

7）公众意见与反馈：用于公众填写意见与反馈信息。

（4）排污许可"一证式"档案查询系统

系统构建统一的数据接口标准，对接建设项目审批数据、排污权数据、在线监测数据、监督性监测数据、环境统计数据、刷卡排污数据、排污收费数据、生产运行台账数据、许可报告数据、执法数据、信息公开与公众反馈数据，搭建统一的信息查询系统，供用户进行信息检索查询，实时查看固定点源全生命周期管理数据。

7.3 平台技术框架设计

7.3.1 整体架构设计思想

（1）开放式体系结构确保系统可扩展性

国家大气排污许可管理信息平台项目的开发是一项复杂的任务，因此在系统设计中采用基于通用标准和想用户之所想的开发理念，采用面向对象的技术，利用事件驱动和封装的思想为应用软件提供接口，并广泛采用目前业界流行的、标准的 WebService 技术、XML 技术等，使系统的可扩展性有根本的保障。

（2）系统定制的思想

国家大气排污许可管理信息平台项目定制的思想始终贯彻在整个系统的设计过程中，以提高易用性、扩充性和维护性为系统的根本出发点，通过固定框架、定制模板的方式，采用组件式开发技术实现相对自由的定制思想。

国家大气排污许可管理信息平台项目依据系统定制的思想，根据生态环境部信息中心的具体情况进行定制以符合生态环境部信息中心的实际业务需求，系统提供了基于标准的编程接口，可以对系统进行二次开发来扩充系统的功能。

（3）采用成熟的先进技术

国家大气排污许可管理信息平台项目建设将按实际需要确定功能结构与规模，既采用成熟的先进技术，又避免脱离实际；平台使用应用中间件隔离应用业务软件，方便应用业务软件的修改及维护，使其具有良好的可移植性。采用网络技术、数据库技术、Web技术等先进技术建立国家大气排污许可管理信息平台项目，利用多种信息技术手段，实现数据资源的管理、信息的整合和数据的及时交换与共享。同时，国家大气排污许可管理信息平台项目的设计开发将严格按照行业相关标准进行，并加强安全保密措施，确保信息系统安全。

7.3.2　整体架构设计原则

7.3.2.1　总体原则

（1）需求导向驱动、逐步实施建设

从国家大气排污许可管理信息平台项目的现实需求出发，确定系统建设方案，稳步推进，逐步实施。

（2）保护既有投资、整合现有资源

国家大气排污许可管理信息平台项目的建设立足于对已有网络和数据等资源的完善与整合，重视环境管理与信息流的结合和重组优化，使既往投资和现有资源发挥更大作用。

（3）统一标准规范、保障系统安全

按照国家相关标准法规划定信息安全域和信任域，加强系统信息安全管理。

7.3.2.2　技术原则

（1）标准化原则

在统一标准的基础上；国家大气排污许可管理信息平台符合生态环境大数据的技术规范和数据交换标准。

（2）安全性原则

国家大气排污许可管理信息平台项目建设既要保证合法用户能访问其所需的信息，又要屏蔽和禁止非法用户的访问。

（3）开放与可扩展性原则

尽量使用成熟、先进的技术和产品，国家大气排污许可管理信息平台项目能与现有的应用系统实现无缝对接与互操作，又能在数据、业务、服务三个层面上满足新增的需求。

（4）良好的管理性和维护性原则

国家大气排污许可管理信息平台项目是一个综合的、复杂的管理系统。系统对不同性质用户、系统运行状态、数据资源等应具有良好的可管理性和可维护性。

（5）容错性原则

国家大气排污许可管理信息平台项目具有很强的容错性，由于线路传输、文件格式转换或前端系统故障等各种原因使系统接收到的信息无法处理时，系统需给出提示，且不能影响系统的正常运行。

（6）满足多层应用系统模式原则

系统充分满足当前三层或者多层的应用系统领先技术模式，要适应集中协同工作的需求。

（7）保证系统的性能指标原则

系统的设计和开发不但要满足现有用户的数量和响应时间的要求，而且要为未来发展提供必要的扩充空间设计。

7.3.2.3　遵循的标准规范

本系统的开发将满足生态环境部生态环境大数据相关标准要求，包括《统一用户管理规范》《统一门户集成规范》《数据元及应用规范》《公共代码规范》《应用系统数据库设计管理规范》《环境数据共享访问规范》《环境地理信息共享技术规范》。

7.3.3　整体框架设计

7.3.3.1　排污许可管理信息平台总体框架

平台总体框架如图 7-6 所示。基于基础设施云平台、基础服务云平台，构建国家大气排污许可管理信息平台的标准体系，建设国家大气排污许可管理信息平台，满足排污单位排污许可证申请、环保部门排污许可核发和社会公众监督的排污许可业务应用。在排污许可数据基础上构建大数据共享平台，实现排污许可数据为其他业务部门数据服务，最终为大数据分析提供数据支撑。

7.3.3.2　国家级平台业务流程

国家级平台业务流程如图 7-7 所示。

7.3.3.3　平台技术架构

平台采用自主可控信息技术、按照云计算模式构建，技术架构如图 7-8 所示。

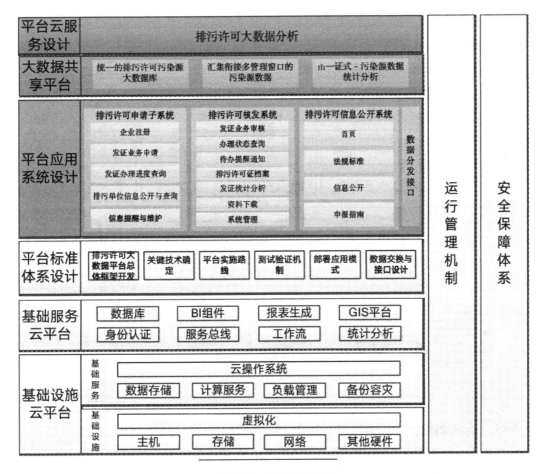

图 7-6　平台总体框架

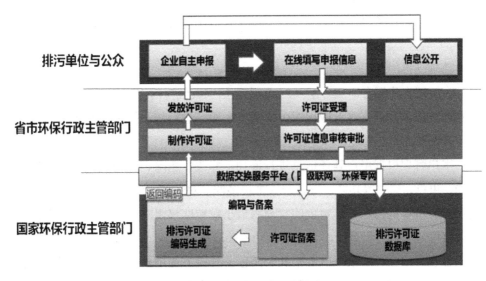

图 7-7　国家级平台业务流程

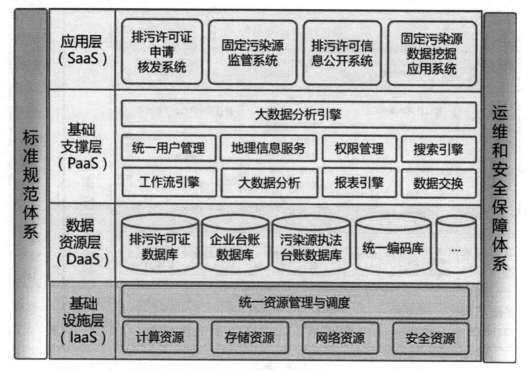

图 7-8   平台技术架构

（1）基础设施层

基础设施层也称基础设施即服务层（IaaS），是将计算资源、存储资源、网络资源等物理资源进行整合，按照云服务模式和云架构建立共享资源池，形成可按需动态扩展的高性能计算环境、大容量存储环境，满足海量以排污许可为核心的固定污染源数据存储、排污单位注册登记业务办理和信息查询，以及各级排污许可证申请核发业务系统接入平台的需要。

（2）基础支撑层

基础支撑层也称平台即服务层（PaaS），是国家大气排污许可管理信息平台的枢纽，负责对物理资源、数据资源、应用服务、通用资源等进行统一管理、监控与调度，负责提供应用开发和部署的环境。

统一用户管理根据用户具体信息进行增加、修改、删除、查询人员信息，调整人员组织机构、角色、岗位等功能，支持一人多岗多职。对系统组织机构、角色管理过程中，根据用户对应组织机构、具体角色的管理将最小颗粒度权限对应，包括增加、修改、删除、查询角色，人员角色分配，与子系统功能关联等功能。

权限管理为用户分配某个或者某几个角色，并能添加用户到用户组，用户具有用户组的相应的系统权限和数据访问权限，也可以从一个用户组中选择用户进行删除，并保障用户的基本信息不被删除。通过以上操作，实现用户、角色、用户组的有机关联，从而达到权限分配的目的。

工作流引擎是平台的核心功能，它负责解析工作流程，完成工作流程执行，并提供运行的监测接口，能够对正在执行的任务进行监控。本系统将通过工作流管理来规范生态环境管理业务，提供基于图形化流程定制工具，实现各种业务流程的灵活定制，保证业务管理流程快捷、畅通。

报表引擎包括统一的报表定制、报表填写和报表管理工具，支持以数字数据为主的报表和多种数据类型的报表。通过表单定义和表单流程管理共同作用，来完成表单的数据采集和展现功能。表单管理提供一系列工具，进行表单的制作、逻辑关联和数据处理。

搜索引擎提供将关键字、关键词搜索服务，通过构建全文检索库，经过词语拆分等后台处理，支持关键字、关键词的搜索，这种快速的信息检索服务，能够较好地满足文本模糊搜索应用要求，服务业务管理。

数据交换平台利用面向服务（SOA）的思想设计，通过 XML 为信息交换语言，基于统一的信息交换接口标准和数据交换协议进行数据封装，利用消息传递机制实现信息的沟通，实现生态环境基础数据、业务数据的交换。

地理信息服务基于强大的地图编辑功能和强大的数据互操作能力，支持大多数常用 GIS 数据源，提供矢量库、影像库、影像文件、各种 GIS 专题数据的叠加显示及地图整饰工作，提供高质量、专业化的影像图制作、空间数据管理、空间分析、空间信息整合、发布与共享功能。

大数据分析引擎以数据挖掘工具为支撑，调用其提供的接口或服务，展开数据挖掘业务应用的建设，能够快速构建系统，并提供稳定可靠的辅助决策信息。

（3）数据资源层

数据资源层也称数据即服务层（DaaS），由排污许可数据库、企业台账数据库、污染源执法数据库等组成，负责数据的统一组织与管理，对应用层的排污许可证申请核发系统、固定污染源监管系统、排污许可信息公开系统和固定污染源数据挖掘应用系统提供数据支撑。

（4）应用层

应用层也称软件即服务层（SaaS）。面向各类用户，通过网络提供固定污染源排污许可证申请核发系统、固定污染源监管系统、排污许可信息公开系统以及固定污染源数据挖掘应用服务。服务对象包括各级生态环境主管部门，通过统一应用服务门户向用户呈现。

系统基于 J2EE 的体系结构开发的 Web 服务，所有的业务逻辑都封装在中间层业务逻辑组件里面。中间业务逻辑组件是构建在中间件服务器基础上，利用中间件的优点，通过标准的 ODBC（Open Database Connectivity，开放数据库互连）/JDBC（Java Database Connectivity，Java 数据库连接）数据库接口 API（应用程序接口）来访问存储后台数据库和其他相关系统中的数据和文档。客户端通过浏览器访问，完全满足 Intranet 和 Internet 标准，同时可使用客户端应用软件通过对中间件的调用实现对业务数据的访问和处理。同时，采用符合 J2EE 标准的应用服务器来构建业务逻辑层，具备可移植性、开放性、高成熟度等优点。

（5）标准规范体系

标准规范体系包括数据规范、应用规范、业务支撑规范、管理规范、安全规范、技术规范等部分，确保国家大气排污许可管理信息平台各组成部分之间，以及平台与外部系统交互能够有效衔接、规范运转。

（6）运维和安全保障体系

运维和安全保障体系包括安全管理制度、安全基础设施、网络安全、主机安全、应用安全、数据安全等内容，保障数据存储、传输、访问、共享的安全。

7.3.3.4　数据流程

（1）总流程

数据总流程见图 7-9。

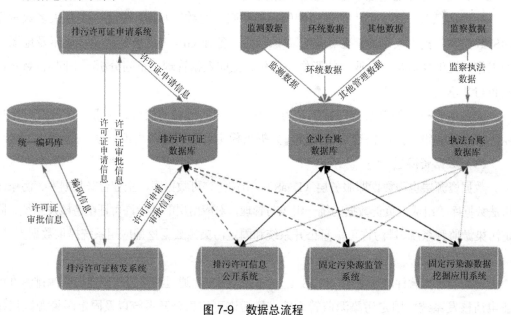

图 7-9　数据总流程

（2）排污许可证申请核发数据流程

排污许可证申请核发数据流程见图 7-10。

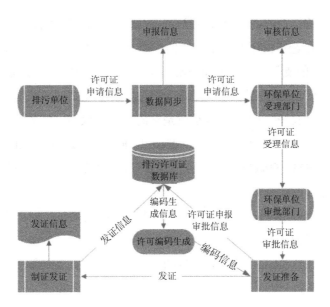

图 7-10　排污许可证申请核发数据流程

7.3.4　关键技术路线

7.3.4.1　J2EE 技术

随着软件系统的规模和复杂性的增加，软件体系结构的选择成为比数据结构和算法的选择更为重要的因素，三层客户/服务器体系结构为系统地整合提供了良好的框架，是建立国家大气排污许可管理信息平台建设项目的最佳选择。

J2EE 体系结构分为三个层次，分别是客户表示层、中间逻辑层和数据管理层及应用系统。本结构具有跨平台的特性，结构中的三个层次可以处于不同的平台下进行协作应用；因为客户表示层可以使用不同的客户端程序，因此具有很好的分布性，可以适应分布式管理的要求；在后台的应用系统集成中，可以把不同的应用系统集成到该结构中，因此可以有效地保护现有的资源不被破坏。

用基于 J2EE 的体系结构开发的 Web 服务还具有以下优点：系统完全基于三层体系结构设计，所有的业务逻辑都封装在中间层业务逻辑组件里面。中间业务逻辑组件是构建在中间件服务器基础上，利用中间件的优点，通过标准的 ODBC/JDBC 数据库接口 API 来访问存储后台数据库和其他相关系统中的数据和文档。客户端通过浏览器访问，完全满足 Intranet 和 Internet 标准，同时可使用客户端应用软件通过对中间件的调用实现对业务数据的访问和处理。

采用符合 J2EE 标准的应用服务器来构建业务逻辑层，其理由有以下几个方面。

可移植性。在移植性方面，J2EE 通过 Java 虚拟机来消除平台差别。跨平台是 J2EE 的一大特点，也是在选择应用开发平台时的一个重要参考因素，几乎所有的主流操作系统都提供了对 J2EE 的支持（包括 Windows 平台）。实际上如果要搭建跨 Unix、Windows 等多个操作系统平台，J2EE 平台几乎是唯一的选择。

开放性优良。J2EE 另一个重要特征就是它的架构开放性，它本身是一系列规范，而不是产品，任何符合这一规范的产品都是 J2EE 所兼容的。这使得 J2EE 从制定之初就得到了广泛的支持。IBM、Oracle 等都相继开发了符合 J2EE 的应用服务器，它们的产品相互之间甚至可以兼容。

平台成熟度高。J2EE 在 1999 年形成了其成熟的架构，并且到今天已经有相当成熟的经过检验的技术架构。

众多厂商的支持。J2EE 作为一种开放的规范，从一开始就得到了众多厂商的支持，IBM、HP、Oracle 等在 J2EE 的实施上都有较大的投入。由于 J2EE 是开放的规范框架，任意厂商只要有实力都可以按照规范来开发实现，不同厂商的组件也可以在一起协同使用。

面向服务的体系结构（SOA）（图 7-11）。国家大气排污许可管理信息平台的建设是一项系统工程，需要实现与网络、硬软件支撑平台等的集成，同时还与多个环境业务系统之间进行数据的交换和整合，因此系统的设计应该遵循面向服务的体系结构，使各个子系统之间可以完整地集成在一起。

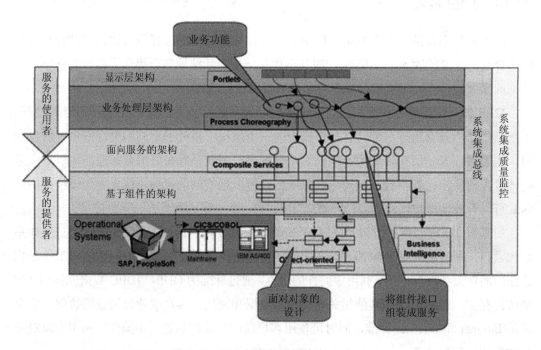

图 7-11　面向服务的体系结构（SOA）

SOA 表示可以如何合理地使用 Web 服务。Web 服务规范定义了实现服务以及与它们的交互所需要的细节。SOA 是一种用于构建分布式系统的方法，采用 SOA 这种方法构建的分布式应用程序可以将功能作为服务交付给终端用户，也可以构建其他的服务。SOA 可以基于 Web 服务，也可使用其他的技术来代替。在使用 SOA 设计分布式应用程序时，可以将 Web 服务的使用从简单的客户端—服务器模型扩展成任意复杂的系统。

在 SOA 中，服务（service）是封装成用于业务流程的可重用组件的应用程序函数。它提供信息或简化业务数据从一个有效的、一致的状态向另一个状态的转变。

Web 服务是以使用 SOAP 消息（它是用像 HTTP 这样的标准协议上的 WSDL 来描述的）的调用为基础的。使用 Web 服务的最佳实践就是与外部的业务伙伴通信。

7.3.4.2　基于 B/S 的架构

系统开发采用基于 B/S 的架构。

B/S 结构，即 Browser/Server（浏览器/服务器）结构，用户界面完全通过 www 浏览器实现，一部分事务逻辑在前端实现，但是主要事务逻辑在服务器端实现，形成所谓三层体系结构。B/S 结构利用不断成熟和普及的浏览器技术实现原来需要复杂专用软件才能实现的强大功能。B/S 结构的主要特点是分布性强、维护方便、开发简单且共享性强、总体拥有成本低。

B/S 三层体系结构采用三层客户/服务器结构，在数据管理层（Server）和用户界面层（Client）增加了一层结构，称为中间件（Middleware），使整个体系结构成为三层。三层结构是伴随着中间件技术的成熟而兴起的，核心概念是利用中间件将应用分为表示层、业务逻辑层和数据存储层三个不同的处理层次。三个层次是从逻辑上划分的，具体的物理分法可以有多种组合。中间件作为构造三层结构应用系统的基础平台，提供了以下主要功能：负责客户机与服务器、服务器与服务器间的连接和通信；实现应用与数据库的高效连接；提供一个三层结构应用的开发、运行、部署和管理的平台。这种三层结构在层与层之间相互独立，任何一层的改变都不会影响其他层的功能。

在 B/S 体系结构系统中，用户通过浏览器向分布在网络上的许多服务器发出请求，服务器对浏览器的请求进行处理，将用户所需信息返回到浏览器。而其余如数据请求、加工、结果返回以及动态网页生成、对数据库的访问和应用程序的执行等工作全部由 WebServer 完成。

B/S 架构的软件只需要管理服务器就行了，所有的客户端只是浏览器，根本不需要做任何的维护。所以说客户机越来越"瘦"而服务器越来越"胖"是将来软件的主流发展方向，这使得升级和维护越来越容易，使用也越来越简单。

软件系统的改进和升级越来越频繁，B/S 架构的产品明显体现出更方便的特性。无论系统的用户规模有多大，有多少下级环保部门都不会增加任何维护升级的工作量，所有的操作只需要针对服务器进行，如果是不同地点只需要把服务器连接上网即可立即进行维护和升级，这对人力、时间、费用的节省是相当惊人的。

7.3.4.3　基于 Web Services 的数据调用机制

Web Services 技术是目前软件开发领域中最为先进的技术之一。Web Services 是以一种松散的服务捆绑集合形式，能够快速、低代价地开发、发布、发现和动态绑定应用。Web Services 可以实现应用程序之间的函数或方法级的集成。现有的主要关注于应用集成的应用集成设计将不得不因此而改变。包装好的应用程序将使用如 XML、SOAP、WSDL 和 UDDI 技术来把他们的函数或方法作为 Web Services 的界面来显示。各个应用业务系统可以彼此通过统一的 UDDI 注册发现彼此的服务，实现彼此业务互访，实现应用集成。

7.3.4.4　基于 XML 的数据交换规范

XML（Extensible Markup Language，可扩展置标语言）是由 W3 C（World Wide Web Consortium，互联网联合组织）于 1998 年 2 月发布的一种标准，它是一种数据交换格式，允许在不同的系统或应用程序之间交换数据，通过一种网络化的处理机构来遍历数据，每个网络节点存储或处理数据并且将结果传输给相邻的节点。它是一组用于设计数据格式和结构的规则和方法，易于生成便于不同的计算机和应用程序读取的数据文件。

XML 是一种使用标记来标记内容以传输信息的简单方法。标记用于界定内容，而 XML 的语法允许自行定义任意复杂度的结构。这使得 XML 具有以下特性：

通过使用可扩充标记集提供文档内容的更准确说明；可用标准化语法来验证文档内容；使用户与应用程序之间文件交换更容易；支持高级搜索；将文档结构与内容分开，易于用不同形式表现相同内容；XML 改进用户响应、网络负载和服务器负载；XML 支持 Unicode。

XML 还有其他许多优点，比如它有利于不同系统之间的信息交流，完全可以充当网际语言，并有希望成为数据和文档交换的标准机制。

由于 XML 具有以上诸多特性，使得它的实际应用范围十分广泛。基于 XML 的网络管理技术采用 XML 语言对需交换的数据进行编码，为网络管理中复杂数据的传输提供了一个极佳的机制。XML 文档的分层结构可以对网络管理应用中的管理者—代理模式提供良好的映射，通过 XSLT（Extensible Stylesheet Language Transformations）样式表可以对 XML 数据进行各种格式的重构和转换，加上 XML 已经被广泛应用于其他领域，各种免费和商业的 XML 开发工具发展异常迅速，因此使用 XML 来定义管理信息模式和处理管理信息十分便利。

XML 能成为网络管理中值得研究和使用的工具，必须具备一些其他网络管理技术所不能提供的特性，主要表现在如下几个方面。

（1）复杂数据处理优势。XML 是一种结构化数据，它简单的编码规则使得可以使用 ASCII（American Standard Code for Information Interchange，美国信息交换标准代码）文本和类似 HTML（Hyper Text Markup Language，超文本标记语言）的标记来描述数据的任何层次，通过 DTD 或 XML Schema 来定义元素的顺序和结构，DTD 和 XML Schema 提供了一种发布数据改变的正规机制。使用 XML 对比工具来比较新、旧两个 XML Schema 文件，就能得到数据的某些特征、选项或是输出标记发生了变化的详细情况。

（2）使底层数据更具可读性和标准性。目前网络中传输的底层数据通常根据网络协议的不同，而采用的编码规则不同，虽然最后在传输的时候都转化为二进制位流，但是不同的应用协议需要提供不同的转换机制，在协议所能理解的数据与二进制数据之间进行转换。这种情况导致网络管理站在对采用不同协议发送管理信息的被管对象之间进行管理时很难实现兼容性。但是如果这些协议在数据表示时都采用 XML 格式进行描述（XML 的自定义标记功能使这一需求成为可能），这样网络之间传递的都是简单的字符流，可以通过相同的 XML 解析器进行解析，然后根据 XML 的标记不同，对数据的不同部分进行区分处理，使底层数据更具可读性和标准性。

7.3.4.5　组件式开发

软件开发的重用手段从最初的源代码、目标代码、类库（面向对象技术）发展到今天的组件式开发技术。组件是具有某种特定功能的软件模块，它几乎可以完成任何任务。组件以其较高的可重用性产生了一种崭新的软件设计思路，它把硬件以芯片为中心的工艺思想恰如其分地融合于软件的分析、设计和施工之中，使得以组件形式开发软件就像搭积木一样容易，组件技术是迄今为止最优秀也是发展最快的一种软件重用技术，它比较彻底地解决了软件开发中存在的适应性差和周期长等问题。因此，开发商应采用组件技术，将 GIS、MIS（Management Information Systam，管理信息系统）、OA（Office Automation，办公自化）等有机地集成在一起，实现真正的图文一体化集成和整个系统的结构、功能和界面的一体化。

由于政策、市场的变化，许可证业务处理必然要发生变化，而作为业务处理平台的信息系统能否灵活、低成本地随之变化，关系到生态环境部信息中心信息化建设能否与时俱进的问题。虽然采用"参数驱动"方法在一定程度上可减少因业务需求改变而对应用软件进行的调整，但是参数驱动也有许多局限性。例如，在系统设计和开发阶段就把将来的业务需求、业务处理规则所有的变更可能性都考虑周全，这既不现实也不可能。往往在业务需求进行较大调整时，应用软件也必须进行相应的改动。另外，应用软件的改动又不允许对正常的业务处理活动产生影响，业务部门在考虑推出经营措施时，经常要考虑业务系统是否提供技术支持，这就是"技术导向"型业务系统的弊端。如何使应用软件能根据业务需求的变化进行调整，真正使信息系统从"技术导向"型转变为"业务导向"型，采用组件（构件）技术［也称 CBD（Component Based Software Development）技术］和软件总线技术是解决上述问题的有效手段。

组件（构件）技术是以软件架构为组装蓝图，以可复用的软件组件（构件）为组装预制块，支持组装式的软件复用。

软件架构——对系统整体设计格局的描述，它为 CBD 提供了构件组装的基础和上下文。

软件组件（Component）——应用系统中可明确辨识的构成部分。

可复用组件（Reusable Component）——具有相对独立的功能和可复用价值的构件。

使用 CBD 技术，有利于发掘不同系统的高层共性，保证灵活和正确的系统设计，对系统的整体结构和全局属性进行规约、分析、验证和管理。将构架作为系统构造和演化的基础，可以实现大规模、系统化的软件复用，减少应用软件的开发周期，提高软件产品的质量、应用软件的灵活性和对业务变化的适应性，是今后大规模信息系统应用软件实现技术的发展方向。

7.3.4.6　基于 ETL 过程实现数据有效整合

ETL（Extract/Transformation/Load，清洗/转换/加载）过程是本项目建设的关键步骤，利用 ETL 工具实现各业务的异构数据库系统和文本、电子表格等文件系统格式的数据整合和集成，并针对每个分系统编写具体的数据转换代码，来一起完成从原始数据采集、错误数据清理、异构数据整合、数据结构转换、数据转储和数据定期刷新的全部过程。

（1）数据抽取

从数据源系统抽取数据仓库系统所需的数据，数据抽取采用统一的接口，可以从数据库抽取数据，也可以从文件抽取。对于不同数据平台、源数据形式、性能要求的业务系统，以及不同数据量的源数据，可能采用的接口方式不同，为保证抽取效率，减少对生产运营的影响，对于大数据量的抽取，采取"数据分割、缩短抽取周期"的原则，对于直接的数据库抽取，采取协商接口表的方式，保障生产系统数据库的安全。

1）增量数据抽取。

①获取业务系统数据库的日志

联机事务处理过程（On-Line Thansaction Processing，OLTP）系统对数据库中数据的任何增、删、改操作都会记录在数据库的日志（log）中。ETL 系统获取到业务系统数据库的日志文件，调用相应的 log 分析工具，获取增量数据。

②数据库快照的比较

ETL 系统在转存区（Staging Area）中保存相邻两次业务系统数据库的快照，对这两个数据库快照进行比较分析，获取增量数据。

③数据库表增加触发器

在业务系统的数据库的所有需要抽取的表上，建立触发器，对表中记录的任何增、删、改操作都记录到相应的数据变化表中，ETL 系统从数据变化表中获取增量数据。

在系统设计时，将针对不同的业务系统情况，采用不同的增量获取方法。

2）增量数据抽取设计

增量数据抽取的设计，符合以下要求，即增量抽取策略必须支持要很方便跟踪进程运行状态；增量抽取支持抽取类型为增量或全量，抽取方式为日、月、季度等多种方式。

（2）数据转换

数据转换对抽取的源数据根据数据仓库系统模型的要求，进行数据的转换、清洗、拆分、汇总等，保证来自不同系统、不同格式的数据和信息模型具有一致性和完整性，并按要求装入数据仓库。数据转换和数据清洗是数据 ETL 过程面临的两大挑战，前者关注的是数据库模式层不同模式集成的问题，后者关注数据质量问题。

模式集成的步骤包括模式比较，统一模式，合并和重建模式。其中模式比较处理检测多个数据源的名字冲突和结构冲突。名字冲突包括同名异义和异名同义，结构冲突包括实体属性类型冲突、依赖冲突、关键字冲突和行为冲突。

统一模式处理诸如属性和实体的转换。这一步目的是统一或联合不同数据库的模式，使它们能彼此兼容得以集成。相当于解决冲突，转换模式。

合并和重建过程完成模式的重建。需要考虑完整性、最小性（关系依赖非冗余）和易理解性。

（3）数据清洗

数据清洗是检测和移除数据的错误和数据间不一致性，以便提升数据质量的过程。数据清洗活动是 ETL 过程的重要组成部分，清洗活动依附于数据的抽取、转换和加载的各个环节，在各个环节中保障数据的质量和数据间的一致性，从而降低数据清洗工作的复杂程度，提高数据清洗的效率。

数据清洗问题在数据源的异构性上分为单数据源问题和多数据源问题，又进一步分为模式层和实例层问题。单源模式层问题主要包括因数据库缺乏整体的约束，不好的数据表设计等导致违反了唯一性和引用完整性等；单源实例层问题包括因数据输入错误导致拼写错误，重复记录和矛盾值等。多源模式层问题包括因异构的数据模型和数据表设计导致命名冲突和结构冲突；多源实例层问题包括因记录重叠、冲突和不一致的数据导致不一致的聚集等。数据清洗通过定义转换规则和解决冲突来保证数据质量。

（4）数据加载

数据加载是将转换后的数据加载到数据集市中，可以采用数据加载工具，也可以采用 API 编程进行数据加载。数据加载策略包括加载周期和数据追加策略，对于企业级应用，采用对 ETL 工具进行功能封装，向上提供监控与调度接口的方式。数据加载周期要综合考虑经营分析需求和系统加载的代价，对不同业务系统的数据采用不同的加载周期，但必须保持同一时间业务数据的完整性和一致性。

数据加载分为历史数据加载（Initial Load）和日常数据加载（Incremental Load）。历史数据加载是指在第一次加载数据到数据仓库中，此时数据集市中不存在历史数据。日常数据加载是指在历史数据加载完成后，将变化了的增量数据加载到数据集市中。

（5）容错处理

在复杂的 ETL 过程中，难免会产生错误。企业级 ETL 利用作业调度控制可以处理各种异常错误情况。

在作业流程中可以设置异常的条件，如当错误记录超过一定的条数或者错误级别达到一定的级别时，作业调转到异常处理流程，进行自动处理，系统设计的原则是尽量不中断 ETL 作业流程，当然如果错误特别严重，也可以转到手工处理。

7.3.4.7　GIS 地理信息技术

（1）组件式 GIS 技术

在项目建设过程中，需要根据具体业务需求定制一些特定的功能，为本项目的业务管理和应用提供基于电子地图的数据空间展现、空间查询、空间统计、环境专题图等应用，并且所开发的系统必须能够很好地和其他子系统紧密地集成。采用组件式 GIS 技术能够很好地解决上述应用。

组件式 GIS（Components GIS，ComGIS）是随着 IT 技术整体组件化趋势的发展而发展起来的新一代 GIS 技术。其基本思想是把 GIS 的各大功能模块划分为几个控件，每个控件完成不同的功能。各个 GIS 控件之间，以及 GIS 控件与其他非 GIS 控件之间，可以方便地通过可视化的软件开发工具集成起来，形成最终的 GIS 应用。控件如同一堆各式各样的积木，它们分别实现不同的功能（包括 GIS 和非 GIS 功能），根据需要把实现各种功能的"积木"搭建起来，构成应用系统。

组件式 GIS 技术支持标准的工业接口，因此易于与其他标准应用组件集成，并且支持各种通用的程序开发语言。

（2）空间数据库技术

传统的 GIS 采用的空间数据存储方式一般是专用的文件方式来存储空间数据的，这种方式对于只需要管理和使用少量的空间数据的系统是可行的，但是数据超过一定的量时就显得力不从心了。另外，传统的文件方式将 GIS 的图形数据和属性数据分别采用不同的文件进行存储，使空间数据和属性数据不能够紧密地联系在一起。另外，采用文件方式存储空间数据不利于空间数据的共享和并发编辑，因此不利于数据的统一管理。为此，拟采用空间数据库技术解决系统中涉及的空间数据的存储和管理问题。

空间数据库技术是当前 GIS 技术发展的最新趋势，它采用关系数据库来存储空间数据，从而实现空间数据与属性数据的一体化存储，即地图数据与业务数据的一体化存储。

空间数据库技术充分利用了成熟的大型商用数据库管理系统作为空间数据存储的容器，从而可以方便地实现空间数据与其他非空间的业务数据存储到统一的数据库中，便于数据的无缝集成。

（3）多源空间数据无缝集成技术

根据环境管理与决策支持的业务需求，系统必须支持数据的建库功能和交换功能。对于空间数据，必然涉及现有的各种格式的空间数据的充分利用问题。多源空间数据无缝集成技术可以很好地解决这个问题。

多源空间数据无缝集成技术不仅能够同时支持多种形式的空间数据库和数据格式，能够完成由空间数据库到各种交换格式的输入/输出，而且能够直接读取常用的 CAD 数据，如 DWG 数据和 DGN 数据等。

该技术支持转换大多数常用的图形数据格式，如 DWG、Coverage、Tab 等；支持国家标准交换格式，如 VCT 等；支持多种影像文件格式，如 TIF、GeoTIF、BMP、JPG、ECW 等。

（4）WebGIS 技术

由于本系统建设的重要任务之一是向社会公众发布有关的环保数据，因此为了解决 GIS 技术与 Web 技术的无缝集成，需要采用 WebGIS 技术。

WebGIS 技术即互联网 GIS 技术，它是 Web 技术应用于 GIS 开发的产物。GIS 通过 WWW 功能的扩展，真正成为一种大众使用的工具。Internet 用户从任意一个 WWW 节点进入，可以浏览 WebGIS 站点中的空间数据、专题地图，进行各种空间查询和空间分析，从而使 GIS 进入千家万户。

WebGIS 的关键特征是面向对象、分布式和互操作。任何 GIS 数据和功能都是一个对象，这些对象部署在 Internet 的不同服务器上，当需要时进行装配和集成。Internet 上的任何其他系统都能和这些对象进行交换与交互操作。

7.4　平台成果简介及图示

7.4.1　国家大气排污许可管理信息平台

国家大气排污许可综合管理一张图功能页面如图 7-12 所示。

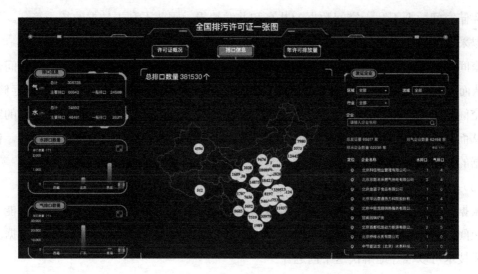

图 7-12 "一证式"污染源大屏——排放口信息统计展现

国家大气排污许可管理信息平台大数据分析系统示意如图 7-13、图 7-14 所示。国家大气排污许可大数据分析系统主要功能包括依据标签筛选固定污染源、查看固定污染源特征及地理位置分布等。实现了固定污染源基本信息、产治排数据、监管数据等多维大数据可视化统计分析，帮助用户直观、快速地了解固定污染源特征、分布等情况。

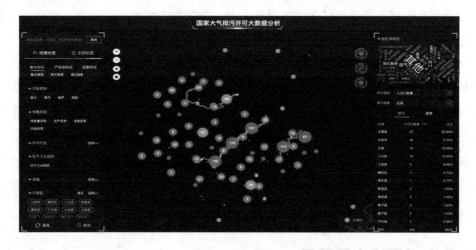

图 7-13 "一证式"大数据分析——筛选统计

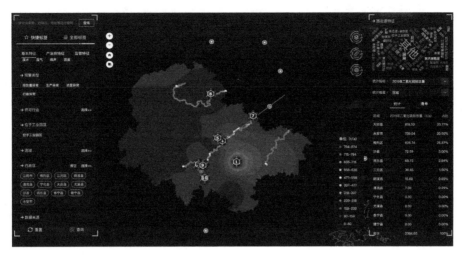

图 7-14　"一证式"大数据分析——筛选统计

7.4.2　试点区域排污许可管理信息平台

试点区域大气排污许可管理信息平台企业申报端，共包括许可证申请、变更、延续、补办、信息公开两种业务申请。企业申报系统需填报详细表单如图 7-15 所示。

图 7-15　国家大气排污许可管理信息平台——申报首页

试点区域大气排污许可管理信息平台管理审核端排污许可证统计分析功能示意如图 7-16 所示。

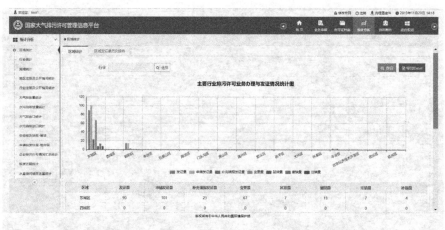

图 7-16   国家大气排污许可管理信息平台——管理系统统计分析

7.5   平台技术亮点

（1）首次研究搭建国家级排污许可管理信息平台关键技术

首次研究采用 SOA（Service-Oriented Architecture，面向服务）架构，运用 J2EE、插件式 GIS、HTML5、Hibernate、Spring 框架、内外网数据同步、分布式部署技术等关键技术，采用"面向管理者""面向排污单位""面向公众"的设计模式搭建国家级排污许可管理信息平台。

（2）首次研究国家级排污许可管理大数据分析技术

首次研究排污许可管理大数据分析技术，包括基于"数据体系研究—模型研究—系统框架设计—平台建设—效果模拟"的技术路线；采用 Apache Kafka 和 Storm 构建流式实时数据通道，对数据进行实时入库；采用 Map/Reduce 和 Spark 分布式计算框架，基于 Hadoop Yarn 框架对分析任务进行统一管理与调度；基于支持 CRISP-DM 数据发掘方法论，覆盖数据收集、数据建模、点源数据画像、数据质量修复、数据探索、特征模板、分析建模、分析服务等过程。

（3）首次开发具有自主知识产权的国家级排污许可管理信息和大数据应用平台

首次开发国家级集"许可申报—排污权核定—数据审核—排放跟踪—总量预警—全"生命"周期数据汇集—大数据分析—数据服务—信息发布"于一体的排污许可管理信息平台，实现动态化数据管理、电子化数据审核、流程化许可管理、实时性排放跟踪以及定量化总量预警，建立大数据平台，通过大数据分析模型实现区域污染物排放总量、环境承载力、重点排污单位排污许可证与环境质量的关联分析，属于排污许可领域的大数据分析首创。

第8章 排污许可证实施的监督管理技术体系

我国排污许可制度实施的监督管理体系尚处于探索阶段，结合排污许可制度的特点科学设计监督管理体系对于提高排污许可制度实施效果具有重要意义。借鉴国外经验，结合我国固定污染源监管基础，本章提出排污许可证监管的基础前提与原则，将排污许可制度监管分为信息、守法、环境质量三个阶段，对各类责任主体职责定位和管理目标进行分析。在此基础上，提出排污许可制度实施的监督管理体系框架，立足监管、监测、执法三个业务领域，对管理体制、机制提出建议，并提出分级分类管理思路，各级管理部门应根据污染源的环境影响程度保留相应的监管职责。在总体框架之下，对持证单位自证守法、面向企业的排污许可证监督管理、上下级政府间排污许可制度实施的监督管理、公众参与等关键技术内容进行研究，提出建议和设想，以期为我国排污许可制度的实施提供借鉴。

8.1 排污许可证监管的基础前提与原则

在美国、欧洲等发达国家和地区，排污许可证管理模式已经形成法律制度、管理机制、科技标准、社会共治的完整社会管理体系。依靠这套管理体系，在许可证科学合理并广泛认同的基础上，管理者通过核查污染源守法报告，辅以必要的现场核查，能够高效率、低管理成本地管控固定污染源排放。我国对排污许可概念并不陌生，但作为核心管理政策则刚刚起步。排污许可证管理、申请核发、台账管理、自行监测、源强核算等制度、标准和指南都在紧锣密鼓地制定中，排污许可证证后监管也需要在适应管理水平的基础上不断严格和优化。

排污许可证实施的监督管理以排污许可证核发质量为前提，以遵守科学、合理的许可证事项为原则。监督管理的目标就是辅助实现排污许可制度目标，即体现污染源排放与对环境质量的影响，体现行业技术水平，以刺激降低污染控制成本。

8.1.1 排污许可证实施的监管目标

排污许可制度是固定污染源排放控制的综合性管理制度，以排放标准为核心内容，以监测、记录和报告工作为关键内容的微观政策工具，其本质体现了"污染者付费"的原则。综合界定固定污染源外部性责任，是许可证"一证式"管理不可替代的关键，反映博弈后的社会公平价值。固定污染源污染控制和治理措施不当，意味着变相享有社会补贴，会造成市场扭曲，相当于纵容污染者的污染行为及其污染成本的社会转嫁。

（1）排污许可证监督管理的阶段划分

结合国际先进经验，排污许可证实施的监督与管理，一是确保所界定的企业责任得到履行，理想状态是企业自觉守法、政府有效监管与公众广泛参与；二是保证固定污染源环境保护信息的收集、流转与应用，既提供守法责任证据，又作为环境管理和技术创新支撑，是许可证制度标准方法不断改进的数据基础。也就是说，排污许可证执行的关键是信息。根据里奥尼德·赫维茨的机制理论，供给公共产品，存在严重信息不对称的情况下，任何干系人都会选择隐瞒真实信息来获取更大的收益，导致资源配置的帕累托最优难以实现，难以有效权衡配置效率、自愿参与和激励相容。可见，如果许可证监督管理无法保证守法信息的真实有效，无法让信息在不同干系人之间顺畅流转，满足利益相关者对信息的需要，则排污许可制度本身就面临挑战，也将失去其作为"一证式"监管的权威地位。事实上，许可证实施的监督管理框架设计正是创建理性的博弈程序，有效制约守法和促进信息流转，实现利益相关者的良性互动。

在许可证制度实施初期，证后监管机制仍属于摸索过程。从机制理论角度，监督管理的有效性目标是从信息效率到激励相容逐步推进，激励相容是在追求个人利益的同时与社会利益最大化目标吻合。当前，排污许可制度迅速推进，这不仅是由于吸收了国内外的先进经验，近年来环境管理基础能力的建设与积累，也促使排污许可制度的建设能够高歌猛进。然而，从机制理论的角度，任何制度建设都无法跳跃式的发展，尤其是排污许可制度的监督与管理，目前国内对排污许可制度本身的认识还不统一，排污许可证的制定和执行必然会存在逐步推进的过程。

根据国际经验，以及机制设计理论，如何从信息效率到激励相容，可以假设和预计许可证实施的监督管理需要经过信息、守法和环境质量三个阶段，每个层面的行动主体分别为政府、企业与公众。事实上，发达国家的信息公开与政策机制的设定已经达到环境质量这个阶段，也就是所谓的激励相容水平，因此发达国家现阶段的监管经验只能是参考，实际操作很难借鉴。

（2）排污许可证监督管理的阶段目标

在信息阶段，许可证监管的目标是保证达到许可证界定的目标与内容，并且逐渐通过技术手段和企业管理水平的提高保证数据归真，重点要通过政府监督执法推动企业的守法意识与数据质量提升。

在守法阶段，是许可证执行的相对成熟期，通过政府和社会的激励机制，许可证监管的目标是企业能够自觉守法，环境作为投资与必然成本考虑，环境保护技术与控制运行成为共识，但这并不代表企业不再有违法的动机。

在环境质量阶段，公众成为许可证监督与管理的关键，通过理性参与推动政府与企业的环境保护行为，实现精细化的管理。许可证监管的目标是企业广泛认同并承担环境保护社会责任。

大气排污许可证实施的监督管理体系是为排污许可制度有效实施服务的，其最终目的是保护生态环境与人群健康。作为监管体系的理想目标是企业自觉守法、政府有效监管与公众广泛参与。

排污许可证实施的监督管理分为三个阶段目标：信息阶段，遵守许可证规定，实现数据归真；守法阶段，企业自觉守法，政府合理监管；环境质量阶段，改善环境质量为目标，公众理性参与。

监督管理三个阶段目标从理论上看似可以同时达到，但实际上是逻辑递进的关系。唯有数据归真，自觉守法与合理监管才能成为现实；唯有在真实数据和良性互动下才能够真正保证公众理性参与，才能将博弈引入改善环境质量的目标之中，这里的环境质量目标也不再是削减某种污染物排放量，而是具有更高层次的目标。

8.1.2　排污许可的行政许可属性

（1）排污许可证并未赋予企业财产属性和排污权利

依照"经济人"的假设，工业企业为追逐经济利益最大化，面对公共物品会天然漠视负外部性影响，导致市场失灵。许可证"一证式"管理实际上是污染源负外部性影响的量化与解决途径，通过行政许可创设其经营权利的构成性事实。从行政许可的角度来看，排污许可证既是财产权利的再分配，同时也是行为自由的许可，是允许企业在特定区域，从事特定经营活动，并合法排放污染物。

然而，行政许可的属性，并非给予排污单位排放污染物的权利。因为，排污许可的终极目标是保护生态环境，保障人群健康，即环境公共利益，企业排污对公共利益的影响存在不确定性，例如环境科学认知的不确定性所带来的代际公平问题，许可的内容必然置于公共利益权衡的窘境。限于科学研究与技术水平，理想的许可证目标短期内难以达到。尤其是环境质量恶化与公众对健康生活环境的矛盾逐渐激化，环境不再是部门利益，而是国家利益甚至是执政基础，这是排污许可的真正推动力。因此，通过行政许可的方式规制企业生产活动，从而保障公众的环境权益，而并非为企业赋予排污权利。

（2）排污许可监管需要解决的问题

事实上，行政许可本身赋予了企业某种权利属性，尤其是在资源利用领域，行政许可提高了资源的利用效率。针对环境问题的排污许可证，实际上应该理解为企业对社会责任的许可形式，虽然是管理手段，但其实质仍然是鼓励资源有序开发利用。在公共利益可利用空间的夹缝中，排污许可创造了一种有价值的有形和无形资源，必然会面临资源配置、限制竞争、权利滥用等问题。

资源配置不均导致的市场失灵源于信息不对称，即环境质量条件下允许的排放浓度和排放量是确定的，且是需要逐渐降低的。为维护排污许可制度的公平性和对社会资源和环境质量的改善，信息流转畅通与准确能够避免资源的配置不当，因此许可证的监督管理需要保证污染源监管信息的可获得性。

限制竞争是许可的固定性，即许可流转和退出的自由程度，需要设计合理的经济刺激型管理手段，并非指的是排污权的流转买卖，因为其本质上并没有赋予企业排污的权利，这种权利也并非一种财产属性。在这里指的是排污水平的降低，即许可退出，为环境改善或经济增量提供空间。

权利滥用是对行政许可权利的限制，信息的流转和管理行为往往会停留在许可权人与被许可人之间，其他利益相关者，尤其是受害公众的利益往往被排除在外，政府与企业由于政治和经济上的利益关系，加上信息的集中，共同博弈的力量和动机不可避免，排污许可的实施必须保证第三方和公众代表直接参与的管理机制。

8.1.3　排污许可监督管理的基本原则

根据对国外排污许可制度的研究和对我国排污许可制度改革思路的分析可以看出，排污许可主要有三个特点：突出企业自证守法，管理体现精细化，注重信息的收集与应用。与此相对应，排污许可监督管理必须适应排污许可制度的特点，因此排污许可监督管理应遵循以下几项原则。

（1）以企业自证守法为基础，管理模式进行相应的调整。与以往管理制度不同，不再是单纯由政府去证明企业是否守法、是否达标，而是由企业提供证据自证，政府的重点由直接查企业的排放状况，转变为以查企业自证材料为主，以现场检查为辅。可以说，这样的改变对政府提出了更大的挑战，管理模式也会发生相应的变化。

（2）突出精细化管理水平，发挥监测与台账管理的作用。排污许可制度作为精细化管理的主要手段，在申请与核发阶段对企业提出精细化要求，这主要体现在管理要求的针对性和明确化上。而在证后监管环节，精细化主要体现在对监测和台账的管理和应用上。由于以前的环境管理制度未对企业自证守法、自行监测提出要求，政府的监测能力十分有限，难以支撑精细化管理要求，而排污许可制度首次明确了自行监测要求和台账管理要求，这为精细化管理提供了可能。许可证制度监督管理的研究，也将突出监测与台账的作用，体现精细化管理思想。

（3）突出信息的重要性，为持续改进奠定基础。与以往环境管理制度不同，排污许可制度特别强调信息的重要性，信息的收集和应用，既体现了精细化管理思想，同时也为制度的持续改进提供了可能。管理水平的不断提升、技术的持续进步都需要有信息的支撑，而数据的质量控制、数据的收集和分析应用对此十分关键，因此排污许可监督管理应特别注重信息体系，将信息质量的不断提升作为核心的研究内容。

8.2　各责任主体职责定位与管理目标分析

从持证单位、各级政府、公众等角色在排污许可证实施中承担的监督管理职责入手，建立排污许可证实施的监督管理体系框架，各责任主体职责定位和管理目标总体情况见图 8-1。

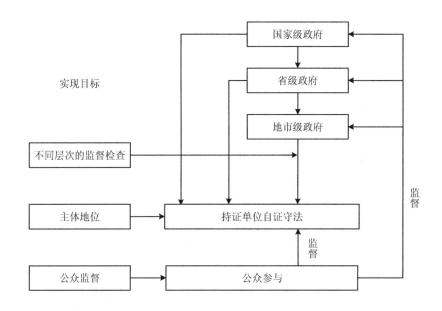

图 8-1　各责任主体职责定位和主要管理目标

8.2.1　排污许可证持证单位责任与激励

我国排污许可制度要求排污单位应当严格执行排污许可证的规定，明确遵循许可证条款、重污染天气应对责任、自行监测、台账记录和信息公开等。在排污许可证实施的监管信息、守法和环境质量定位下，实际上，规定中明确的不仅是遵守许可证的要求，更是兑现许可证申请的承诺、对社会公共利益的责任。

8.2.1.1　持证单位的持证责任与要求

排污许可证证后监管发展的三个阶段——信息阶段、守法阶段、环境质量阶段，虽然各阶段的侧重点不同，但持证单位的责任与要求是相同的，差异在于持证单位自证守法与履行社会责任的水平。排污许可证证后监督与管理主要包括两个方面。

（1）持证单位自证守法

持证单位自证守法，包括企业自行监测，即根据排污许可证中规定的排放标准，依据监测方案施行自行监测；台账记录，包括企业在生产运营过程中，所涉及的与污染物排放相关的生产装置、主要产品及产能、主要原辅材料、产排污环节、污染防治设施、排污权有偿使用和交易等信息。企业自证守法的最终结论为排污许可证的执行报告。

污染物排放是动态变化的，监测时间、监测方式不同，监测数据也会不同；不同行业，不同管理方式，生产工艺变化，产品、产量和原料变化也会影响污染物排放。因此，在许可证中需要根据企业生产特征、污染物的处理水平、污染物排放规律、历史达标记录、受纳水体特性等因素确定合理的监测位置和监测频次，科学反映其排放状况。台账记录则是企业守法排放的辅助证据链，台账记录与自行监测结果相互印证，从而保证数据的真实性。同时，即使是基于同样的信息数据，不同的达标判别方法也会得出不同的结论。因此，还需要确定点源守法或违法的合理判断方法。根据发达国家的经验，如果监测方案和达标判别方法是科学合理的，即使不采用成本高昂的连续监测方式，仍可保证对点源连续达标排放情况的代表性，并且更具有成本有效性。

目前，企业自证守法的关键是自行监测方案的制定，以及污染源监测的质量管理体系，质量保证包括监测标准方法、量值传递与溯源体系、标准物质管理和实验室检测资质等预防性措施；质量控制包括数据核查、异常数据处置、数据审核与改善等纠错性措施。企业自行监测数据、排污许可证平台及守法报告等机制仍然需要长时间的磨合，以及管理水平与意识的提高。

按照信息、守法和环境质量的三个阶段，在排污许可证实施的监督管理初期应当将关注点聚焦在企业污染物排放信息的准确性上，在对持证单位的管理中应当注重企业监测数据的准确性、监测方案的制定和监测数据上报机制，以及污染源监测的质量管理体系建设。

（2）持证单位社会责任

持证单位的社会责任，包括许可证变更，企业不仅要遵守许可证的规定，同时也要核查和监测许可证制定的依据是否发生变化，或者其他许可证规定的条件需要修改或者重新核发许可证时，需要及时上报和申请，也包括出现许可证中违规的行为，如重大安全事故或者风险都需要及时上报。

对媒体和公众信息公开，建立合适的信息渠道，并回应媒体和公众的质疑。

综合来看，正在逐步推进的排污许可制度已经包括了信息平台、执行报告、自行监测、台账记录、异常报告和信息公开的相关内容。需要重点解决以下四个方面的问题（图8-2）。

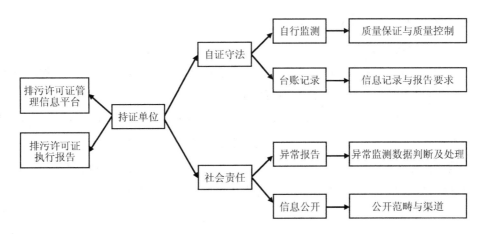

图 8-2　持证单位在排污许可证实施中的责任

第一，自行监测的质量保证与质量控制，企业具有自行监测的责任，自行监测本身就包括质量管理，质量管理的措施是否得当是企业自行监测数据准确性的关键。企业自行监测质量如何认定和质量管理如何保证是监督管理的关键。因此，企业是自行监测质量管理的主体，为自行监测数据质量负责；政府对自行监测质量管理保证条件和质量控制措施有审核认定、核查的权力。

第二，信息记录与报告要求。目前虽然有明确台账记录和报告的要求，但是具体格式，需要涵盖的内容，执行报告最佳频次，报告形式和对应的主体还有待完善。其基本的要求应该是，台账能够对应和支撑排污许可证守法信息；报告需要区别对待政府监管和公众，对待政府监督管理是需要专业性综合报告，对许可证的实施，自行监测的安排，污染物排放达标和许可量的遵守情况进行详细报告。同时也要有对公众的简本，即明确是否遵守了排污许可证的内容，对公众的影响情况即可。

第三，异常数据的判断与处理。企业对排污许可证的执行，无论是自行监测还是日常管理，必然存在对异常数据的判断和处理。在目前的规范和指南中还没有对可能出现的异常数据给出明确要求，这也会导致企业编制的守法报告存在对相同问题的处理差异。

第四，信息公开渠道与范畴。虽然信息公开备受重视。实际上，在现阶段，公开渠道应该尽量使用网络工具，公开范畴即排污许可证明确规定的项目和要求即可。但这并不意味着就满足公众对信息的需要，如何能够满足公众对企业监督管理的需要，可在排污许可证核发中强化与公众互动，确定信息公开范畴。

8.2.1.2　经济强化与管理双重的守法激励措施

环境治理的理想状态即污染物零排放，激励环境保护技术进步。技术的进步导致可达标准不断严格，从而形成良性循环，促进社会经济发展。短期内具有实践意义的零排放应该确立为根据保护和改善生活环境、生态环境，保障公众健康的需要确定优质环境质量水平，任何污染源执行满足以环境质量而设定的排放控制标准。

对企业来说，环境质量的要求越高，改善的速度要求越快，就意味着增加污染治理成本。许可证制定之后，基于环境质量的污染物排放标准的制定，其实就已经决定了环境质量目标和改善的速度。由于许可证是严格的命令控制型环境政策，其确定性极强，而灵活性往往不足，因此需要辅之以经济刺激和劝说鼓励型政策推进排污许可证执行。

根据"污染者付费"原则，许可证持有者有责任执行排污许可证所规定的内容。排污许可证守法激励必须是基于许可证守法的基础上，由于是对其排污权的限制权利，排污许可证的守法激励必须限定在管理成本和经济刺激的范围之内，且不能够增加或改变排污许可证的内容。

（1）管理成本

在管理成本上，由于不对企业收取排污许可证申请费用，企业在排污许可证管理成本除排污许可证控制要求外，只有许可证的重新申请和守法监测频次两个方面。根据许可证守法情况，如果存在控制技术改进和自愿削减污染物排放量情况的，可以适当延长许可，对于在许可期限内积极配合监督性监测和公众互动的情况下，可以在再次核发时降低部分污染物自行监测频次要求，以降低企业污染物监测成本。

（2）经济刺激

经济刺激型手段关注的排污许可的资源优化配置（图 8-3）。首先，如果在限定责任的基础上能够进一步减少污染，而这个排污权益并没有转移，相当于排污总量的减少，则应当减免环保税；其次，若为合理配置资源，在有限的环境容量下，排污许可可以进行交易，但这种交易只限于特定的范围与区域。

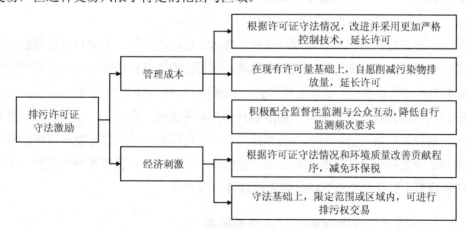

图 8-3　排污许可证推行激励措施设想

8.2.2 政府监督管理与引导

许可证作为一种规制手段的核心条件需要授权专门的部门或机构，确保对许可条件、程序的严格监督和执行，同时许可机构要有充分的资源来实现这一任务。美国排污许可制度规定了一种多层级的监督机制：包括联邦政府对州政府的监督，州政府对排污单位的监督，排污单位的自我监督，以及公众和环保团体形成的社会监督。

8.2.2.1 政府层级间的权责与分配

在环境管理体制组织架构方面，我国的生态环境主管部门从上到下按照行政级别，分为国家、省、市县三个层级。

固定污染源排放控制管理模式是"中央政府—地方政府—污染源"，中央政府不行使直接管理固定污染源权力。由于外部性的存在，地方政府和污染源有相互"勾结"的动机，地方政府有向中央政府隐瞒污染源排放信息的利益驱动。根据笔者的调研了解，现实中确实存在这种状况，而且比较普遍。如某钢铁厂作为 S 省 B 市的支柱性产业，对于 B 市的经济发展和就业有特殊的意义，对于这样的地方经济支柱，地方政府是有动力对其保护的。据了解，生态环境主管部门根本不被允许进入厂区进行污染监测，而且其排污出口的排污沟也被称为"不具备采样条件"。再如，H 省 Z 市也存在类似情况，味精厂作为经济的主要来源，地方政府根本没有动力对其进行监控和控制。在这种情况下，地方政府和污染源被无形的绳索——利益捆绑在一起，实际成了"中央政府—'地方政府和污染源'"的模式。

许可证制度的监督与管理是典型的"自上而下"的委托—代理关系，国家对许可证实施进行统一监管，需要对地方许可证管理机构进行定期或者不定期的检查和评估，督促地方按照生态环境部的要求开展许可证管理工作，并可直接核查并处罚具体的污染源。一旦发现地方许可证管理机构违反了许可证的规定，则依据相关法律对其进行问责。

根据上述分析，为了保证排污许可制度的实施效果，有两点需要特别注意：一是上级管理部门要对下级管理部门进行监督与管理，以对下级管理部门的监督管理形成外在压力，保证下级管理部门监督管理力度和效果；二是上级管理部门要保留部分重点源的监督管理职责，以提高对重点源的监管效果，从而提高污染源的监控水平，降低环境风险。政府的监督与管理可以包括三个方面，一是监督性监测，包括现场抽测，及通过数据模型对上报数据进行审核；二是排污许可证执行的监督，包括产品产量的变化情况，生产能力是否有大幅增加，污染处理设施的运行情况等；三是通过排污许可证守法系统的监控，包括排污许可证执行报告审核与评估，监测数据质量，守法的情况，运行情况和历史数据分析等。生态环境部、省级和市级生态环境主管部门、派出分局上级对下级进行随机抽查，定期不定期抽查应当对下级政府许可证实施的监督情况进行检查，包括现场监测的频次和内容，管辖内许可证守法情况，许可证核发与处罚的正确与否。

8.2.2.2 企业自证守法下的政府监管

持证单位根据许可证的要求自证守法，政府监管则是根据许可证的要求确定企业是否遵守许可证的要求。

根据许可证监督管理的阶段性定位，分别依次为信息效率、自愿参与和社会利益（图 8-4）。

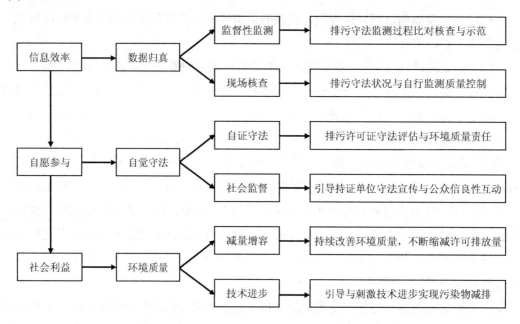

图 8-4　政府在不同监督管理阶段的主要职责

（1）信息效率

信息效率阶段是保证排污许可证管理的基础，也就是持证单位污染物排放管理与监测的数据归真，生态环境主管部门需要聚焦监督性监测与现场核查，其中监督性监测需要在验证守法的基础上进一步做好两项工作，排污监测过程的比对核查，验证企业自行监测数据的真实有效；同时也是通过实地监督性监测对持证单位进行监测过程的指导与示范；现场核查则是依据排污许可证规定对污染处理设施等守法情况进行核实，通过对台账记录的核证，监测设备质量保证情况对自行监测数据进行质量控制。数据归真后的激励与处罚并重，同时提升的是企业和政府的监督管理水平，从而所带来的是政府许可证制度监管自信和企业守法意识的提高。

（2）自愿参与

持证单位的自愿参与阶段，政府可通过自证守法报告评估验证持证单位是否满足环境质量责任或者第三方认证与监督责任；对自愿守法的企业，政府应当引导进行守法宣传，主动缓释公众环境安全疑问，通过正确引导社区和舆论进行良性互动。

（3）社会利益

排污许可证的最终目标是为社会利益的最大化，也就是平衡社会发展与环境质量诉求。随着环境科学水平的提高，生态认知与人群健康的威胁认知也会更新，污染控制的目标也是动态变化的，排放标准的目标就是实现零排放，在社会利益阶段，政府需要进一步利用许可工具持续减少许可排放量，持续改进环境质量；同时减量化的基础是技术进步，引导和刺激技术进步，通过许可证为排污单位技术发展提供刺激作用，为企业不断提高环境保护设施的运行水平提供正向的激励。

（4）监督与管理机制

1）政府层级间监督

虽然是自上而下的政府层级管理，但是政府层级之间也应该互相监督，上级政府对下级政府进行监督与核查，下级政府也应当对上级政府提出建议和核查过程合法性监督。

2）政府对企业监督核查

各个层级之间需要对企业进行监督核查，要注意多个政府层级之间避免对某个企业多次监督核查，影响企业正常运营。

3）企业对政府执法监督

企业在许可证范围内守法经营，对政府的执法行为有权进行监督，对政府的不当行为有权提出异议。

4）公众监督

公众和第三方组织有权对各级政府和排污单位依法进行监督。

8.3　公众参与——环境运动与邻避风险

环境享有权既包括对清洁环境要素的生理享受，也包括对优美景观、原生自然状况的精神和心理享受，而最基本权益是环境安全，而现有的污染源排放现状其至不足以确保每一个公民的基本环境利益。根据美国的经验，许可证实施的监督管理并不仅仅是许可证的执行，而是环环相扣、依靠各方责任主体充分发挥能动性，守法者与监督者之间充分的合作与对立的博弈，且公众参与的程度决定了许可证实施的效果。

8.3.1 公众参与手段——邻避与公平竞争

公众参与是一个广泛的概念。媒体原则上应保持客观的报道，媒体报道也可以说是公众参与的一种形式和参与过程的推动与反映。从美国排污许可证执行的经验来看，公众参与对许可证制度的改进起到了决定性的作用。如何理顺公众参与机制是决定许可证有效性和是否长久管理机制的关键因素。

（1）个体

普通个体与组织是公众参与的两种形式，普通公众的关注焦点主要是环境质量，关注个人及家庭健康；其次是财产价值，即个人购置房产或者商户的成本及价值走向。普通公众对工业源的关注程度一般随距离的增加而减弱。近年来，由于公众对环境污染认知和环境权益认识不断提高，政府企业利益共谋和环境影响评价制度公众意见评估的不健全，导致环境邻避事件多发，邻避抗议层级往往会螺旋式提升，邻避冲突双方更难以达成妥协。针对环境空气污染的区域特征，普通公众对工业源的监督也随之突破一定的距离限制。

（2）组织

普通公众作为工业源的监督者力量是薄弱的，往往强有力的组织能更加有效的监管。组织类型可以分为公益性组织和竞争性组织。公益性组织是站在环境保护公益的角度对工业源进行监督，也或者是普通公众群体组成的临时组织，对企业违法行为进行专业查证与监测。竞争性组织是与工业源有竞争性关系的其他经济组织形式，比如环境资源的竞争性，生产经营的竞争性企业，通过工业源的监督诉求达到公平竞争的目的。

排污许可证从理论上解决了邻避效应和环境不公平竞争的问题，至少提供了问题解决的基础和讨论范围。工业源在许可证守法的基础上，也应当推动科普宣传、绿色生产，并为社区提供就业岗位来应对普通公众的邻避心态；在环境影响评价、政府决策中应当充分考虑邻避效益及公众资产的价值损失；普通公众也要在许可证监督中对违法情况及时举报。同时也重视环境公益诉讼和利益诉讼，鼓励公益性组织和竞争性组织在法制的框架下诉求环境权益和公平竞争地位，从而有效引导公众的参与形式，从无组织非理性的状态变为合作委托的有组织法制形式（图8-5）。

政府在公众参与中不应该扮演取代者的角色，而是公众理性参与的引导者、企业排污守法信息的提供者、公平竞争机制的倡导者和环境公益的维护者。

普通公众，通过排污许可证信息平台和政府信息公开获取企业守法情况资料；政府建立企业与公众理性沟通渠道，促进企业守法真实信息的流转，对企业违法行为和风险情况及时发布和通报；环境保护组织，通过环境调查、环境执法监督等形式监督排污许可证实施效果和效率。

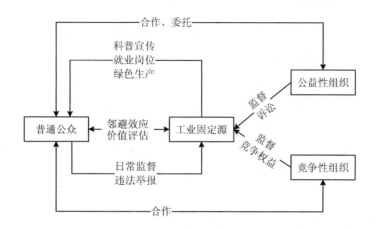

图 8-5 公众参与在排污许可证实施中的作用

8.3.2 理性参与和信息公开

（1）解决非理性参与的关键

当个体因环境污染受到巨大的利益损害，而当公众的环境安全基本诉求无效，就会诱发群体事件，这是受害者在政府环境规制无效且正当利益表达失败的情况下做出的无奈选择，其本质原因是公众的环境意识觉醒打破了地方政府与部分被规制企业之间的利益均衡。环境群体事件是非理性行为，伴随着巨大的社会成本损失，尤其是政府的公信力往往受到严峻挑战。解决非理性行为的关键还是确保环境公平，做好环境知情权、决策参与权等公民环境权益保护的制度安排。排污许可证的监督管理为公众理性参与环境监管提供了支撑，让参与变得有的放矢。

（2）理性参与的基础

排污许可证的科学与合理是理性参与的基础，许可证颁布作为行政审批和行政许可必须进行听证，让利益相关公众享有知情权，改变政府与企业之间"暗箱操作"的错误认知惯性。在监督和管理过程中保障公众知情权，依赖于信息渠道的建设和完善。根据多中心理论，不同干系人对应环境质量改善目标具有自己的社会角色，参与到整个社会的合力选择之中。不同干系人之间的相互影响的能力取决于信息的获取渠道，以及信息的加工使用能力。按照信息不对称理论，假设信息充分的情况下，所做出的决策是合理的。因此，如果任何的干系人都能够纳入充分的信息渠道中，在广泛的信息公开保障下，不同干系人之间的相互对抗作用将会弱化。因为具有强认同的社会意愿，在信息充分的情况下，不同干系人会根据掌握的信息反映到环境质量改善的合理行动，由此，信息渠道的通畅能够促进资源管理朝环境质量改善的方向转移，而不同干系人之间通过信息的互动协调也会逐渐弱化监管与核查的形式。因此，公众理性参与的关键是政府保证排污许可证守法信息与公众共享，企业对利益相关者有宣传与释疑的责任。

（3）满足公众参与的信息公开

充分利用许可证信息化平台进行信息公开，包括许可证基本信息、自行监测方案、自行监测数据、许可证守法报告、政府监督执法情况反馈、排污单位环境影响评价信息等，确保政府、公众和第三方机构都能够无障碍获取企业守法信息。各级政府积极应对信息反馈，做好政府排污许可证管理的信息公开。企业根据守法情况，通过各种手段和渠道回应公众质疑，避免产生非理性冲突。

8.4 排污许可制度实施的监督管理体系框架

8.4.1 总体框架

在我国排污许可制度定位和环境管理体制机制基础上，根据上述研究，提出我国排污许可制度实施的监督管理体系框架（图8-6）。

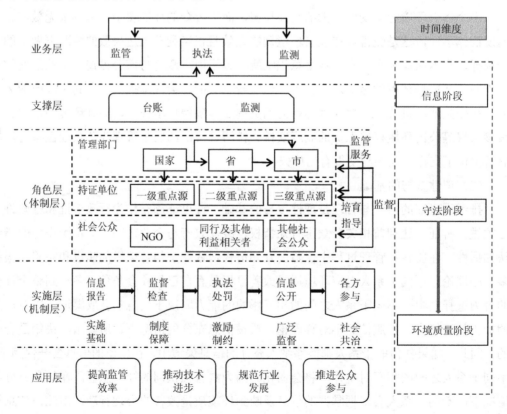

图 8-6 排污许可证实施的监督管理体系框架

本研究提出的体系框架为两维框架示意图，既包括一维状态下的监督管理体系构成，也包括二维的时间轴，其中以一维状态下的监督管理体系为主，只是在监督管理重点上会考虑时间维度上的差异。

业务层上，按照目前我国生态环境管理体制及各地环境管理业务分工现状，将监督管理业务分为监管、执法、监测三个方面。监管为日常的监督管理，监测包括监督性监测、执法监测、排污单位自行监测等，执法重点为执行层面的取证与处罚等。三者存在密切的关系，根据监管需求，确定监测要求，监管和监测获得的违法违规线索都可以作为执法的基础，由执法予以落实和实施。

支撑层上，考虑排污许可制度的特点，重点考虑台账和监测两个方面。排污许可制度强调排污单位主体责任的落实和自我说明排放状况，而排污单位说清排污状况的重要途径包括台账记录报告、监测两个主要方面，管理部门对持证单位的监管也重点依据台账、监测两个方面的内容，因此台账、监测是整个排污许可制度实施的监督管理体系的支撑，应作为整个监管活动的基础。

角色层即管理体制层，重点是各责任主体在排污许可制度中发挥何种作用。管理部门对持证单位负有监管和服务的责任，对社会公众负有培养和指导的责任。社会公众对持证单位和管理部门均有监督作用。

实施层即管理机制层，重点是相关责任主体如何在排污许可制度中发挥作用，包括信息报告、监督检查、执法处罚、信息公开、各方参与等方面的内容。

应用层属于排污许可制度监督管理体系与其他管理制度衔接的内容，是将排污许可监督管理结果在其他管理制度中予以应用，从而促进排污许可制度管理体系的持续发展。

在时间维度上，根据前面所述，将其分为信息阶段、守法阶段、环境质量阶段三个时间段，在面向企业的监督管理和政府间监督管理内容上不同时间段有所侧重。

8.4.2　分级分类的管理体制

8.4.2.1　水污染源

（1）分级分类方式

对于水污染源，主要从三个层次进行分级分类，包括污染源的性质、污染源的排放去向、污染源规模，分级分类框架见图 8-7。各层次具体分级分类方式如下。

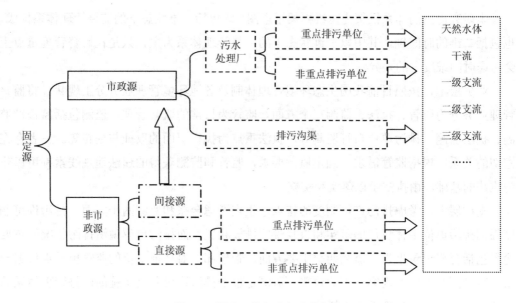

图 8-7　固定污染源分级分类框架

　　首先，按照污染源的性质将水固定污染源分为市政源和非市政源。市政源主要发挥污染物的处理的功能，主要责任主体是政府部门。其中最典型的市政源为污水处理厂，污水处理厂的主要功能是处理各类污水，同时也由于收集和处理各类污水而成为废水污染物的直接排放者，与环境质量有着直接而密切的关联。虽然一些污水处理厂并不是直接由政府投资建设和营运而是部分或者全部委托私人负责，但是鉴于污水处理厂在城市水污染物处理方面的作用，以及对城市水环境保护的重要性，政府部门仍然应当在这些污水处理厂的建设和营运中承担重要的责任。除此之外，考虑到未截流的排污沟实际也是各类污染汇合后的集中排放，与环境质量密切关联，排污沟截流对于水环境质量改善具有重要意义，因此未截流的排污沟渠也应当视为污染源，由政府部门负责管理。非市政源一般是一个独立的市场单元，有独立法人，法人为本单位的排污负责。

　　其次，对于市政源（除排污沟渠）和非市政源，按照污染物是否直接排向天然水体，分为直接源和间接源，这两种源污染物的排放量与水体污染的相关性不同。直接源是指直接向天然水体排放污染物的非市政点源，其排放直接造成对水体的污染；间接源是指并不直接向天然水体排放污染物，而是向污水处理厂或者排污沟排放污染物的非市政点源，间接源的排放并不直接造成对水体的污染。

　　最后，对于直接源按照污染源的规模，分为重点排污单位和非重点排污单位。一般来说，重点排污单位的生产规模和排放强度都比较大，通过监管重点排污单位进行污染减排的费用有效性高于非重点排污单位。污染源的规模大小的划分界限，根据区域环境质量和污染源管理能力确定。随着环境质量状况、管理能力的变化进行调整。例如，当管理能力提升时，可以将规模划分线调低，从而扩大污染源控制范围，当管理能力不足时，则将规模划分线调高，通过缩小控制范围，集中控制重要的污染源，在既定能力下，寻求最佳的管理效果。

（2）分级分类的管理体制

在水污染源分级分类基础上，按照污染源对环境质量的影响程度，确定水污染源分级分类管理体制，具体框架见图 8-8。

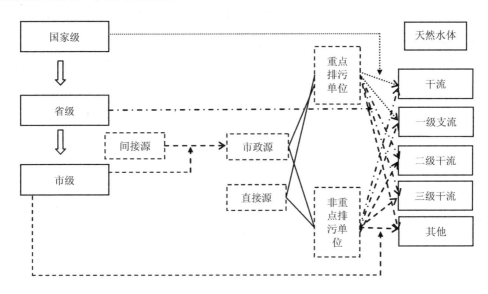

图 8-8　水污染源排污许可分级分类管理

首先，国家级保留排入重要水体大型污水处理厂的监督管理职责。考虑到污水处理厂废水量大，对周边环境质量的影响大，国家级应当保留对直接排向主要水体环境的大型污水处理厂的监督管理职责。建议由国家级直接对废水排入主要河流干流、一级支流的污水处理厂中的重点排污单位进行监督管理。

其次，省级保留部分大型污水处理厂和重要非市政源的监督管理职责。可考虑由省级负责对排入主要河流二级、三级支流的污水处理厂中的重点排污单位，以及排入主要河流干流、一级支流的非市政源中的重点排污单位进行监督管理。

最后，市级应作为排污许可持证单位监督管理的主要力量，负责对辖区内污染源的全面监管。其中，间接源由于主要影响市政源的运行状况，重点由市级进行监督管理。除此之外，国家级、省级监管之外的污染源也全部交由市级进行全面监管。

在此基础上，还需要特别说明的是：①市级管理部门也同时拥有对国家级、省级负责监督管理污染源的监管权力，并非由国家级、省级监督管理的污染源市级不得进行监督管理；②国家级、省级监督管理可以利用自有力量进行监督管理，也可以委托下级机构按照本级提出的要求对污染源进行监督管理；③国家级、省级也可以对其他污染源进行监督管理，其中上级对下级负责监督管理污染源的监督检查，其主要目的为评估下级部门是否对辖区内污染源进行了有效监督管理，而并非以监督管理污染源为主要目的。

8.4.2.2 大气污染源

与水污染源相比，因为没有污水处理厂这类专门处理污染物的排放源，从而没有间接源。从这个角度来说，大气污染源的分类相对简单。对于大气污染源，一般来说，会根据大气排放源的传输扩散能力，将其分为高架源和低架源。

与水污染源类似，大气污染源排污许可分级分类管理框架见图 8-9。国家级仅负责对有战略意义的高架源的监管，这样可以通过对这类源的监管，间接掌握国家经济发展、产业结构等情况，这类源主要包括大型电力企业、有烧结/球团工序的钢铁企业、有水泥窑的水泥企业、石油炼制企业等。

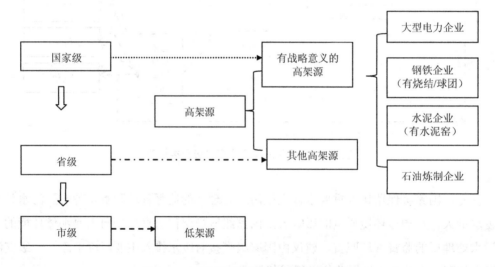

图 8-9 大气污染源排污许可分级分类管理

8.5 面向企业的排污许可证监督管理关键技术

8.5.1 目标与原则

（1）资料检查为主，现场检查为辅，提高效率，降低成本

根据排污许可制度定位与特点，借鉴国内外经验，主要依托排污单位上报的各种资料进行监督检查，对持证单位进行全覆盖的资料检查。现场检查作为资料检查的补充和

延伸，在频次和覆盖面上较资料检查有所降低。通过加强资料的持续检查，减少现场检查的频次，提高监督检查的效率，降低监督检查的社会经济成本。

（2）资料检查与现场检查相互衔接，提高检查针对性

充分发挥资料检查的作用，将资料检查结果作为确定现场检查对象和检查内容的重要依据，提高现场检查发现和解决问题的针对性。同时，将现场检查结果作为改进资料检查重点的参考，提高资料检查的有效性。通过资料检查和现场检查的有机结合与衔接，提高监督检查的持续性和针对性。

（3）以持证单位台账资料真实性和污染治理设施运行、排污行为是否合规为重点

针对通过不同数据间的交叉印证和现场检查分析持证单位台账资料的真实性。在此基础上，以台账资料为主要依据检查持证单位是否依证运行维护污染治理设施，是否能够做到稳定达标排放，以及是否能够满足总量排放限值要求。

8.5.2　总体思路

对于排污许可制度的整体框架来讲，排污许可核发部门对排污企业发放许可证只是前端环节，更重要的是需要依据排污许可证中所规定的内容对"持证"排污企业进行证后监管。通过对排污企业产污、控污、排污等生产过程以及监测、记录、报告等环节的执行情况及执行质量作出监督和核查，促使企业能够更好地按照排污许可所载明的内容进行持证"合法排污"。

在排污许可证后监管制度中，需要以污染物的排放数据为抓手，从企业环保管理和政府证后监管的双重视角，探索证后"审计式"的创新监管方式，建立证后"审计式"监管的制度。在企业视角下，落实排污许可证在企业日常环保管理中的基础核心地位，提升企业按证守法的能力；在政府监管部门的视角下，落实排污许可制在固定污染源管理中的核心基础地位，在证后通过书面的"审计式"核查与现场检查相结合，落实企业的守法责任，降低监管成本，提升监管效能。

首先，在理论分析和排污许可法律法规的授权的基础上，建立排污许可证证后"审计式"监管制度框架。其次，在制度框架指导下，从企业视角方面，全面分析企业许可证质量、执行报告、台账记录、企业内部管理制度建设等存在的问题，指导企业自查并发现问题并依法变更整改，全面提升企业排污许可证质量和按证管理能力，提高企业的守法能力，并为监管部门证后的合规检查建立基础；从政府监管部门的证后监管方面，在审计计划制定上，通过后台行业大数据比对分析，确定核查对象的优先级，确定核查目标与内容，以及在何种情况下启动哪一级别的检查。"审计式"核查的重点在于企业污染物产生、控制及排放之间数据逻辑性的核查，以排放数据为基础，以排放量核算为核心，以原材料和产品及设施设备运行等信息为辅助，构建核查企业守法排污的"证据链"。

通过"审计式"书面审核与现场核查相结合查找问题，反馈线索来支持执法。

8.5.2.1　企业视角下的"审计式"管理

按照国务院颁布的《控制污染物排放许可制实施方案》，排污企业需要持证排污，自证守法。排污企业需要按照《排污许可管理办法（试行）》的要求申请排污许可证，并承诺排污许可证申请材料完整、真实和合法。生态环境核发部门发放许可证后，排污单位按照排污许可证载明要求，开展自行监测，保存原始监测记录，按照台账记录要求进行相关生产、污染物控制及排放等环节的台账记录。排污企业在梳理相关台账记录和保存内容，开展许可载明要求的过程，就是在梳理和审核自身生产运行和污染物排放数据的过程。排污企业对实际生产过程的产排污状况进行定期审核，进而能够做到在相关事项变化后能够及时向核发部门提出变更申请，提升自身的按证管理水平，降低环保风险，节约环保成本。

排污企业进行自我的证后审核会促使企业自觉履行环保责任，也能够使排污企业说清楚自己排放了什么污染物，排放了多少，以及排放去向。排污企业建立自行监测制度，在整个生产期间，对污染物排放开展监测，安装的在线监测设备与生态环境主管部门联网，保障数据合法有效，妥善保存原始记录。建立准确完整的环境管理台账，说清与监测数据相对应的生产情况以及污染治理设施运行维护情况，并定期、如实向生态环境主管部门报告排污许可证执行情况。同时进行信息公开，要把企业的各类排放数据向社会公开，接受全社会监督。企业通过长期监测数据和相互关联的管理信息，形成一套"自证守法"的逻辑链。

8.5.2.2　政府监管部门视角下的"审计式"管理

开展政府视角下的"审计式"管理，关键要解决审什么、为什么审、由谁审、如何审、如何评价以及如何运用审计成果六个方面的问题。在当前的排污许可制度体系下，政府视角下的"审计式"管理，应该是以执行报告中排污企业所提交的排放量为审核抓手，依托于排污许可证、排污许可执行报告以及在排污许可证中所要求企业记录的台账，对企业的排污许可证载明内容、许可证载明要求落实情况和所提交的执行报告真实性进行审核。

政府视角下的核查主体应为生态环境主管部门，更具体应为排污许可证的核发部门为审核主体完成合规核查工作。在工作开展之前，由许可核发部门制订核查计划，确定核查目标。生态环境主管部门在进行核查计划的制订过程中应该按照行业及企业确定核查内容及核查频次。对于污染物排放量较大、污染较为严重的行业及排污许可重点管理企业，需要重点审核和抽查，对于污染物排放量较小、污染较小的行业和实行简化管理的企业可以减少检查次数。

在以往的政策框架内，主要通过监督性监测与现场执法检查相配合的方式，耗费的监测和执法资源多、实施成本高、目的性不强、效果不明确，且监管部门需要承担无限责任。在排污许可证监管框架内，对执行报告和台账记录进行“审计式”检查，分析数据间的逻辑性，并配以指向明确的“靶向”现场执法检查和监测。监管方式的转变能够节约监管成本，提升监管效能，强化执法效果，还能够厘清监管部门的有限责任。

8.5.3　监督检查类型

8.5.3.1　基于资料分析的日常非现场监督检查

基于资料分析的监督检查是指生态环境主管部门针对持证单位提交的申请信息、自行监测结果、台账记录资料的监督检查，通过资料检查判定持证单位是否依证进行各项运行管理，通过资料间的相关校验判定持证单位提交的各类数据信息资料是否存在可疑问题，进而依托数据判定持证单位是否依证排污。利用大数据分析、云计算等多种技术手段对许可信息、执行报告、监测数据等相关资料的跟踪分析，对持证单位开展持续的监管。

此类检查的实现方式以计算机语言实现自动处理为主，人工判断为辅，可以连续开展，从而对排污单位形成持续的压力，且成本较低，可操作性强，但往往不够确定，只能发现疑似问题，最终还需要排污单位补充信息或者现场核查才能够确定。

8.5.3.2　现场稽查检查

现场稽查检查是指生态环境主管部门及其他主管部门为了某种目的到持证单位开展的时间较短、检查内容有所侧重的现场稽查检查。现场稽查检查主要是为了发现检查期间持证单位的某种环境行为，是否符合相关法律法规、管理制度的要求。

这种检查主要针对检查时点的情况，一般不对数据资料的真实性、逻辑合理性等做深入全面的检查，往往聚焦有限的环境问题开展随机性的检查，目的是以点带面，形成威慑力。这种检查不够全面系统，不能形成持续的压力，也不能为持证单位改善环境行为提供有效的指导。

8.5.3.3　阶段性现场检查与评估

阶段性现场检查与评估是指生态环境主管部门针对持证单位开展的全面监督检查活动，是间隔较长一段时间开展的，针对持证单位可能存在的问题，组织专家团队开展现场检查和评估活动，是对持证单位的台账资料、监测活动、环境行为开展的一次全面检

查和评估，是为了识别持证单位在按照排污许可证开展台账记录、自行监测、污染治理
与污染排放等各方面存在的需要改善的问题。

阶段性现场检查与评估应对排污许可证规定的各项活动进行全面检查，重点检查自
行监测、台账记录等相关活动的真实性、规范性。这类监督检查与基于资料分析的监督
检查相比更加全面，检查结果更加确定，但是检查成本往往较高，所以频次不宜过高。

8.5.4   监督检查体系框架

上述三种监督检查技术之间的关系见图 8-10，三种技术共同组成排污许可制度监督
检查技术体系框架。

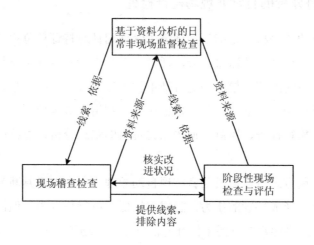

图 8-10   三种类型监督检查关系

基于资料分析的日常非现场监督检查覆盖的时间范围、排污单位范围，可以为现场
稽查检查、阶段性现场检查与评估的检查内容和检查重点提供依据和线索，提供有针对
性的现场稽查检查和阶段性检查与评估。

现场稽查检查结果可以作为资料来源供基于资料分析的日常非现场监督检查提供参
考，也为阶段性现场检查与评估提供线索，对于一些现场稽查检查确定没有问题，不需
要现场检查与评估进行检查的内容进行排查。

阶段性现场检查与评估可以作为重要资料来源，为基于资料分析的日常非现场监督
检查提供参考和指导，阶段性现场检查与评估发现的重点问题和需要持证单位改进的内
容，可以由现场稽查检查作为核实跟踪的重要内容。

8.6　上下级政府间排污许可制度实施的监督管理支撑技术研究

8.6.1　总体思路

（1）明确排污许可管理的政策目标及分阶段目标

排污许可证的定位是固定污染源环境守法的依据、政府环境执法的工具、社会监督的平台，排污许可证中包含了固定污染源所需要遵守的全部管理要求。排污许可证"一证式"管理、制度实施的直接目标是通过排污许可证管理落实排污单位的守法主体责任，明晰管理部门的有限监管责任。守法的责任主体是固定污染源，通过信息的测量、收集、记录、处理、分析，证明自己的排放行为符合法律法规的要求；执法的主体是生态环境主管部门，通过对污染源的守法信息进行收集和分析，确认守法状况、为执法行动提供证据、查明和矫正违法行为。

根据本研究提出的三个阶段目标，确定各阶段监督检查的重点。排污许可制度是固定污染源的核心管理制度，最终目标是改善环境质量，途径是地区排放总量的削减。排污许可制度的管理对象是固定污染源，直接目标是实现源排放的稳定达标。一是保证排污许可证的质量，通过对信息的监管，提高排污许可信息质量；二是按照排污许可证的要求进行监管，确保排污单位能够做到守法；三是根据环境质量改善需求，依托排污许可证将环境质量改善要求落实到具体排污单位，从而实现环境质量的改善。三个目标呈"倒金字塔"的关系，自下而上不断加严，同时自下而上呈因果关系，只有进行规范管理，才能实现源排放状况的改善，进而促进环境质量的改善。

（2）分层次设置考核内容

按照制度落实和发挥作用的一般规律，结合排污许可制度分阶段目标，分层次考虑排污许可制度考核内容。首先，考虑排污许可制度的落实情况，即是否按照排污许可制度的统一要求开展排污许可证的管理工作，包括是否按照要求规范、科学、有效地发放排污许可证，排污许可证的质量是否符合国家的基本要求，是否要求持证单位按照排污许可证的要求开展自行监测、进行台账记录，相关信息质量是否符合要求等。其次，考虑排污许可证管理对象的改善情况，即持证单位的排污行为是否有所改善，包括达标率的改进，通过全过程信息记录和加强监管，降低长时间尺度的排放浓度，减少污染物排放总量。最后，要考虑排污许可证的监管是否对环境质量有所改善。

对于上述三个层次的考核内容，按照排污许可制度落实的路径，还可以进一步细化为五个方面的考核权重因子。首先以能够反映直接履职情况的排污许可证核发质量为首要权重因子，其次以排污许可证证后监管为第二权重因子，以全面达标排放情况为第三权重因子，以总量减排情况为第四权重因子，以环境质量改善情况为第五权重因子。这样的权重分配，也是考虑环境质量改善与环境保护税、散乱污治理、居民燃煤替代、机动车管控等多项政策的实施有关，企业总量减排与错峰生产、治理设施改造等有关，也非排污许可证管理的直接结果。

（3）对不同区域体现差异考核并兼顾公平

实施排污许可制度，最终目标是改善环境质量，保障公众环保权益，因此考核与目标区域环境质量是否达标有关，但是考虑到国家不同区域的经济发展与管理水平，也要在体现差异的基础上兼顾公平。对于达标区域，公众环境权益较为有保障，对源的监管力度和压力可相对降低；而对于非达标区域，应以实现达标为重要目标，对源的监管应尽可能严格，促进源达标排放水平的不断提升。故对于达标区域和非达标区域，应设置差异性的监督管理目标。

例如，对位于达标区的现有固定污染源，能够达到基本的国家标准或地方标准即可，不再提出更严格的排放量要求；对于位于达标区的新准入固定污染源，在环评（项目准入）阶段，可在达到行业排放标准的基础上，提出基于更先进技术水平（如参照最佳可行技术目录，建立绩效指标等）的排放量要求。针对非达标区，需要提出更严格的许可量要求。针对非达标区的现有固定污染源，在达标排放的基础上，必须满足城市达标规划的要求，执行更为严格的排放量标准，包括年许可排放量要求，冬季采暖期的季度许可量要求，以及应对重污染天气的日许可量要求，激励现有固定污染源进行技术升级，提高排放控制管理技术水平。针对非达标区的新准入固定污染源，需要执行最严格的排放量要求，其排放量必须来源于已有源达到最佳可行控制技术水平之后的超额削减量，并采用行业内最先进的污染控制技术水平。通过基于技术水平和历史绩效等方法，根据环境质量目标的要求而确定。通过一致的程序和方法，控制排放量的"总闸门"，激励和倒逼企业技术升级，改善环境质量。但是，排污许可制度的实施还应尽可能公平，同时还应将促进落后地区的技术进步和管理水平提升作为重要的目标。因此，对于源达标排放改善并不能过于放宽，也应作为重点考虑因素。

8.6.2　总体框架

根据上述总体思路，政府监督管理总体框架见图 8-11，在排污许可证的不同管理阶段，按照排污许可证实施监督检查的三个层次，监督检查的重点内容有所区分。

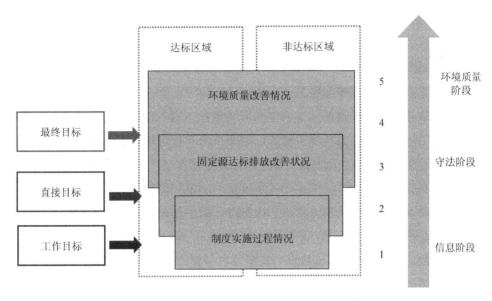

1. 排污许可证核发质量；2. 排污许可证证后监管；3. 全面达标排放情况；4. 总量减排情况；5. 环境质量改善情况

图 8-11 政府监督管理总体框架图

在第一阶段，以信息管理和归真为排污许可制度的主要目标，这与排污许可制度的工作目标相契合，在此阶段以制度实施的过程情况作为监督检查的重点，重点考虑排污许可证核发质量，同时逐步转向对证后监管的监督检查，其中对证后监管管理的重点为信息的管理情况。

在第二阶段，以推动持证单位按证排污为排污许可制度的主要目标，在此阶段重点推动持证单位的稳定达标排放，本阶段在第一阶段的基础上开展，也就是说建立在信息管理和归真的基础上。以往的管理制度未对信息监管予以重视，因此也无法获得能够支撑判定排污单位持续稳定达标的证据。在信息管理和归真基础上的排污许可制度，具备依托信息进行持证单位监管的条件，应通过对持证单位信息持续监控实现推动排污单位全面达标排放，进而实现排放总量的降低。第二阶段，还应同时监管第一阶段对证后监管的监督检查，只有持续开展对证后监管情况的监督管理，才能持续改进信息的质量，为依托信息监管提供可能。

第三阶段，以环境质量改善为主要目标，此阶段应在第二阶段的基础上，重点考虑如何精准建立质量与排放的关联，进而通过排放监管对区域环境质量进行改善。在第三阶段以环境质量改善为主要目标，并不意味着前两个阶段不是以环境质量改善为目标的，而是说，在前两个阶段因为信息监管和稳定达标排放尚未做到，以环境质量倒退的持证单位排放要求是否能够落实到位，是无法保障的，因此应首先将信息基础打牢，并依托信息监管逐步实现对排污单位的持续监管，这样才能够为根据环境质量精准控制污染排放奠定基础。

8.6.3　实施机制

固定污染源监测管理政策的相关者主要包括作为守法责任主体的固定污染源所有者或运营者，作为监管与执法责任主体的生态环境主管部门，也包括为二者服务的技术支持单位等其他主体。各级生态环境主管部门需要依法履行法律赋予的职权，承担法律规定的责任。排污许可证监管的原则是"谁核发，谁监管"，环境执法实施属地管理。对固定污染源的监测监管，生态环境部主要负责政策的制定和监督执行，省级生态环境主管部门主要负责政策的组织实施和监督，市级生态环境主管部门及其派出分局负责核发排污许可证和实施证后监管。

在实施层面，承担排污许可证核发与实施证后监管的主要是市级生态环境主管部门。在核发部门内部，有没有合理的内部部门责任分工和工作程序对于保证排污许可证的核发质量和证后实施的质量也非常重要。通常，在排污许可证核发时，企业需要提交申请材料，由核发部门对申请材料的完整性、规范性进行审查。在核查时，涉及的关键环节包括"建设区域是否为禁止区域""环评批复要求""自行监测方案""总量控制指标"等。因此，在核发部门内部，需要建立内部工作制度，通过严格的程序和相应的部门责任分工明确对核发环境的管理要求。例如，是否在禁止区域由属地分局审核，自行监测方案由市级生态环境局监测部门审核，环评批复由环评部门审核，总量指标由总量减排管理部门审核，最后形成共同会签的审核意见，完成审核工作，从而把控核发的重要环节，确保核发的质量。在证后监管部分，属地监管部门制订监管执法计划并按照计划落实。县级生态环境局监测部门承担的主要职能由"监督性监测"转变为按证"执法监测"，县级分局直接领导，并接受市级核发部门的管理，通过建立监测与执法的联动和快速响应机制，配合环境执法。证后监管由上级主管部门监督和考核，以此明晰排污许可证执法监测和执法管理的监管责任。

排污许可证管理的原则是"谁核发，谁管理"，市级生态环境主管部门承担了主要的排污许可证核发和证后监管的职责，对该部分的考核应当由省级生态环境主管部门来进行。国家对各省的宏观管理情况进行考核。在考核时可以按照权重分配，考核工作由生态环境部总体负责考核，省级生态环境主管部门考核打分，市级生态环境主管部门自测评分的方式。省级生态环境主管部门向生态环境部报送年度考核情况，提供各项考核证明材料。生态环境部对情况进行考核，考核内容以较为宏观的企业持证率、执行报告提交率、许可证质量抽检考核等为主，同时也要对各省的考核方案制定和落实情况进行考核。各省对各市的具体落实情况进行考核，考核内容除与国家考核要求相一致的企业持证率等指标外，还需要增加对具体落实情况，如代表责任落实情况的市级生态环境局与县级生态环境分局的会议记录、内部职责划分、局发文件内容和数量等指标；如对代表许可证质量的许可量和执行标准的规范性、许可内容的规范性和全面性进行一定比例的抽检，对代表证后监管落实的执法计划制订情况、执法行动落实情况、企业自行监测落实情况、全面达标情况等进行考核。各省报送的材料进行审核，并辅以实地抽检，对全国各地区的制度落实情况进行考核排名并通报考核分数。

8.7　推动排污许可制度公众参与的设想与要点

多数国家在环保法律法规制修订、实施、评估等多个过程中提出了公众参与的要求。因为政府的环保管理活动必须参考其他相关者的意见，考虑社会公众的舆论影响，公众参与决策能够更好地反映公共利益与公共价值，有利于形成政策过程中的监督与制衡机制，有助于决策者获得更完整、更准确的信息。决策者应当把公众参与看作一个可以达成共赢的机会，通过公众参与了解各方利益需求，吸引各方参与决策，以此保证环境政策得到更广泛的公众支持，更容易获得推行。

8.7.1　公众参与的阶段和程序

按照排污许可证实施程序，各个环节采取相应有效参与方式的科学设计，才能确保参与效果。通过这样的设计，最终实现公众的有效参与和良性参与，真正做到引导公众参与到排污许可证管理的政策决策中（图 8-12）。

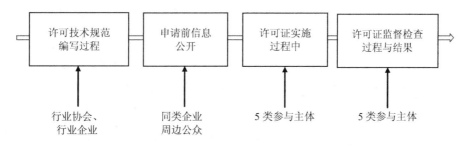

图 8-12　排污许可证公众参与主体

第一，在排污许可证申请与核发技术规范编写过程中，以能够促进行业健康规范发展、保证政策要求落地的行业协会、行业企业为主要参与主体。许可证申请与核发技术规范制定过程中，要让行业协会等相关主体深入参与论证，从行业健康发展方向、推动行业政策顺利实施、行业要求客观科学、具体技术能够落实等为主要目的。

第二，排污许可证申请前信息公开阶段，以同类企业和周边受影响的公众为主要参与主体，以排污许可证申请与核发技术规范是否可落地、相关要求是否能够满足周边公众环境诉求为主要目的。这一环节，目前仅是简单的通过网络信息公开，这是远远不够的，今后应逐步探索通过听证会、发放调查问卷等方式提高公众参与程度。

第三，排污许可证实施过程中的公众参与是长期的，也应该是最全面的，这一阶段，应该是所有参与主体，分别从各自角度，对排污单位是否严格按照排污许可证的要求进行污染治理和排放进行全面的监督。这一环节的公众参与，最为重要也最难控制，只能通过不断培育公众的参与意识和参与能力，让公众成为政府监管的有效补充。其中最关键的是，让公众能够明白和理解排许可证相关的要求，因此宣教非常重要。

第四，排污许可证监督检查过程和结果的公众监督，这既是对排污单位是否按照管理部门的要求进行整改落实的监督，也是对管理部门是否对排污单位进行有效监管的监督，同时也是对第三环节监督的有效补充。

8.7.2　公众参与的长效培养机制

公众参与有助于形成更好的治理体系，有效反映公共利益的价值所在，促进管理部门和各政策相关者的相互理解，有助于消除误解。但是，一方面各参与者的参与能力、参与意愿等存在差异；另一方面各方也存在信息不对称、立场有别等问题。因此，需要由强有力的政府管理部门主导公众参与，建立长效参与机制，培养各利益相关者的参与能力，建立与各方的良性互动关系，真正保证公众参与能起到多方参与决策的作用。

首先，公众参与有助于决策者获得更完整、更准确的信息，既包括技术、数据等事实信息，也包括各方的立场等价值信息。在获取信息的过程中，需要管理者和各方建立充分的信任关系，为各方提交政策建议提供机会，培养各方提供有效信息的能力，从而获得决策辅助信息。其次，公共参与需要强有力的组织者，特别是能够在中立的立场有效倾听、包容各方的观点，能够在多方共同参与的过程中解决争议，并建立合作关系。组织者分为多种，包括各个环节中设计问卷调查的政府组织者，包括企业之间达成共识的行业组织者，包括面向各个层面的公众普及知识和引导参与的非政府组织机构的组织者等。这些组织者之间仍然需要强有力的政府管理机构去引导，通过组织管理者会议等形式，培训组织者形成固定的工作模式，有助于公众参与工作能够顺利开展。最后，公众参与活动需要一定的场所、人员、经费支持，需要政府在政策过程中做好预算，评估参与对象的能力，提供足够的公共投入，提供经费与人员支持。提升公众专业能力的方式主要包括宣传教育、定期交流、专业训练等。例如，针对排污许可证各政策环节，针对特定的群体，制定可以推广、利于传播的公众参与指南文件，并通过大众媒体进行传播；对于主要的受影响公众，可以开设培训教程，对其代表进行公众参与方面的专业训练；与环保组织合作，鼓励其进行与公众参与有关的知识传播与交流活动；通过开设论坛、网络互动板块等方式，定期与公众交流等。上述工作可以显著增加公众的参与意愿，提高他们的专业水平与参与能力。做好上述工作的基础源于各方对政府管理机构的信任程度，一是政府要做到足够透明，二是建立合理的预期范围。在政策制定的过程中，设定各级参与者参与议题的范围、方式、程度、预期，并将其传达给参与的公众，避免他们预期过高或者过低，保证各类对象能够起到公众参与的实质作用。

8.7.3　公众参与的便利性提升

首先，面对如此量大面广、数据量庞大的排污许可证信息，包括自行监测数据网络，除从信息获取便利性上加强研究和设计外，还应该加强对信息公开内容的研究和设计。单个企业层面，同时公布企业的原始监测结果和本企业长时间尺度的监测统计信息；从行业和区域层面，加强对监测数据与行业、区域的经济、社会等其他信息的关联指标发布。除此之外，开发污染源监测指数信息，用1～2个便于理解的综合性指标总体反映一个企业、一个行业、一个区域的污染源排放状况和监测开展状况，从而对公众参与提供一个明确的、直观的信号。

其次，根据现场调研结果，公众更倾向相信通过听证会等方式反馈意见，这也反映了公众对通过网络参与的不信任，因此，在排污许可证公众参与方式上，应为公众反馈信息提供更为便利的渠道，让公众的意见得到充分的反馈。

最后，为了培育和提升公众参与能力，也便于提升公众参与的便利性，应将排污许可证公众参与环节和参与方式等编制成公众参与指南，并向公众广泛宣传，让公众能够很容易知道如何参与、如何更好地参与，从而为发挥公众监督奠定基础。

参考文献

[1] Action Programme of the European Communities on the environment，1982-1986[1983]. OJC46/1：1.

[2] Caldwell L K. International environmental policy：emergence and dimensions.[J]. International Environmental Policy Emergence & Dimensions，1990（2）.

[3] Defra. 2010. Environmental Permitting Guidance-Water Discharge Activities. http：//www.defra.gov.uk/corporate/consult/env-permitting-guidance-water/.

[4] EC. Directive 2008/1/EC of the European Parliament and of the Council of 15 January 2008 concerning integrated pollution prevention and control（Codified version）［EB/OL］.［2017-02-12］. http：//eur-lex. europa.eu/LexUriServ/LexUriServ. do？uri= CELEX：32008L0001：EN：NOT.

[5] EC. Directive 2010/75/EU of the European Parliament and of the Council of 24 November 2010 on industrial emissions（integrated pollution prevention and control）（Recast）［EB/OL］.［2017-02-12］. http：//eur-lex. Europa. eu/LexUriServ LexUriServ. do？uri= CELEX：32010L0075：EN：NOT.

[6] EC. Revision of the IPPC Directive［EB/OL］.（2012-10-16）［2017-02-12］. http：//ec. Europa. Eu/environment/air/pollutants/stationary/ippc/ippc_revision. htm.

[7] EC. Summary of Directive 2010/75/EU on industrial emissions（intergrated pollution prevention and control）［EB/OL］.（2012-09-14）［2017-02-12］. http：//ec. Europa. Eu/environment/air/pollutants/ stationary/ied/legislation. Htm.

[8] Environment Agency. 2009. Consultation on Environmental PermittingGuidance-Technical Guidance for the Registration of Small sewage effluent discharges. http：//www.environment-agency.gov.uk/research/library/consultations/114576.aspx.

[9] Environment Agency. 2010. Environmental Permitting（EP）charges for discharge to surface waters and point source sewage effluent to ground. http：//www.environment-agency.gov.uk/business/regulation/38807.aspx.

[10] Environment Protection Agency. 2010. U.S. EPA. NPDES Permit Writer'Manual.

[11] European Community Action Programme on the environment，1977-1981[1977]. OJC139/1：1.

[12] http：//europa.eu/european-union/index_en.

[13] IPPC.2001. Reference Document on Best Available Techniques in the Pulp and Paper Industry.

[14] O'Malley V. The Integrated Pollution Prevention and Control（IPPC）Directive and its implications for the environment and industrial activities in Europe [J]. Sensors & Actuators B Chemical，1999，59（2-3）：78-82.

[15] OPSI. 2010. The Environmental Permitting（England and Wales）Regulations 2010. http：//www.opsi.gov.uk/si/si2010/draft/ukdsi_9780111491423_en_1.

[16] Schakenbach J，Vollaro R，Forte R.Fundamentals of Successful Monitoring，Reporting，and Verification under a Cap-and-Trade Program[J]. Joumal of the Air & Waste Management Association，2006，56（11）：1576-1583.

[17] Silvo K，Melanen M，Honkasalo A，et al. Integrated pollution prevention and control—the Finnish approach[J]. Resources Conservation & Recycling，2002，35（1-2）：45-60.

[18] Single European Act，OJL169，29/06/1987.

[19] USEPA. Current Regulations and Regulatory Actions[M]. https：//www.epa.gov/title-v- operating-permits/current-regulations-and-regulatory-actions.

[20] 安志蓉，丁慧平，侯海玮. 环境绩效利益相关者的博弈分析及策略研究[J]. 经济问题探索，2013（3）：30-36.

[21] 柴西龙，邹世英，李元实，等. 环境影响评价与排污许可制度衔接研究[J]. 环境影响评价，2016，38（6）：25-27.

[22] 常杪，杨亮，李冬溦. 环境公众参与发展体系研究[J]. 环境保护，2011（Z1）：97-99.

[23] 陈冬. 中美水污染物排放许可制度之比较[C]. 2005 年中国法学会环境资源法学研究会年会. 2005.

[24] 陈观福寿，黄斌香. 聚四氟乙烯覆膜无缝滤袋在水泥行业粉尘的"超净排放"应用探讨[J]. 新材料产业，2017（12）：47-50.

[25] 陈红燕. 浅析水泥行业粉尘污染控制技术[J]. 河南建材，2016（5）：74-76.

[26] 陈吉宁. 建立控制污染物排放许可制 为改善生态环境质量提供新支撑[N]. 经济日报，2016-11-22（14）.

[27] 戴炳然. 评欧盟《阿姆斯特丹条约》[J]. 欧洲研究，1998（1）：53-60.

[28] 邓可祝. 环境合作治理视角下的守法导则研究[J]. 郑州大学学报（哲学社会科学版），2016（2）：29-34.

[29] 丁启明，赵静. 论企业环境守法激励机制的建构[J]. 学术交流，2011（3）：75-77.

[30] 方燕，张昕竹. 机制设计理论综述[J]. 当代财经，2012（7）：119-129.

[31] 付颖，曹丽梅，梁爽. 低 NO_x 燃烧技术及在钢铁行业的应用[J]. 中国金属通报，2016（6）：52-53.

[32] 高雁. 论环境公众参与之组织化道路[J]. 湖北社会科学，2014（4）：45-49.

[33] 耿立志. 钢铁行业大气污染防治现状简析与若干建议[J]. 资源节约与环保，2015（11）：24-25.

[34] 郭如新. 镁法烟气脱硫技术国内应用与研发近况[J]. 硫磷设计与粉体工程，2010（3）：16-20.

[35] 郭永强. 烧结烟气 SCR 脱硝技术浅析[J]. 环境工程，2014（s1）：493-494.

[36] 韩冬梅，宋国君. 基于水排污许可制度的违法经济处罚机制设计[J]. 环境污染与防治，2011，34（11）：86-92.

[37] 韩冬梅. 中国水排污许可制度设计研究[D]. 北京：中国人民大学，2012.

[38] 韩洪霞. 探讨排污许可制度的有效实施[D]. 青岛：中国海洋大学，2009.

[39] 河北省环境保护厅. 河北：证后监督检查的经验、思考和建议[EB/OL].（2018）. http：//www. hebhb.gov.cn/hjzw/pgzx/hjyxpjdt/201803/t20180301_61601.html.

[40] 贺震. 信用与价格"两手"联动 力促企业环境守法[J]. 环境保护，2016，46（10）：70-71.

[41] 胡建鹏，张翼. 袋除尘器实现粉尘超低排放的技术路线探讨[C]. 2017 年水泥工业污染防治最佳使用技术研讨会会议文集. 2017.

[42] 胡俊波，郭威，鲁然英，等. 干法脱硫+RSDA 半干法脱硫技术在平板玻璃废气治理中的应用[J]. 河南建材，2015（6）：122-124.

[43] 环境保护部. 关于开展火电、造纸行业和京津冀试点城市高架源排污许可证管理工作的通知[DB/OL]. http：//www.zhb.gov.cn/gkml/hbb/bwj/201701/t20170105_394016.htm，2016-12-27/2018-03-10.

[44] 环境保护部. 关于印发《排污许可证管理暂行规定》的通知[DB/OL]. http：//www.mep.gov.cn/gkml/hbb/bwj/201701/t20170105_394012.htm，2016-12-23/2018-03-10.

[45] 环境保护部. 环境保护部有关负责人就《排污许可管理办法（试行）》有关问题答记者问[EB/OL].（2018）. http：//www.mep.gov.cn/gkml/sthjbgw/qt/201801/t20180117_429822.htm.

[46] 环境保护部. 环境保护部召开全国排污许可及总量控制工作推动视频会[EB/OL].（2017）. http：//www.zhb.gov.cn/gkml/hbb/qt/201712/t20171220_428297.htm.

[47] 环境保护部. 排污单位自行监测技术指南 总则 HJ819—2017[S]. 北京：中国环境出版社，2017.

[48] 环境保护部. 排污许可管理办法（试行）：环境保护部令第 48 号[A]. 2018.

[49] 环境保护部排污许可专项小组.《控制污染物排放许可制实施方案》30 问[N].中国环境报，2017-01-06（4）.

[50] 黄晗. 地方政府与中国环境政策执行困境分析[J]. 北京行政学院学报，2013（4）：14-18.

[51] 黄文飞，卢瑛莹，王红晓，等. 基于排污许可证的美国空气质量管理手段及其借鉴[J]. 环境保护，2014，44（5）：63-64.

[52] 黄锡生，曹飞. 中国环境监管模式的反思与重构[J]. 环境保护，2009，37（4）：36-38.

[53] 纪志博，王文杰，刘孝富，等. 排污许可证发展趋势及我国排污许可设计思路[J]. 环境工程技术学报，2016，6（4）：323-330.

[54] 贾晓凤，王鹏飞，王才梅，等. 平板玻璃行业熔窑烟气脱硫技术概述及分析[J]. 河南建材，2012（5）：24-26.

[55] 姜妮. "按证排污，自证守法"，企业怎么做？[J]. 环境经济，2017（8）：22-23.

[56] 蒋洪强，王飞，张静，等. 基于排污许可证的排污权交易制度改革思路研究[J]. 环境保护，2017，45（18）：41-45.

[57] 蒋洪强，张静，周佳. 关于排污许可制度改革实施的几个关键问题探讨[J]. 环境保护，2016，44（23）：13-16.

[58] 蒋洪强，周佳，张静. 基于污染物排放许可的总量控制制度改革研究[J]. 中国环境管理，2017，9（4）：9-12.

[59] 蒋洪强. 排污许可证管理政策与支撑技术研究[J]. 中国环境管理，2016，8（5）：109-110.

[60] 晋海. 我国基层政府环境监管规范的体制根源与对策要点[J]. 法学评论，2012（3）：89-94.

[61] 柯强，赵静，王少平，等. 最大日负荷总量（TMDL）技术在农业面源污染控制与管理中的应用与发展趋势[J]. 生态与农村环境学报，2009，25（1）：85-91，111.

[62] 兰涛，张晓瑜，武征. 钢铁企业氮氧化物减排途径和措施研究[J]. 安全与环境工程，2014，21（3）：51-54.

[63] 李春凤. 我国钢铁烧结烟气脱硫现状及建议[C]. 中国金属学会2009年烧结工序节能减排技术研讨会. 2009.

[64] 李春雨. 我国玻璃、水泥炉窑脱硝技术及应用现状研究[J]. 环境工程，2014，32（4）：55-58.

[65] 李建军，徐莉萍. 电袋复合除尘器在水泥厂改造中的应用[J]. 新世纪水泥导报，2016，22（6）：87-90.

[66] 李玉然，闫晓淼，叶猛，等. 钢铁烧结烟气脱硫工艺运行现状概述及评价[J]. 环境工程，2014，32（11）：82-87.

[67] 李元实，杜蕴慧，柴西龙，等. 污染源全面管理的思考：以促进环境影响评价与排污许可制度衔接为核心[J]. 环境保护，2015，43（12）：49-52.

[68] 李媛媛，黄新皓，李丽平. 美国排污许可证后实施经验及对我国的启示[J]. 环境战略与政策研究专报，2018（5）.

[69] 李挚萍. 美国排污许可制度中的公共利益保护机制[J]. 法商研究，2004（4）：135-140.

[70] 梁忠. 制定排污许可管理条例正当其时[N]. 中国环境报，2017-11-29（3）.

[71] 梁忠. 中国排污许可立法工作应提档加速[J]. 世界环境，2017（6）：62.

[72] 梁忠，汪劲. 我国排污许可制度的产生、发展与形成——对制定排污许可管理条例的法律思考[J]. 环境影响评价，2018（1）：6-9.

[73] 林春源. LJS型钢铁烧结干法烟气脱硫工艺研究与应用[J]. 中国钢铁业，2007（12）：30-32.

[74] 刘宝树，胡庆福. 镁法脱硫技术综述[C]. 中国无机盐工业协会镁化合物分会年会，2015.

[75] 刘炳江. 改革排污许可制度落实企业环保责任[J]. 环境保护，2014，42（14）：14-16.

[76] 刘超. "二元协商"模型对我国环境公众参与制度的启示与借鉴[J]. 政法论丛，2013（2）：28-34.

[77] 刘超. 协商民主视阈下我国环境公众参与制度的疏失与更新[J]. 武汉理工大学学报（社会科学版），2014（1）：76-81.

[78] 刘春青. 欧盟环境立法工作初探[J]. 标准科学，1998（12）：18-21.

[79] 刘鹏，郑志侠，张红，等. 水泥行业大气污染物排放现状分析[C]. 学术年会，2014.

[80] 刘体劲，吴迪. 政府环境监管与企业最优环境策略的博弈[J]. 环境工程，2016（9）：148-151.

[81] 刘源. 我国排污许可制度现状分析及完善[D]. 上海：上海交通大学，2011.

[82] 卢昌义. 现代环境科学概论（第二版）[M]. 厦门：厦门大学出版社，2014：2.

[83] 卢丽君，汤静芳，张垒，等. NID 技术在武钢烧结烟气脱硫中的应用[J]. 鞍钢技术，2012（1）：47-50.

[84] 卢瑛莹，冯晓飞，陈佳，等. 基于"一证式"管理的排污许可制度创新[J]. 环境污染与防治，2014，
     36（11）：89-91.

[85] 吕忠梅，张忠民. 环境公众参与制度完善的路径思考[J]. 环境保护，2013，41（23）：18-20.

[86] 茆令文，陆少锋. 平板玻璃行业现状及污染治理[C]. 中国硅酸盐学会环境保护分会换届暨学术报告
     会会议资料，2014.

[87] 苗娜，张觊，肖镇，等. ERD+燃煤饱和蒸汽催化燃烧脱硝技术在北京水泥厂的应用实践[J]. 水泥，
     2017（s1）：67-68.

[88] 欧阳君君. 自然资源特许使用协议的性质认定——基于对双阶理论的批判性分析[J]. 中国地质大学
     学报（社会科学版），2015（4）：36-45.

[89] 欧阳凌云，丁明，张龙. 氨法与双碱法脱硫技术的比较[J]. 玻璃，2006，33（1）：28-30.

[90] 彭长寿. 水泥行业烟气多种污染物"超低排放"整体解决方案[J]. 中国水泥，2017（3）：88-97.

[91] 祁巧玲. 排污许可制度改革，要处理好六个关系[J]. 中国生态文明，2018.

[92] 钱文涛，宋国君. 空气固定污染源，一证式管理怎么实现？[J]. 环境经济，2015（ZA）：7-9.

[93] 钱文涛. 中国大气固定污染源排污许可制度设计研究[D]. 北京：中国人民大学，2014.

[94] 郄建荣. 环保部推进排污许可制度实施[N]. 法制日报，2017-01-07（6）.

[95] 郄建荣. 首批 5000 余张排污许可证可如期发放[N]. 法制日报，2017-06-27（6）.

[96] 邱伟，刘盛余，能子礼超，等. 氢氧化钠-钢渣双碱法烧结烟气脱硫工艺[J]. 环境工程学报，2013，
     7（3）：1095-1100.

[97] 冉丽君. 实现排污许可与环境影响评价有效衔接的建议[C]. 2016 中国环境科学学会学术年会，
     2016.

[98] 上海市. 上海市黄浦江上游水源保护条例[J]. 上海水务，1985（2）：6-8.

[99] 上海市环境保护局关于印发上海市排污许可证管理实施细则的通知[EB/OL]. 2017-03-31. http：
     //www.sepb.gov.cn/fa/cms/shhj/shhj2013/shhj2021/2017/04/95849.htm.

[100] 石家庄市人民政府办公厅关于印发石家庄市行政审批局主要职责内设机构和人员编制规定的通知
     （石政办发〔2017〕11 号）[EB/OL]. 2017-03-10. http：//new.sjz.gov.cn/col/1490952431216/2017/04/05/
     1491372361395.html.

[101] 史少军，叶招莲. 钢铁行业烧结烟气同时脱硫脱硝技术探讨[C]. 全国烧结烟气脱硫技术交流会，

2011：17-18.

[102] 宋国君，韩冬梅，王军霞. 完善基层环境监管体制机制的思路[J]. 环境保护，2010，38（13）：17-19.

[103] 宋国君，韩冬梅. 中国水污染管理体制改革建议[J]. 行政管理改革，2012（5）：13-17.

[104] 宋国君，钱文涛. 实施排污许可制度治理大气固定污染源[J]. 环境经济，2013（11）：21-25.

[105] 宋国君，张震，韩冬梅. 美国水排污许可制度对我国污染源监测管理的启示[J]. 环境保护，2013，
41（17）：23-26.

[106] 宋国君，赵英煚，李虹霖，等. 空气固定污染源排污许可证管理模式设计[J]. 环境保护，2017（Z1）：
65-68.

[107] 宋国君，赵英煚. 美国空气固定污染源排污许可证中关于监测的规定及启示[J]. 中国环境监测，
2015（6）：15-21.

[108] 宋国君，沈玉欢. 美国水污染物排放许可体系研究[J]. 环境与可持续发展，2006（1）：20-22.

[109] 隋伟，杨明光. 欧洲联盟法律制度简论[M]. 天津：南开大学出版社，1998.

[110] 孙昌栋，高克迎. SNCR脱硝技术在尧柏水泥厂的应用[J]. 科技展望，2016，26（21）.

[111] 孙海鹏，李哲，孙凯. 玻璃窑炉烟气治理技术探析[J]. 中国环保产业，2017（4）：33-35.

[112] 孙佑海. 排污许可制度：立法回顾、问题分析与方案建议[J]. 环境影响评价，2016，38（2）：1-5.

[113] 孙佑海. 如何完善落实排污许可制度？[J]. 环境保护，2014，42（14）：17-21.

[114] 孙佑海. 实现排污许可全覆盖：《控制污染物排放许可制实施方案》的思考[J]. 环境保护，2016，
44（23）：9-12.

[115] 唐强，曹子栋，王盛，等. 活性炭吸附法脱硫实验研究和工业性应用[J]. 现代化工，2003，23（3）：
37-40.

[116] 童光法. 企业环境守法的进展与问题分析[J]. 中国高校社会科学，2016（4）：132-139.

[117] 童莉等. 赴美排污许可培训出访报告[R]. 2017.

[118] 童志权，陈昭琼，彭朝辉. 钙—钙双碱法脱硫技术及其在工业中的应用[J]. 环境科学学报，2003，
23（1）：28-32.

[119] 汪克春，张长乐，轩红钟，等. 新型干法水泥窑 SO_2 减排技术的研究及应用分析[J]. 水泥，2016（1）：
14-15.

[120] 王灿发. 加强排污许可证与环评制度的衔接势在必行[J]. 环境影响评价，2016，38（2）：6-8.

[121] 王芳. 石灰石-石膏湿法在烧结行业应用现状及分析[J]. 资源节约与环保，2018（1）：4-4.

[122] 王凤荣. 水泥厂自备电站烟气脱硫技术路线之探讨[J]. 科技资讯，2017，15（29）：108-110.

[123] 王广云，王有福，孙辉，等. 双碱法脱硫技术在烧结机上的应用[C]. 山东省炼铁学术交流会，2009：
20-21.

[124] 王金南，吴悦颖，雷宇，等. 中国排污许可制度改革框架研究[J]. 环境保护，2016，44（3-4）：10-16.

[125] 王金南，叶维丽，蒋春来，等. 中国排污许可制度评估与完善路线图[J]. 中国环境规划院重要环境

决策参考，2014，10（5）：7-44.

[126] 王金鑫.我国排污许可制度立法研究[D]. 北京：中国政法大学，2009.

[127] 王军霞，唐桂刚，赵春丽. 企业污染物排放自行监测方案设计研究——以造纸行业为例[J]. 环境保护，2016，44（23）：45-48.

[128] 王珺红.从新制度经济学看排污许可证交易[J]. 中国海洋大学学报（社会科学版），2006，5：36-38.

[129] 王克稳. 论我国环境管制制度的革新[J]. 政治与法律，2006（6）：19.

[130] 王昆婷. 排污许可制度国际研讨会召开[N]. 中国环境报，2015-12-07（1）.

[131] 王昆婷. 全国环境保护工作会议在京召开[N]. 中国环境报，2016-01-12（1）.

[132] 王盼. 活性炭烟气脱硫工艺的研究进展及存在的问题[J]. 江西建材，2016（5）：275-276.

[133] 王世猛，冯海波，马宝信，等. 排污许可证和排污权交易怎样实现衔接？[J]. 环境经济，2013（11）：55-58.

[134] 王曦. 美国环境法概述[M]. 武汉：武汉大学出版社，1992.

[135] 王新频，赵娇，乔彬，等. 国内外水泥熟料生产线降氮脱硝技术及应用（上）[J]. 中国水泥，2016（6）：87-94.

[136] 王志轩. 排污许可"一证式"管理改革思考和推进建议[N]. 中国能源报，2016-11-09（4）.

[137] 文伯屏. 西方国家环境法[M]. 北京：法律出版社，1988.

[138] 吴朝刚，刘长青，宋磊，等. MEROS 脱硫工艺技术在马钢 $300m^2$ 烧结机的应用[C]. 全国烧结烟气脱硫技术交流会. 2011.

[139] 吴建新，王杰良，沈平洪，等. 袋式除尘器在浮法玻璃行业的应用及发展[C]. 中国硅酸盐学会玻璃分会 2009 年全国玻璃科学技术年会论文集，2009.

[140] 吴铁，胡颖华，柴西龙，等. 澳大利亚环评与排污许可制度衔接调研报告，环境评估咨询报告[R]. 2015.

[141] 吴卫星. 论我国排污许可的设定：现状、问题与建议[J]. 环境保护，2016，44（23）：26-30.

[142] 吴悦颖，叶维丽. 推进排污许可制的八项创新[N]. 中国环境报，2017-02-07（3）.

[143] 吴悦颖，李云生，等译. 美国水质交易技术指南[M]. 北京：中国环境科学出版社，2009.

[144] 吴振山，詹俊东，曹伟，等. 水泥工业粉尘超低排放的设想[J]. 中国水泥，2014（7）：72-74.

[145] 夏光，冯东方，程路连，等. 六省市排污许可制度实施情况调研报告[J]，环境保护，2005，33（6）：57-62.

[146] 肖爱.中美水污染物排放许可制度之比较[J]. 中国环境管理干部学院学报，16（2）：30-32.

[147] 谢海波. 论我国环境法治实现之路径选择——以正当行政程序为重心[J]. 法学论坛，2014（3）：112-122.

[148] 谢友金. 钢铁烧结机头电除尘器超低排放改造技术路线[C]. 中国电除尘学术会议，2017.

[149] 熊鹰，徐翔. 政府环境监管与企业污染治理的博弈分析及对策研究[J]. 云南社会科学，2007（4）：60-63.

[150] 徐东耀，刘伟，陈佐会，等. 一种新型钠系脱硫剂在水泥厂的应用[J]. 环境工程，2017，35（3）：77-81.

[151] 徐东耀，周昊，刘伟，等. 我国水泥行业大气污染物排放特征[J]. 环境工程，2015，33（6）：76-79.

[152] 徐美君. 玻璃行业废气治理技术的发展和现状[J]. 玻璃，2011，38（2）：7-13.

[153] 徐智英，李学金，葛园琴. 循环流化床脱硫技术在烧结烟气净化中的应用[J]. 环境科技，2011，24（s2）：21-23.

[154] 许争贤. 氨法脱硫在水泥回转窑系统中的应用[J]. 水泥，2015（4）：45-46.

[155] 叶维丽，宋晓晖，雷宇，等. BAT/BPT与排污许可：关系与定位[R]. 环境保护部环境规划院排污许可与交易研究中心，2016.

[156] 叶维丽，张文静，韩旭，等. 基于排污许可的固定污染源环境管理体系重构研究[C]. 中国环境科学学会学术年会论文集，2017：326-330.

[157] 叶子仪，李虎，曾毅夫，等. 玻璃窑炉除尘脱硝技术及工程应用[J]. 中国环保产业，2015（4）：17-20.

[158] 佚名. 新一代HJ无氨脱硝窑尾烧成系统在水泥厂的应用[J]. 水泥，2017（s1）.

[159] 国家环境保护总局. 第三次全国环境保护会议(1989年4月28日至5月1日)[DB/OL]. http://www.zhb.gov.cn/home/ztbd/gzhy/hbdh/diqicihbdh/ljhbdh/201112/t20111221_221580.shtml，2011-12-21/2018-04-10.

[160] 国家环境保护总局. 关于征求对《排污许可证管理条例》（征求意见稿）意见的函[DB/OL]. http://www.mep.gov.cn/gkml/zj/bgth/200910/t20091022_174420.htm，2008-01-14/2018-04-10.

[161] 张辉. 美国环境公众参与理论及其对中国的启示[J]. 现代法学，2015（4）：148-156.

[162] 张静，蒋洪强，周佳. 基于排污许可的环境标准制度改革完善研究[J]. 中国环境管理，2017，9（6）：30-33.

[163] 张学刚，钟茂初. 政府环境监管与企业污染的博弈分析及对策研究[J]. 中国人口·资源与环境，2011（2）：31-35.

[164] 张英. 欧共体环境政策的法律基础、目标和原则探析[J]. 法学评论，1998（4）：69-74.

[165] 张震. 我国工业点源水污染物排放标准管理制度研究[D]. 北京：中国人民大学，2015.

[166] 赵若楠，李艳萍，扈学文，等. 论排污许可制度对点源排放控制政策的整合[J]. 环境污染与防治，2015，37（2）：93-99.

[167] 赵卫凤，倪爽英，王洪华，等. 平板玻璃行业大气污染防治的问题与对策[J]. 中国环境管理干部学院学报，2017，27（5）：78-81.

[168] 赵英煇，宋国君. 守法监测与合规核查，固定污染源监管的关键？——排污许可证管理的美国经验之一[J]. 环境经济，2015（30）：13-14.

[169] 赵英民. 强化企业主体责任 推进环境管理精细化——环保部副部长赵英民解读《控制污染物排放许可制实施方案》[EB/OL].（2016-11-21）[2018-01-18]. http://www.gov.cn/zhengce/2016-11/21/content_5135689.htm.

[170] 郑荷花. 中美水污染物排放许可制度的比较研究[J]. 江苏环境科技，2006，19（3）：60-62.

[171] 中国环保在线. 应运而生酝酿新格局 排污许可制度开局良好[EB/OL].（2017）. http://www.hbzhan.

com/news/detail/119794.html.

[172] 中华人民共和国中央人民政府办公厅. 控制污染物排放许可制实施方案[DB/OL]. http：//www.gov.cn/zhengce/content/2016-11/21/content_5135510.htm，2016-11-21/2018-03-10.

[173] 中央政府门户网站. 中共中央　国务院印发《生态文明体制改革总体方案》[DB/OL]. http://www.gov.cn/zhengce/2014-04/25/content_2666434.htm，2014-04-25/2018-04-10.

[174] 中央政府门户网站. 中华人民共和国大气污染防治法[DB/OL]. http：//www.gov.cn/bumenfuwu/2012-11/13/content_2601279.htm，2012-11-13/2018-04-10.

[175] 中央政府门户网站. 中华人民共和国环境保护法（主席令第九号）[DB/OL]. http://www.gov.cn/zhengce/2014-04/25/content_2666434.htm，2014-04-25/2018-04-10.

[176] 中央政府门户网站. 中华人民共和国主席令第八十七号[DB/OL]. http：//www.gov.cn/flfg/ 2008-02/28/content_905050.htm，2008-02-28/2018-04-10.

[177] 钟悦之，蒋春来，宋晓晖，等. 行之有效的美国排污权管理体系[J]. 环境经济，2017（10）：60-65.

[178] 周立荣，高春波，杨石玻. 钢铁厂烧结烟气 SCR 脱硝技术应用探讨[J]. 中国环保产业，2014（6）：33-36.

[179] 周扬胜. 欧盟的机动车环保法规[J]. 世界环境，2002（1）：25-28.

[180] 祝兴祥，骆建明. 中国排污许可制度的产生、发展及现状[J]. 世界环境，1991（1）：26.

[181] 卓光俊，杨天红. 环境公众参与制度的正当性及制度价值分析[J]. 吉林大学社会科学学报，2011（4）：146-152.

[182] 邹世英，柴西龙，杜蕴慧，等. 排污许可制度改革的技术支撑体系[J]. 环境影响评价，2018，40（1）：1-5.

[183] 邹伟进，胡畔. 政府和企业环境行为：博弈及博弈均衡的改善[J]. 理论月刊，2009（6）：161-164.